Guttentagsche Sammlung

Nr. 23. Preußischer Gesetze. Nr. 23.

Textausgaben mit Anmerkungen.

Ausführungsgesetz
zum
Bürgerlichen Gesetzbuche
vom 20. September 1899

nebst einem Anhang:

Verordnung zur Ausführung des Bürgerlichen Gesetzbuchs vom 16. November 1899.

Nach dem Tode des früheren Herausgebers
Kammergerichtsrat Dr. P. Siméon
erläutert von

Geh. Oberjustizrat Otto Lindemann
Ministerialdirektor im Pr. Justizministerium.

Vierte Auflage.

Berlin und Leipzig 1930.

Walter de Gruyter & Co.

vormals G. J. Göschen'sche Verlagshandlung — J. Guttentag, Verlagsbuchhandlung — Georg Reimer — Karl J. Trübner — Veit & Comp.

Inhalt.

Abkürzungen.

AG. = Ausführungsgesetz oder Amtsgericht.
AG.BGB. = Ausführungsgesetz zum Bürgerlichen Gesetzbuche.
ALR. = Allgemeines Landrecht.
AVfg. = Allgemeine Verfügung des Justizministers.
Art. = Artikel.
BGB. = Bürgerliches Gesetzbuch.
Bkm. = Bekanntmachung.
DJZ. = Deutsche Juristenzeitung.
FGG. = Reichsgesetz über die Angelegenheiten der freiwilligen Gerichtsbarkeit.
G. = Gesetz.
GBO. = Grundbuchordnung für das Deutsche Reich.
Gruchot = Beiträge zur Erläuterung des deutschen Rechtes (Rassow und Küntzel).
GS. = Gesetzsammlung.
HO. = Hinterlegungsordnung.
JFG. = Jahrbuch für Entscheidungen der freiwilligen Gerichtsbarkeit und des Grundbuchrechts.
JM. = Justizminister.
JMBl. = Justizministerialblatt.
JWG. = Jugendwohlfahrtsgesetz.
KGJ. = Jahrbuch für Entscheidungen des Kammergerichts.
LGPr. = Landgerichtspräsident.
MBliV. = Ministerialblatt für die innere Verwaltung.
OLGPr. = Oberlandesgerichtspräsident.
PrFGG. = Preußisches Gesetz über die freiwillige Gerichtsbarkeit.
RG. = Entscheidung des Reichsgerichts (ohne nähere Angabe = Sammlung der Entscheidungen in Zivilsachen).
RGBl. = Reichsgesetzblatt.
RGSt. = Entscheidungen des Reichsgerichts in Strafsachen.

Rsp. = Mugdan und Falkmann, Rechtsprechung der Oberlandesgerichte.

StM. = Staatsministerium.

V. = Verordnung.

Vfg. = Verfügung.

ZPO. = Deutsche Zivilprozeßordnung.

Müller = Müller, Preußische Justizverwaltung 6. Aufl. 1910.

Die ohne nähere Bezeichnung angeführten Artikel sind solche des Ausführungsgesetzes zum Bürgerlichen Gesetzbuch.

Einleitung.

Das Bürgerliche Gesetzbuch enthält keine vollständige Kodifikation des bürgerlichen Rechts; es hat nicht alle privatrechtlichen Vorschriften, die seit dem 1. Januar 1900 in Geltung stehen, in sich aufgenommen. Solche Vorschriften sind auch weiterhin noch in nicht kleiner Zahl teils aus anderen Reichsgesetzen, teils aus Landesgesetzen zu entnehmen oder können sogar durch neue Landesgesetze noch geschaffen werden.

Ähnlich wie seinerzeit die Zivilprozeßordnung wirkt das Bürgerliche Gesetzbuch auf das bestehende Reichs- und Landesrecht grundsätzlich verschieden. Den Reichsgesetzen tritt es als gleichwertiges neues Reichsgesetz, den Landesgesetzen aber als ein Recht höherer Ordnung gegenüber (Reichsrecht bricht Landrecht). Deshalb bleiben die Vorschriften der Reichsgesetze in Kraft, soweit sich ihre Aufhebung nicht aus dem Gesetzbuche selbst oder aus dem zugehörigen Einführungsgesetz ergibt, d. h. soweit sie nicht ausdrücklich außer Kraft gesetzt oder durch Aufnahme abweichender Bestimmungen hinfällig geworden sind. Dagegen treten umgekehrt die privatrechtlichen Vorschriften der Landesgesetze schlechthin außer Kraft, soweit sie nicht durch einen ausdrücklichen Vorbehalt aufrechterhalten sind (EG. Art. 32, 55).

Hieraus folgt, daß die privatrechtlichen Vorschriften der Landesgesetzgebungen und insbesondere die Rechtssätze des in Preußen geltenden gemeinsamen oder partikulären Privatrechts ihrer Hauptmasse nach beseitigt sind. Auf die der Herrschaft des neuen bürgerlichen Rechts unterworfenen Rechtsverhältnisse dürfen sie im Zweifel nicht angewendet und selbst zur Ausfüllung von Lücken der neuen Gesetzgebung dürfen sie grundsätzlich nicht herangezogen werden. Soll gleichwohl nach dem 1. Januar 1900 eine landesrechtliche Vorschrift angewendet werden, so ist in jedem einzelnen Fall zu prüfen, ob und aus welchem Grunde ihr fortdauernde Geltung zugesprochen werden darf. Diese Prüfung hat damit zu beginnen, ob die Vorschrift überhaupt dem Privatrechtsgebiet angehört oder ob sie nicht vielmehr öffentlich-rechtlicher Natur ist. Denn das gesamte öffentliche Recht der Einzelstaaten wird von der Neuordnung des Bürgerlichen Gesetzbuchs überhaupt nicht betroffen; deshalb bleiben z. B. die Bestimmungen über die Rechtsverhältnisse der Beamten, der Kirchen und Schulen sowie der öffentlich-rechtlichen Körperschaften, das gesamte Staats- und Verwaltungsrecht, das Strafrecht usw. unberührt.

Bei einer landesgesetzlichen Vorschrift, die dem Privatrechtsgebiet angehört, muß hingegen festgestellt werden, daß im Bürgerlichen Gesetzbuch oder im Einführungsgesetz auf sie verwiesen oder ihre Fortgeltung ausdrücklich ausgesprochen ist. Die Vorbehalte zugunsten der Landesgesetzgebung finden sich im dritten Abschnitte des Einführungsgesetzes zum Bürgerlichen Gesetzbuche. Jeder dieser Vorbehalte hat, wie aus Art. 3 des Einführungsgesetzes zu entnehmen ist, eine doppelte Bedeutung. Er hat einmal zur Folge, daß die bereits bestehenden landesrechtlichen Vorschriften über die von dem Vorbehalte betroffenen Gegenstände auch ferner in Kraft bleiben. Er gibt aber gleichzeitig der Landesgesetzgebung die Ermächtigung, sich innerhalb der Grenzen des Vorbehalts noch in Zukunft frei zu betätigen, sei es nun durch Änderung oder Weiterbildung der vorhandenen Rechtssätze, sei es durch völlig neu erlassene landesgesetzliche Vorschriften. Somit sieht auch das Preußische Landesprivatrecht keineswegs einem langsamen Dahinwelken und Absterben, sondern vielleicht sogar einer neuen lebensvollen Entwicklung entgegen, für die sich die Beschränkung der gesetzgeberischen Betätigung auf ein enger begrenztes Wirkungsfeld eher fördernd als hemmend erweisen dürfte. Ein gutes Beispiel dafür ist das hochbedeutende neue Wassergesetz vom 7. April 1913.

Die landesrechtlichen Vorbehalte, deren vollständige Aufzählung hier zu weit führen möchte, gliedern sich nun im wesentlichen in zwei große Gruppen.

I. Die eine Gruppe umfaßt solche Gegenstände, die man wegen ihrer Berührung mit dem öffentlichen Rechte von der Kodifikation ausgeschlossen hat, weil sie entweder dem Grenzgebiete zwischen dem bürgerlichen und dem öffentlichen Recht angehören oder weil sie doch nur im Anschluß an bestehende öffentlich-rechtliche Einrichtungen der Einzelstaaten befriedigend geregelt werden können. Hierhin gehören z. B.:

das auf bestehenden völkerrechtlichen Verträgen der Einzelstaaten beruhende Recht (EG. Art. 56);

die Sonderrechte der landesherrlichen und der ihnen gleichstehenden Familien, der Standesherren und des vormaligen Reichsadels (Art. 57, 58);

das Wasserrecht, Deich- und Sielrecht (Art. 65, 66); das Bergrecht (Art. 67) und das Recht der Regalien (Art. 73);

die Haftung des Staates und der Kommunalverbände für den von einem Beamten in Ausübung der *öffentlichen Gewalt* angerichteten Schaden (Art. 77);

die Rechte der Beamten und ihrer Hinterbliebenen auf Gehalt, Pension usw. (Art. 80, 81);

die Erwerbsbeschränkungen der toten Hand (Art. 86, 87);

das Recht des Pfandleihgewerbes (Art. 94);

die Schuldbucheinrichtung, Ausgabe von Inhaberpapieren, Sparkassenwesen usw. (Art. 97 ff.);

die Erstattungsansprüche der Armenverbände (Art. 103);

die Rückforderung zu Unrecht erhobener öffentlicher Abgaben oder Kosten (Art. 104);

die Haftung von Eisenbahnen und ähnlichen mit gemeiner Gefahr verbundenen Unternehmungen für Betriebsunfälle (Art. 105);

die Haftung für den bei Zusammenrottungen und Aufläufen entstehenden Schaden (Art. 108);

das Recht der Enteignung (Art. 109);

die Kirchen- und Schulbaulast, das Recht der Kirchstühle und Begräbnisstellen, die Vorschriften über die Zwangserziehung der Kinder (Art. 132 ff.);

die Vorschriften über die öffentliche Hinterlegung (Art. 144 ff.).

Einzelne von den Vorbehalten dieser Gruppe betroffene Materien sind nachträglich reichsrechtlich geregelt; so die Haftung für Aufruhrschäden durch das RGes. v. 12. Mai 1920 (RGBl. 941), die Fürsorgeerziehung durch das JWG.

II. Die zweite Gruppe bezieht sich auf solche Gegenstände, bei denen man den Stammesbesonderheiten sowie den örtlichen Anschauungen und Bedürfnissen Rechnung tragen zu müssen glaubte und die aus diesem Grunde von der einheitlichen Regelung ausgeschlossen worden sind. Der weitaus größte Teil dieser Zugeständnisse an das Landesrecht betrifft das Grundeigentum und die Regelung der ländlichen, insbesondere der bäuerlichen Verhältnisse. Hierhin gehören z. B.:

das Recht der Familienfideikommisse, Lehen und Stammgüter (Art. 59—61);

die Rentengüter, das Anerbenrecht (Art. 62—64);

das Jagd- und Fischereirecht und die Haftung für Wildschaden (Art. 69 ff.);

das sog. Pfändungsrecht und die Schadenersatzpflicht bei Beschädigung von Grundstücken und Feldfrüchten (Art. 89 und 107);

die sog. Gutsüberlassung nebst Leibgedinge und Altenteil (Art. 96);

die Gemeinheitsteilung, Ablösung der Dienstbarkeiten und Reallasten, sowie die Ordnung der gutsherrlich-bäuerlichen Verhältnisse (Art. 113, 114);

die Beschränkungen der Belastung, Veräußerung oder Teilung von Grundstücken (Art. 115 ff.);

die Vorschriften des sog. Nachbarrechtes (Art. 111, 122, 124);

die Grundsätze über Schätzung des Ertragswerts bei Landgütern (Art. 137).

Der Vorbehalt zugunsten des landesgesetzlichen Gesinderechts (EG. Art. 95) hat seine Bedeutung verloren, nachdem durch Aufruf des Rats der Volksbeauftragten v. 12. November 1918 (RGBl. 1303) die Aufhebung der Gesindeordnungen verordnet ist. Das **Verlagsrecht** und das **Versicherungswesen** sind zwar ebenfalls den Landesrechten vorbehalten, indessen jetzt bereits reichsrechtlich geregelt (RG. über das Verlagsrecht v. 19. Juni 1901; RG. über die privaten Versicherungsunternehmungen v. 12. Mai 1901; RG. über den Versicherungsvertrag v. 30. Mai 1908).

Neben diesen Vorbehalten zugunsten der Landesgesetzgebung ist durch eine reiche Auswahl von Übergangsvorschriften dafür Sorge getragen, daß die vor dem

Bürgerlichen Gesetzbuch entstandenen Rechtsverhältnisse entweder dem älteren Landesrecht unterworfen bleiben oder durch ergänzende landesgesetzliche Ausführungsvorschriften in den neuen Rechtszustand übergeleitet werden können.

Ähnliche Vorbehalte und Übergangsvorschriften, wie sie das Einführungsgesetz zum Bürgerlichen Gesetzbuche für das bürgerliche Recht enthält, sind für das Verfahren in Angelegenheiten der freiwilligen Gerichtsbarkeit und in Ansehung des Grundbuchwesens in den diese Gegenstände regelnden Reichsgesetzen, dem Gesetz über die Angelegenheiten der freiwilligen Gerichtsbarkeit und der Reichsgrundbuchordnung, zu finden.

Der Preußischen Landesgesetzgebung war hierdurch die Aufgabe gestellt, innerhalb des ihr von der Reichsgesetzgebung vorgeschriebenen Rahmens diejenigen landesrechtlichen Anordnungen zu treffen, die zur Ergänzung des Bürgerlichen Gesetzbuchs und seiner Nebengesetze und zur praktischen Handhabung des neuen Rechtszustandes erforderlich waren. Diese wurde vornehmlich durch drei größere Gesetzeswerke gelöst:

a) das Ausführungsgesetz zum Bürgerlichen Gesetzbuche v. 20. September 1899 (AG.BGB.);
b) das Preußische Gesetz über die freiwillige Gerichtsbarkeit v. 21. September 1899 (PrFGG.);
c) das Ausführungsgesetz zur Grundbuchordnung v. 26. September 1899 (AG.GBO.).

Neben diesen drei größeren Gesetzen sind noch vier weitere Ausführungsgesetze erlassen, welche die Zivilprozeßordnung (genauer das Änderungsgesetz zur ZPO., die sog. erste Prozeßnovelle von 1898), das Zwangsversteigerungsgesetz, das Handelsgesetzbuch sowie die Kosten der Rechtsanwälte und Gerichtsvollzieher betreffen, nicht zu gedenken der verschiedenen landesherrlichen Verordnungen und Ministerialverfügungen, die teils auf Grund reichs- oder landesgesetzlichen Vorbehalts zur Ergänzung der gesetzlichen Vorschriften, teils zur Regelung des inneren Dienstes bei den Behörden geschaffen worden sind.

Die vorliegende Ausgabe hat es ausschließlich mit dem die privatrechtlichen Ausführungsvorschriften enthaltenden Ausführungsgesetze zum Bürgerlichen Gesetzbuche zu tun. Dieses Gesetz hat sich keineswegs die Aufgabe gestellt, die von dem Reichsrecht erteilte Ermächtigung nach allen Richtungen hin vollständig auszunutzen. Es ist im Gegenteil bemüht gewesen, die äußerste Selbstbeschränkung zu üben und, wie es bei der Kürze der Zeit schon äußerst geboten erschien, nur die zur Ausführung des Bürgerlichen Gesetzbuchs unentbehrlichen Bestimmungen zu treffen. In erster Linie ist deshalb davon Abstand genommen, die größeren in sich geschlossenen Sonderrechtsgebiete, die ganz der landesrechtlichen Regelung zugewiesen sind, wie das Wasserrecht, das Jagd- und Fischereirecht, das Bergrecht usw., in den Kreis der gesetzgeberischen Arbeit mit hereinzuziehen. Ihre etwaige Umgestaltung oder einheitliche Neuordnung blieb für später vorbehalten, und sie sind inzwischen größtenteils neu geregelt, wie das Wasserrecht, das Jagdrecht, das Fischereirecht und einzelne Stücke des Bergrechts. Nur etwaige durch das Eingreifen des neuen Reichsrechts bedingte Dunkelheiten und Zweifel klarzustellen, war auch für die erwähnten Sonderrechtsgebiete schon das vorliegende Gesetz bestrebt.

Dadurch, daß diese größeren zusammenhängenden Teile des Rechtsstoffs von vornherein ausgeschieden sind und nur Splitter aus den verschiedensten Stellen des Rechtssystems zusammengebracht werden konnten, bekam das

Gesetz von vornherein eine zerfahrene und wenig übersichtliche Gliederung, ein Übelstand, der allerdings unter den obwaltenden Umständen nicht zu vermeiden war. Es schließt sich zwar im allgemeinen der Reihenfolge des Bürgerlichen Gesetzbuchs an, aber über die einzelnen Lehren des Gesetzbuchs verteilen sich seine Vorschriften so ungleichmäßig wie nur möglich.

Auf den allgemeinen Teil entfallen nur 9 Artikel, von denen Art. 1 bis 7 das Recht der Stiftungen und juristischen Personen betreffen, während Art. 8 und 9 sich auf die Verjährung beziehen. Art. 10 bis 18 haben einzelne Fragen aus dem Rechte der Schuldverhältnisse zum Gegenstand, und zwar Art. 10 die gesetzlichen Zinsen, Art. 11 Zahlungen aus öffentlichen Kassen, Art. 12 die Beurkundung von Grundstücksveräußerungen, Art. 13 den freihändigen Verkauf durch Handelsmäkler, Art. 14 das Gesinderecht. Der sehr ausführliche Art. 15 regelt den Leibgedings- und Altenteilsvertrag, während Art. 16 das Staatsschuldbuch betrifft und die Art. 17 und 18 sich auf die Inhaberschuldverschreibungen beziehen.

Aus dem Sachenrecht behandelt das Ausführungsgesetz zunächst die sog. Unschädlichkeitszeugnisse (Art. 19, 20), sodann die Landeskulturrenten (Art. 21), die Rechte, welche der Eintragung nicht bedürfen (Art. 22), die nachbarrechtlichen Beschränkungen des Eigentums (Art. 23, 24). Darauf folgen Vorschriften über das widerrufliche Eigentum an Grundstücken (Art. 25), die Form der Auflassung (Art. 26) und die Übertragung des Eigentums an buchungsfreien Grundstücken (Art. 27). Das Gesetz wendet sich nunmehr zu den dinglichen Rechten an fremder Sache und behandelt zunächst den Besitzschutz bei Grunddienstbarkeiten (Art. 28), das Wiederkaufsrecht bei Rentengütern (Art. 29), die Reallasten (Art. 30, 31), die Hypothek und Grundschuld (Art. 32 bis 35) und schließlich die Auseinandersetzungen im vormaligen Herzogtume Nassau (Art. 36). Die Art. 37 bis 39 sind dem Bergrecht, Art. 40 den selbständigen Gerechtigkeiten gewidmet; zum Schluß erfährt das Gesetz über das Pfandleihgewerbe eine Ergänzung (Art. 41).

Im Familienrecht folgen nach einigen kurzen Bestimmungen über die Eheschließung von Beamten und von Ausländern (Art. 42, 43) sehr ausführliche Vorschriften, die der Überleitung des Güterstandes der bestehenden Ehen in das Güterrecht des Bürgerlichen Gesetzbuches die Wege ebnen sollten (Art. 44 bis 67). Die weiteren Bestimmungen behandeln die Erklärungen über den Familiennamen (Art. 68), die elterliche Gewalt (Art. 69) und die Anerkennung der Vaterschaft (Art. 70, 71). Ausführlicher ist endlich wieder das Vormundschaftsrecht bedacht, und zwar werden geregelt: die Führung der Vormundschaft durch Beamte und Geistliche (Art. 72), die Anlegung von Mündelgeld (Art. 73 bis 76), der Gemeindewaisenrat (Art. 77) und die Bevormundung durch einen Anstaltsvormund oder durch Beamte der Armenverwaltung (Art. 78). Die Bestimmungen über den Gemeindewaisenrat sind durch das JWG. beseitigt; Art. 78 ist durch das AG. z. JWG. aufgehoben.

Auf das Erbrecht entfallen sogar nur vier Artikel: Fürsorge des Nachlaßgerichts (Art. 79), Nottestament (Art. 80), amtliche Verwahrung und Eröffnung von Testamenten und Erbverträgen (Art. 81, 82).

Nunmehr folgt noch eine Reihe von Vorschriften verschiedenen Inhalts: Art. 83 regelt die Feststellung des Ertragswerts bei Landgütern; Art. 84 ändert mehrere Paragraphen der Hinterlegungsordnung, die aber durch die am 21. April 1913 erlassene neue HinterlO. wieder hinfällig geworden sind; Art. 85 erweitert den Kreis der Hinterlegungsstellen; Art. 86 bringt sehr umfangreiche Ergänzungen und Änderungen des Preuß. Gerichtskostengesetzes, die aber durch die jetzige neue Fassung des Gesetzes überholt sind.

Von den Schlußbestimmungen ist die weitaus wichtigste die des Art. 89 über die Aufhebung der früheren gesetzlichen Vorschriften. Dieser Artikel entscheidet auch über das Schicksal des ehrwürdigen Preußischen Gesetzbuchs. Unbeschadet des Übergangsrechts tritt der ganze erste Teil des Landrechts außer Kraft, insoweit nicht einzelne seiner Vorschriften ausdrücklich als fortgeltend herausgehoben sind. Umgekehrt verlieren von dem zweiten Teile nur diejenigen Vorschriften ihre Gesetzeskraft, die ausdrücklich aufgehoben werden. Die aufgehobenen Vorschriften des Allgemeinen Landrechts gelten aber gleichwohl noch insoweit fort, als sie sich auf öffentliches Recht beziehen. Von sonstigen wichtigeren Gesetzen sind mit dem Allgemeinen Landrecht zugleich die Gesetze über die kurze Verjährung, das Eigentumserwerbsgesetz und die Vormundschaftsordnung aufgehoben worden. Durch diesen klaren Eingriff in die bis 1900 geltende Gesetzgebung ist der Übergang in das neue Recht außerordentlich erleichtert worden. Immerhin waren doch noch nicht alle Schwierigkeiten beseitigt. Bei den landesrechtlichen Vorschriften ist immer noch zu prüfen, ob sie nicht als öffentlich-rechtliche fortbestehen. Bei allen anderen privatrechtlichen Gesetzen, namentlich in den vom Ausführungsgesetz nicht berücksichtigten zusammenhängenden Sonderrechtsgebieten, ließ der Gesetzgeber die Aufgabe ungelöst, die Einwirkung des neuen bürgerlichen Rechts auf die bestehenden Vorschriften im einzelnen festzustellen. Die Trümmer des Preußischen Landesprivatrechts aufs neue in systematischer Ordnung zusammenzustellen ist nicht Ziel und Zweck der vorliegenden Ausgabe. Diese beschränkt sich darauf, die einzelnen Vorschriften des Ausführungsgesetzes in sich zu erläutern und ihren Zusammenhang mit dem neuen Reichsrecht, wie dem früheren Landesrecht in aller Kürze klarzulegen.

Ausführungsgesetz
zum
Bürgerlichen Gesetzbuche.

Vom 20. September 1899.

(GS. Nr. 31 S. 177.)

Wir **Wilhelm,** von Gottes Gnaden König von Preußen usw.

verordnen, unter Zustimmung der beiden Häuser des Landtags Unserer Monarchie, was folgt:

Stiftungen.

(BGB. §§ 80 bis 88.)

Artikel 1.

§ 1. Für die Genehmigung einer Stiftung, die nach der Stiftungsurkunde ausschließlich dem Interesse der Mitglieder einer bestimmten Familie oder mehrerer bestimmter Familien dient (Familienstiftung), ist das Amtsgericht zuständig, in dessen Bezirke die Stiftung ihren Sitz haben soll.

Wird in Ansehung einer Familienstiftung, deren Verwaltung oder Beaufsichtigung nach der Stiftungsurkunde von dem Gerichte geführt werden soll, das Landgericht oder das Oberlandesgericht durch den Justizminister mit der Verwaltung oder der Beaufsichtigung beauftragt, so ist das beauftragte Gericht auch für die Genehmigung der Stiftung zuständig.

1. **Allgemeines.** Das BGB. regelt in den §§ 80 ff. die privatrechtlichen Stiftungen schlechthin ohne Rücksicht auf den Zweck der Stiftung, läßt aber in mehrfacher Beziehung,

namentlich gemäß § 85 BGB. hinsichtlich der Verfassung einer Stiftung, Raum für die Landesgesetzgebung. Der dem preußischen Recht eigentümliche Begriff der Familienstiftung konnte daher auch künftig beibehalten werden. Auf Stiftungen des öffentlichen Rechts finden die Vorschriften des BGB. und des AG. keine Anwendung. Die Artt. 1 ff. gelten für alle bestehenden Familienstiftungen in Preußen, auch in den nichtlandrechtlichen Gebieten. Für die im bisherigen Geltungsbereiche des ALR. bestehenden Familienstiftungen enthält Art. 3 besondere Bestimmungen.

2. **Der Begriff der Familienstiftung** (früher ALR. II 4 §§ 21, 22) ist im Abs. 1 bestimmt. Eine Familienstiftung liegt danach vor, wenn nur die Interessen der Mitglieder einer Familie gefördert werden sollen. Sie kann auch derart geschehen, daß zunächst nur ein Familienstamm und nach Zeitablauf oder Aussterben dieses zunächst berufenen Stammes die dann noch vorhandenen Mitglieder eines anderen Stammes derselben „Familie" berufen werden. Unter Familie ist die Gesamtheit der durch Ehe und Verwandtschaft miteinander verbundenen Personen zu verstehen; keine Familienstiftung liegt vor, wenn sich die Zuwendung auf eine fest geschlossene, geringe Anzahl bestimmter Angehöriger derselben Geschlechtsfolge beschränkt RG. Gruchot 49 Beilageh. 1143; Frommhold Arch. f. ziv. Pr. 1919, 93. Es können auch zwei oder mehrere selbständige Familien kumulativ oder sukzessive berufen werden. Wird in einer Stiftungsurkunde bestimmt, daß die Stiftung zunächst den Interessen einer Familie oder mehrerer Familien, nach Zeitablauf oder Aussterben der Familie (Familien) aber das Kapital und die Einkünfte anderen, familienfremden Zwecken dienstbar gemacht werden sollen, so sind hinsichtlich der staatlichen Genehmigung folgende Fälle zu unterscheiden: a) Ist als Wille des Stifters nach der Stiftungsurkunde anzunehmen, daß es sich um eine einheitliche Stiftung handelt, so liegt keine Familienstiftung vor. Die Stiftung bedarf daher nur der Genehmigung des Staatsministeriums. Darauf, ob die familienfremden Zwecke als nebensächlich erscheinen, kommt es nicht an. Die Einheitlich-

keit der Stiftungsurkunde und der Stiftungsverfassung begründet die Vermutung für einen auf eine einheitliche Stiftungsgründung gerichteten Willen. b) Läßt sich jedoch annehmen, daß der Stifter zunächst eine reine Familienstiftung und demnächst eine nicht ausschließlich Familieninteressen dienende Stiftung ins Leben rufen wollte, so liegen zwei Stiftungen vor, von denen die erste eine Familienstiftung, die zweite eine bedingte oder betagte Nicht-Familienstiftung darstellt. Die erstere bedarf der gerichtlichen, die andere der Genehmigung des StM. c) Sollen die anderen, familienfremden Zwecke nicht im Rahmen derselben oder einer zu schaffenden zweiten Stiftung verwirklicht werden, sondern soll ein Dritter (Fiskus, Gemeinde, bestehende gemeinnützige Stiftung usw.) über das Stiftungsvermögen verfügen, so liegt eine nur der gerichtlichen Genehmigung bedürfende Familienstiftung mit Bestimmung des für den Fall des Erlöschens der Stiftung Anfallberechtigten vor. KG. Gutachten v. 5. 3. 15 JMBl. 262. Eine Familienstiftung verliert nicht dadurch ihren Rechtscharakter, daß in der Stiftungsurkunde Zuwendungen auch an Nicht-Familienglieder vorgesehen sind, wenn als Wille des Stifters anzunehmen ist, daß hierdurch lediglich den Interessen der berufenen Familie (z. B. durch Erhaltung einer tauglichen Arbeiterschaft auf dem Stiftungsgute) gedient werden soll RG. Warneyer Jhrb. 1912, 266; KG. Gutachten v. 5. 3. 15 JMBl. 262.

Von einem anderen Begriff der Familienstiftung gehen die Vorschriften des RErbschStG. (§ 9 Abs. 2) aus; danach genügt es zur Berücksichtigung des Verwandtschaftsverhältnisses des nach der Stiftungsurkunde entferntest Berechtigten zu dem Erblasser oder Schenker bei Bemessung der Steuer schon, daß die Stiftung wesentlich im Interesse einer Familie oder bestimmter Familien gemacht ist, mögen auch vorübergehend oder aushilfsweise andere Personen in den Genuß von Bezügen gelangen können (vgl. auch RG. 82, 197).

Nicht als Familienstiftungen sind die Familienfideikommisse anzusehen. Der charakteristische Unterschied zwischen beiden besteht darin, daß bei den Familienstiftungen den

Genußberechtigten nur obligatorische Rechte auf die Revenüen des der Stiftung gewidmeten Vermögens zustehen, während bei den Familienfideikommissen den zum Besitz berufenen Familiengliedern ein dingliches Recht, nämlich ein durch Veräußerungsverbot zum Besten seiner Nachfolger beschränktes, nutzbares Eigentum an dem Fideikommißvermögen eingeräumt wird.

3. **Die staatliche Genehmigung** einer Stiftung (BGB. § 80) ist — abgesehen von den Familienstiftungen — Verwaltungsangelegenheit und setzt eine Prüfung des Stiftungszwecks vom Standpunkt des Gemeinwohls voraus. Die Genehmigung ist dem StM. vorbehalten (V. z. AG.BGB. v. 16. 11. 99 Art. 4 — abgedr. im Anh.). Die Entscheidung wird in demjenigen Ministerium bearbeitet, zu dessen Geschäftsbereich die Stiftung ihrem alleinigen oder vorwiegenden Zwecke nach gehört; das Ministerium des Innern ist für die Federführung nur dann zuständig, wenn kein anderes Ministerium in Frage kommt (Vfg. v. 9. 2. 20 MBl. i. V. 53). Nach der RVfg. d. StM. v. 3. 7. 28 (JMBl. 368) soll das Kapital einer Stiftung in der Regel nicht weniger als 5000 RM. betragen. Die Aufsichtsbehörden sollen der Anlage der Stiftungsmittel ihre besondere Aufmerksamkeit zuwenden und darauf hinwirken, daß laufende Ausgaben nur aus den Erträgnissen bestritten werden.

Bei der Familienstiftung ist wegen ihres stets gleichbleibenden Zwecks ein Widerstreit gegen das Gemeinwohl ausgeschlossen. Daher hat die staatliche Genehmigung der Stiftungsurkunde lediglich die Bedeutung, daß deren Deutlichkeit und Bestimmtheit geprüft werden soll (ALR. II 4 §§ 27, 29, 31). Dies ist keine rechtspolizeiliche Tätigkeit, sondern eine Handlung der freiwilligen Gerichtsbarkeit. Richtiger würde die „Genehmigung" der Familienstiftung als gerichtliche Bestätigung zu bezeichnen sein, wie noch der Entwurf des AG. nach dem Vorbilde von ALR. II 4 § 29 vorschlug. Daher die Zuständigkeit der Amtsgerichte. Örtlich zuständig ist nicht mehr der ordentliche persönliche Richter des Stifters, sondern entsprechend § 80 BGB. der Richter, in dessen Bezirke die Stiftung ihren Sitz (ZPO. § 17) erhalten soll. In den Fällen des Abs. 2 greift eine besondere Zuständigkeit des beauftragten Gerichts Platz (vgl. Nr. 4).

4. Beaufsichtigung. Nach § 29 AG.GVG. liegt die den Gerichten zustehende Verwaltung oder Beaufsichtigung von Stiftungen den Amtsgerichten ob; durch den JM. kann das LG. oder das OLG. mit der Verwaltung oder Beaufsichtigung beauftragt werden. Dazu bestimmt die AVfg. v. 3. 6. 07 (JMBl. 400): „Wird bei einem AG. die Genehmigung einer Familienstiftung nachgesucht, so hat das AG. vor Erteilung der Genehmigung die Entscheidung des Oberlandesgerichtspräsidenten darüber einzuholen, ob wegen Übertragung der Verwaltung oder der Beaufsichtigung an das LG. oder das OLG. an mich zu berichten ist." Vgl. ferner die dazu erlassene RVfg vom selben Tage (Müller 6. Aufl. S. 18). Für die Aufnahme und Genehmigung des Stiftungsgeschäfts ist stets ein Gericht zuständig, auch wenn die Beaufsichtigung einer anderen Behörde zufällt; die Beaufsichtigung der Stiftungen bestimmt sich nach den älteren Vorschriften, weil weder das BGB. noch das AG. sie regelt KGJ. 25 A 38. Die Beaufsichtigung ist Angelegenheit der freiwilligen Gerichtsbarkeit. Fehlt es an einer stiftungsmäßigen Bestimmung, die die Aufsicht dem Gericht überträgt, so ist das Gericht auch nicht in der Lage, dem Kurator der Stiftung ein Zeugnis über seine Vertretungsmacht zu erteilen KGJ. 24 A 43. Die Familienstiftungen unterstehen grundsätzlich der gerichtlichen Oberaufsicht. Für die Art und den Umfang dieser Aufsicht ist in erster Linie die in der Stiftungsurkunde oder in einem Familienschlusse getroffene Regelung maßgebend. Mangels solcher besonderen Anordnungen bestimmt sich die Oberaufsicht nicht nach den für die Vormundschaft bestehenden Rechtsgrundsätzen, vielmehr ist ein Einschreiten der staatlichen Aufsichtsbehörde auf die Fälle der Staatsnotwendigkeit beschränkt, mithin nur dann zulässig, wenn eine dringende Gefährdung des allgemeinen öffentlichen Interesses vorliegt KGJ. 46 A 101. Die Oberaufsicht greift also namentlich insoweit Platz, als die Stiftung ihrer zu ihrer Erhaltung und zur Erreichung ihrer Zwecke bedarf KGJ. 18, 133; Rsp. 7, 200; 8, 237.

Die Behörde, der die Aufsicht über die Verwaltung einer Stiftung übertragen ist, ist nicht zuständig zur endgültigen Entscheidung eines Streites über die Verwandtschaft mit dem Stifter und die dadurch bedingte Berechtigung zur Teilnahme an den Einkünften der Stiftung, falls nicht durch Anordnung des Stifters oder Familienschluß Abweichendes bestimmt ist; diese Entscheidung ist vielmehr dem ordentlichen Rechtswege vorbehalten (KG. 4. 3. 03 JMBl. 235).

§ 2. Das Gericht hat zu prüfen, ob die Stiftungsurkunde deutlich und bestimmt gefaßt ist und ob sie ausreichende Bestimmungen über die Bestellung eines Vorstandes enthält.

Stehen der Genehmigung der Stiftung Bedenken entgegen, so ist die Genehmigung zu versagen oder eine angemessene Frist zur Beseitigung der Bedenken zu bestimmen. Im letzteren Falle ist die Genehmigung nach dem Ablaufe der Frist zu versagen, wenn nicht inzwischen die Bedenken beseitigt sind. Gegen die Verfügung, durch welche die Genehmigung erteilt oder versagt wird, findet die sofortige Beschwerde statt.

Besteht das Stiftungsgeschäft in einer Verfügung von Todes wegen, so hat das Gericht vor der Entscheidung über die Genehmigung die Mitglieder der berufenen Familie öffentlich aufzufordern, sich in einem hierfür bestimmten Termine zu erklären, widrigenfalls ihnen gegen die Entscheidung die Beschwerde nicht zustehe. Die Beschwerde steht jedem Erben, dem Testamentsvollstrecker und den in dem Termin erschienenen Mitgliedern der berufenen Familie zu.

1. **Fassung der Stiftungsurkunde; Bestellung eines Vorstandes.** Dem Erfordernis der deutlichen und bestimmten Fassung der Stiftungsurkunde ist nur dann genügt, wenn

der Inhalt der Urkunde für jedermann so klar ist, daß auch künftig bei Anwendung ihrer Vorschriften Zweifel ausgeschlossen erscheinen, und wenn sich aus diesem Inhalt ein klares und verständliches Ergebnis darüber gewinnen läßt, wer der Stiftungsvorstand sein oder wie er bestellt werden soll KGJ. 22 A 245. Als Bestimmung über die Bestellung eines Vorstandes genügt die Bestimmung, daß die Familienstiftung durch das Gericht verwaltet werden soll; dann bildet die zuständige Gerichtsbehörde den Vorstand KGJ. 30 A 63.

2. Die **Zustellung** der Verfügungen des Gerichts erfolgt von Amts wegen (§ 16 FGG.). **Berechnung der Fristen** nach BGB. §§ 186 ff.

3. Über **Beschwerde** vgl. FGG. § 22, PrFGG. Art. 6; über weitere Beschwerde PrFGG. Art. 7. Die sofortige Beschwerde gilt nur für den Spezialfall der Genehmigung der Stiftungsurkunde und der Versagung der Genehmigung dieser Urkunde, weil insoweit ein Bedürfnis nach möglichst baldiger Klarstellung besteht; dagegen verbleibt es in den Fällen des Art. 2 (Genehmigung von Familienschlüssen) bei der allgemeinen Regel, wonach gerichtliche Verfügungen mit der einfachen Beschwerde anfechtbar sind KG. 6. 10. 11 JMBl. S. 429.

4. Die **Aufforderung zur Erklärung** bei Stiftungen von Todes wegen ist nach den für Ladungen geltenden Vorschriften der ZPO. öffentlich zuzustellen.

Artikel 2.

Vorbemerkung: Nach BGB. § 85 bestimmt sich die Verfassung einer Stiftung in erster Linie nach Reichsrecht, an zweiter Stelle nach dem Landesgesetz und erst zuletzt nach dem Inhalte des Stiftungsgeschäfts.

Das AG. gibt nur für die Familienstiftung besondere Vorschriften, die sich an das G. v. 15. 2. 40 über Familienschlüsse anlehnen. Der (jetzt aufgehobene) § 20 dieses Gesetzes verwies auf die für Familienfideikommisse geltenden §§ 1 bis 14; statt dessen regelt jetzt das AG. diese Frage in den §§ 1 bis 14 des Art. 2.

Für die Verfassung einer Familienstiftung gelten folgende Vorschriften:

§ 1. Die Änderung der Verfassung sowie die Aufhebung der Stiftung kann durch Familienschluß erfolgen. Dies gilt auch dann, wenn die Änderung der Verfassung oder die Aufhebung der Stiftung durch die Stiftungsurkunde oder durch Familienschluß verboten ist.

1. **Verfassungsänderung und Aufhebung.** Während nach dem Wortlaute des § 20 in Verbindung mit § 1 des G. v. 15. 2. 40 ein Familienschluß zu jeder Substanzveränderung erforderlich erschien, beschränkt das AG. ihn auf eine Verfassungsänderung und die Aufhebung der Stiftung. Unabhängig hiervon kann jedoch nach BGB. § 87 die zuständige Behörde die Stiftung aufheben oder ihren Zweck ändern, wenn die Stiftung das Gemeinwohl gefährdet oder die Erfüllung des Stiftungszweckes unmöglich geworden ist. Zuständig ist nach Art. 5 Abs. 2 der V. v. 16. 11. 99 (abgedr. im Anh.) der JM. Da durch die Geldentwertung zahlreiche Stiftungen ihre Bedeutung verloren hatten, ohne daß die Voraussetzungen des § 87 BGB. vorlagen, ist durch § 1 des G. v. 10. 7. 24 (GS. 575) die Möglichkeit geschaffen, Familienstiftungen durch Beschluß ihrer Vorstände mit Genehmigung der staatlichen Aufsichtsbehörde zusammenzulegen, aufzuheben oder in ihren Satzungen zu ändern, wenn es wegen wesentlicher Änderung der Verhältnisse angezeigt erscheint; dabei ist die Absicht des Stifters tunlichst zu berücksichtigen; es kann in dem Beschluß auch ein Anfallberechtigter bestimmt werden. Kommt ein Beschluß des Vorstandes nicht zustande, obwohl er nach Ansicht der Aufsichtsbehörde angezeigt erscheint, so kann die Aufsichtsbehörde nach entsprechender Mitteilung an den Vorstand die Nachprüfung der Vermögensverwaltung einstweilen einstellen.

Das Verbot einer Verfassungsänderung oder Aufhebung durch die Stiftungsurkunde oder Familienschluß ist ohne rechtliche Wirkung.

§ 2. **Der Familienschluß muß einstimmig gefaßt werden.**

Die Errichtung des Familienschlusses wird nicht dadurch ausgeschlossen, daß nur ein berechtigtes Familienmitglied vorhanden ist.

1. Für den **Familienschluß** können das Stiftungsgeschäft oder die Verfassung der Stiftung einfache Mehrheit oder eine Mehrheit von zwei Dritteln, drei Vierteln usw. der abgegebenen Stimmen vorschreiben.

Gegen bösliche Versagung der Zustimmung hilft die Klage aus § 226 BGB. (KommB.). Dieses Hilfsmittel ist aber von zweifelhaftem Werte, da böswilliger Rechtsmißbrauch als Beweggrund für die Ablehnung des Familienschlusses selten festzustellen sein wird.

§ 3. **Der Familienschluß bedarf der Aufnahme und der Genehmigung durch das Gericht, dem die Verwaltung oder Beaufsichtigung der Stiftung zusteht.**

1. So schon § 2 G. v. 15. 2. 40. Die Zuständigkeit der Notare ist ausgeschlossen.

§ 4. **Zu der Errichtung des Familienschlusses müssen alle Familienmitglieder zugezogen werden, die entweder ihren Wohnsitz innerhalb des Deutschen Reichs haben oder zur Wahrnehmung ihrer Rechte in den Stiftungsangelegenheiten einen innerhalb des Deutschen Reichs wohnhaften Bevollmächtigten bestellt und die Bevollmächtigung durch eine öffentliche oder öffentlich beglaubigte Urkunde dem Vorstand oder dem Gerichte nachgewiesen haben.**

1. Vgl. § 20 Abs. 3 Satz 1 G. v. 15. 2. 40; öffentliche Beglaubigung BGB. § 129; Vorstand der Familienstiftung BGB. §§ 86, 26 ff.

§ 5. **Für ein geschäftsunfähiges oder in der Geschäftsfähigkeit beschränktes Familienmitglied ist sein**

gesetzlicher Vertreter zuzuziehen. Dies gilt auch von solchen Familienmitgliedern, welche vor dem Ablaufe des dreihundertundzweiten Tages nach dem Tage geboren werden, an welchem ihr Vater und, wenn die Mutter bei der Familienstiftung für ihre Person beteiligt ist, auch diese die Zustimmung zu dem Familienschluß erklärt haben.

Die zustimmende Erklärung des gesetzlichen Vertreters bedarf der Genehmigung des Vormundschaftsgerichts.

1. Vgl. ALR. II 4 §§ 42 bis 44; KabO. v. 5. 9. 35. Geschäftsunfähige und beschränkt geschäftsfähige Personen BGB. §§ 104 ff. Der gesetzliche Vertreter (Vater, Mutter, Vormund, Pfleger) bestimmt sich ebenfalls nach dem BGB. In jedem einzelnen Falle wird zu prüfen sein, ob nicht der gesetzliche Vertreter wegen seiner Beteiligung an der Familienstiftung und seiner etwaigen Mitwirkung bei dem Familienschlusse von der Vertretung ausgeschlossen ist BGB. 1630, 1795.

2. Über Genehmigung des Vormundschaftsgerichts vgl. BGB. §§ 1826, 1828.

§ 6. Steht die Vertretung geschäftsunfähiger oder in der Geschäftsfähigkeit beschränkter Familienmitglieder Vormündern oder Pflegern zu, welche der Aufsicht verschiedener Vormundschaftsgerichte unterworfen sind, oder würde die Bestellung von Vertretern solcher Familienmitglieder verschiedenen Vormundschaftsgerichten obliegen, so kann auf Antrag des Vorstandes der Stiftung der Justizminister einem Vormundschaftsgerichte die Bestellung eines gemeinsamen Vertreters und die Genehmigung der Erklärung des Vertreters übertragen, soweit die Interessen der beteiligten Familienmitglieder nicht im Gegensatz zueinander stehen.

Die Vorschrift des Abs. 1 findet auf die Genehmigung von Erklärungen der kraft elterlicher Gewalt berufenen gesetzlichen Vertreter entsprechende Anwendung.

1. Die Bestimmung eines gemeinschaftlichen vormundschaftsgerichtlichen Gerichtsstandes ist entnommen aus § 12 G. v. 15. 2. 40, der für Familienfideikommisse noch gilt.

2. BGB. § 1822 Ziff. 1, § 1643.

§ 7. Der Vorstand der Stiftung hat mit dem Gesuch um Aufnahme des Familienschlusses einen Entwurf des letzteren sowie ein Verzeichnis der zuzuziehenden Familienmitglieder einzureichen.

Bestehen gegen den Entwurf keine Bedenken oder sind die erhobenen Bedenken erledigt, so hat das Gericht einen Termin zur Aufnahme des Familienschlusses zu bestimmen.

§ 8. Zur Teilnahme an der Errichtung des Familienschlusses ist berechtigt:

1. wer seine Zugehörigkeit zu der berufenen Familie durch öffentliche Urkunden nachweist;
2. wer von den Berechtigten, die in dem Termine zur Aufnahme des Familienschlusses erschienen sind, und von dem Vorstande der Stiftung als berechtigt anerkannt wird.

§ 9. Wer außer den Fällen des § 8 die Berechtigung zur Teilnahme in Anspruch nimmt, ist von dem Gericht aufzufordern, binnen drei Monaten seine Berechtigung oder die Erhebung der Klage gegen diejenigen, welche die Berechtigung bestreiten, nachzuweisen, widrigenfalls der ohne seine Zuziehung errichtete Familienschluß für ihn verbindlich sein werde.

Die Frist beginnt mit der Zustellung der Aufforderung. Die Genehmigung des Familienschlusses darf erst erfolgen, wenn die Frist abgelaufen und im Falle

rechtzeitiger Klageerhebung über die Berechtigung rechtskräftig entschieden ist.

§ 10. Besteht kein Grund zu der Annahme, daß außer den angezeigten noch andere nach § 4 zuzuziehende Familienmitglieder vorhanden sind, so genügt die eidesstattliche Versicherung des Vorstandes der Stiftung, daß ihm solche Mitglieder nicht bekannt sind.

Anderenfalls darf der Familienschluß nicht genehmigt werden, bevor die Familienmitglieder, deren Leben oder Aufenthalt unbekannt ist, im Wege des Aufgebotsverfahrens mit ihrem Widerspruchsrecht ausgeschlossen sind.

1. **Verfahren bei Aufnahme von Familienschlüssen.** Die §§ 7 bis 10 wiederholen den Inhalt der §§ 4 bis 9 des Gesetzes vom 15. 2. 40 mit den aus § 20 dieses Gesetzes folgenden Änderungen.

Die landrechtlichen Vorschriften über den „Familienvorsteher" (ALR. II 4 §§ 9 ff., 38) verlieren durch das BGB. ihre Geltung. An dessen Stelle tritt daher der „Vorstand" der Familienstiftung BGB. §§ 26, 86.

Wer in das **Verzeichnis** aufzunehmen ist, ergibt sich aus Art. 2 §§ 4 bis 5.

Das Verfahren zur **Erledigung von Bedenken** bestimmt sich unter entsprechender Anwendung der Vorschrift im Art. 1 § 2 Abs. 2.

Die **Aufforderung** nach § 9 ist nach den Vorschriften der ZPO. §§ 208 ff. zuzustellen; bei Anwesenden genügt Bekanntgabe zu Protokoll (mündliche Bekanntmachung und amtliche Bezeugung im Protokoll, daß sie erfolgt ist) FGG. § 16.

Der Inhalt des **Aufgebots** von Familienmitgliedern, deren Leben oder Aufenthalt unbekannt ist, ergibt sich aus § 11. Das Aufgebotsverfahren richtet sich nach der ZPO. (§§ 946 bis 959). Die Vorschriften des G. v. 15. 2. 40 über die Bekanntmachung des Aufgebots und die Frist, die zwischen der Bekanntmachung und dem Aufgebotstermine liegen soll, sind deshalb beseitigt (jetzt ZPO. §§ 948, 950).

§ 11. Für das Aufgebotsverfahren ist das Amtsgericht zuständig, in dessen Bezirke die Stiftung ihren Sitz hat.

Antragsberechtigt ist der Vorstand der Stiftung.

In dem Aufgebote sind die Familienmitglieder, deren Leben oder Aufenthalt unbekannt ist, unter Bezeichnung des Gegenstandes des Familienschlusses aufzufordern, spätestens im Aufgebotstermine gegen den Familienschluß Widerspruch zu erheben, widrigenfalls sie mit ihrem Widerspruch ausgeschlossen werden würden.

1. **Aufgebotsverfahren.** Als Sitz der Stiftung gilt, wenn nicht ein anderes bestimmt ist, der Ort, an dem die Verwaltung geführt wird BGB. § 80.

§ 12. Die Zustimmung zu dem Familienschluß ist in dem zur Aufnahme bestimmten Termin oder in einer öffentlichen oder öffentlich beglaubigten Urkunde zu erklären.

Erklärt sich ein nach den §§ 4, 5 zuzuziehendes Familienmitglied oder sein Vertreter auf die Aufforderung des Vorstandes nicht, so ist er auf Antrag des Vorstandes von dem Gericht unter Mitteilung des Entwurfes des Familienschlusses zu dem im § 7 Abs. 2 bezeichneten oder einem besonderen Termine mit dem Hinweise zu laden, daß er als dem Familienschlusse zustimmend angesehen werden würde, wenn er nicht spätestens im Termine dem Gerichte gegenüber seinen Widerspruch erkläre.

1. Das **Versäumnisverfahren** ähnelt der Vorschrift des § 91 Abs. 3 FGG. Die Ladung des Beteiligten darf nicht durch öffentliche Zustellung erfolgt sein, denn bei unbekanntem Aufenthalt eines Beteiligten wäre ein Aufgebot erforderlich: oben § 10 Abs. 2.

§ 13. Die Genehmigung des Familienschlusses erfolgt, wenn den Vorschriften der §§ 4 bis 12 genügt, insbesondere auch die im § 5 Abs. 1 vorgesehene Frist abgelaufen ist.

1. Die **Genehmigung** darf nicht vor Ablauf der im § 5 Abs. 1 bestimmten Frist, in der noch ein Beteiligter geboren werden könnte, erfolgen.

§ 14. Die Vorschriften der §§ 2 bis 13 finden keine Anwendung, soweit durch die Stiftungsurkunde oder durch Familienschluß ein Anderes bestimmt ist.

1. Die Vorschriften der §§ 2 bis 13 sind nachgiebigen Rechtes. Sie gelten aber für ganz Preußen. Aufgehoben ist daher für die Familienstiftungen die bisher für das Herzogtum Schlesien und die Grafschaft Glatz geltende Sondervorschrift, nach der stets Königliche Genehmigung erforderlich war, wenn die Notwendigkeit des Familienschlusses auf Gesetz beruhte (§ 3 des für die bez. Landesteile erlassenen Sondergesetzes v. 15. 2. 40); vgl. Art. 89 Nr. 11.

Artikel 3.

Auf eine Familienstiftung, die zur Zeit des Inkrafttretens des Bürgerlichen Gesetzbuchs im bisherigen Geltungsbereiche des Allgemeinen Landrechts besteht, finden die Vorschriften über rechtsfähige Stiftungen sowie die Vorschriften dieses Gesetzes über Familienstiftungen Anwendung. Ist über die Bestätigung einer Familienstiftung vor der bezeichneten Zeit noch nicht endgültig entschieden, so gelten für die Entscheidung die Vorschriften des Artikel 1 § 2.

Ist bei der vom König erteilten Bestätigung der Familienstiftung die Änderung der Verfassung oder die Aufhebung der Stiftung ausgeschlossen worden, so bedarf ein die Verfassung ändernder oder die Stiftung

aufhebender Familienschluß der Genehmigung des Königs.

1. Im Geltungsbereich des ALR. war die juristische Persönlichkeit der bestehenden Familienstiftungen bestritten. Sie ist zwar durch die Allerh. Order v. 23. 5. 45 anerkannt, diese Order ist aber nur im Justizministerialblatte (S. 178), nicht in der Gesetzsammlung verkündet, und die Rechtsgültigkeit dieser Verkündung ist zweifelhaft. Nach § 3 erlangten auch die schon bestehenden Familienstiftungen am 1. 1. 00 unzweifelhaft die rechtliche Stellung einer rechtsfähigen Stiftung gemäß BGB. §§ 85 ff., sie unterliegen daher von dem gleichen Zeitpunkt ab auch den Vorschriften des Art. 2.

2. Das **Bestätigungsverfahren** richtet sich stets nach dem neuen Recht, während das materielle ältere Recht in Ansehung der Voraussetzungen der Stiftung, der Wirksamkeit des Stiftungsgeschäfts usw. noch angewendet werden kann.

3. Während sonst das Verbot der Verfassungsänderung unwirksam ist (Art. 2 § 1 Satz 2), kann bei den schon bestehenden Stiftungen ein solches Verbot, wenn es mit Königlicher Bestätigung ausgesprochen war, nur mit Genehmigung des StM., die an Stelle der Genehmigung des Königs getreten ist, beseitigt werden.

Artikel 4.

Die Änderung der Verfassung einer rechtsfähigen Stiftung, die nicht eine Familienstiftung ist, sowie die Aufhebung einer solchen Stiftung kann durch Beschluß des Vorstandes mit staatlicher Genehmigung erfolgen.

1. Zur **Verfassungsänderung und zur Aufhebung** ist bei Stiftungen im weiteren Sinn, die nicht Familienstiftungen sind, regelmäßig Beschluß des Vorstandes und staatliche Genehmigung erforderlich. Die staatliche Genehmigung steht dem StM. zu, wenn durch den Beschluß des Vorstandes der Stiftung die Verfassung in Ansehung des Zwecks geändert oder die Stiftung aufgehoben werden soll; sonstige Änderungen der

Verfassung bedürfen der Genehmigung der Aufsichtsbehörde (Art. 5 Abs. 1 der V. v. 16. 11. 99 — abgedr. im Anh.). Bestimmungen einer Stiftungsverfassung darüber, an wen das Vermögen mit deren Erlöschen fallen soll, betreffen nicht den Zweck der Stiftung; zu ihrer Änderung genügt Genehmigung der Aufsichtsbehörde. Art. 4 enthält zwingendes Recht und kann durch das Stiftungsgeschäft nicht ausgeschlossen werden; auch kann die Aufhebung nicht durch Aufstellung weiterer Erfordernisse außer dem Vorstandsbeschluß und der staatlichen Genehmigung (z. B. Genehmigung eines Dritten) erschwert werden. Wohl aber kann das Stiftungsgeschäft noch andere Aufhebungsmöglichkeiten vorsehen, insbesondere die Dauer der Stiftung von vornherein zeitlich begrenzen oder sie an eine auflösende Bedingung knüpfen oder auch den Vorstand ermächtigen, in bestimmten Fällen die Aufhebung zu beschließen. Auch schließt die Bestimmung nicht aus, neben dem Vorstand noch einem Dritten die Befugnis zur Satzungsänderung einzuräumen. Eine Änderung der Verfassung ohne staatliche Genehmigung kann aber das Stiftungsgeschäft nicht zulassen.

Mit Rücksicht auf die durch die Geldentwertung eingetretene Bedeutungslosigkeit zahlreicher Stiftungen ist **eine besondere Möglichkeit zur Änderung von Stiftungen** durch G. v. 10. 7. 24 (GS. 575) vorgesehen. (Über die Rechtsgültigkeit dieses Gesetzes vgl. RG. 121, 166.) Danach können Stiftungen durch Beschluß ihrer Vorstände mit Genehmigung der staatlichen Aufsichtsbehörde zusammengelegt, aufgehoben oder in ihren Zwecken geändert werden, wenn es wegen wesentlicher Änderung der Verhältnisse angezeigt erscheint. Die Absicht des Stifters ist dabei tunlichst zu berücksichtigen; in dem Beschluß kann auch ein Anfallberechtigter bestimmt werden (wegen Familienstiftungen vgl. Art. 2 § 1). Kommt in den vorbezeichneten Fällen ein Beschluß des Vorstandes nicht zustande, obwohl er nach Ansicht der Aufsichtsbehörde angezeigt erscheint, so kann die Aufsichtsbehörde nach entsprechender Mitteilung an den Vorstand die Nachprüfung der Vermögensverwaltung, insbesondere die Durchsicht der jährlichen Rechnungslegung, einstweilen einstellen.

Die Verfassungsänderung, soweit sie eine Änderung des Zwecks in sich schließt, und die Aufhebung der Stiftung kann schließlich auch **ohne Mitwirkung des Vorstandes durch eine einseitige Verwaltungsanordnung** geschehen. Denn nach BGB. § 87 kann die zuständige Behörde eine Stiftung aufheben oder ihr erforderlichenfalls unter entsprechender Änderung der Verfassung eine andere Zweckbestimmung geben, wenn sie das Gemeinwohl gefährdet oder die Erfüllung des Stiftungszwecks unmöglich geworden ist. Diese Anordnung ist Ausfluß eines staatlichen Hoheitsrechts, über dessen Ausübung das öffentliche Recht der einzelnen Länder entscheidet. In Preußen entscheidet über die Umwandlung des Zwecks, die Änderung der Verfassung und die Aufhebung das StM. (Art. 5 Abs. 2 V. v. 16. 11. 99 — abgedr. im Anh.). Die Anwendung des § 87 BGB. kann durch das Stiftungsgeschäft nicht ausgeschlossen werden.

Anfall des Vermögens eines Vereins oder einer Stiftung.

(BGB. §§ 45 ff., 88.)

Artikel 5.

§ 1. Das Anfallrecht in Ansehung des Vermögens eines Vereins bestimmt sich ausschließlich nach den Vorschriften des Bürgerlichen Gesetzbuchs.

1. Nach BGB. § 45 Abs. 3 fällt das Vermögen eines Vereins mit dessen Auflösung oder bei der Entziehung der Rechtsfähigkeit in Ermangelung eines anderen Anfallberechtigten an den Fiskus des Landes, in dem der Verein seinen Sitz hatte. Art 85 EG.BGB. läßt jedoch die landesrechtlichen Vorschriften unberührt, nach denen eine Körperschaft, Stiftung oder Anstalt des öffentlichen Rechtes an die Stelle des Fiskus tritt. Preußen machte von dem Vorbehalte keinen Gebrauch; § 1 stellt deshalb das ausschließliche Anfallrecht des Fiskus klar.

§ 2. Das Vermögen einer rechtsfähigen Stiftung fällt mit dem Erlöschen der Stiftung, wenn sie von

einer Gemeinde oder einer sonstigen Körperschaft des öffentlichen Rechtes errichtet oder verwaltet war, an die Körperschaft, in den übrigen Fällen an den Fiskus. Das Vermögen ist tunlichst in einer dem Zwecke der Stiftung entsprechenden Weise zu verwenden.

Die Vorschriften des Abs. 1 finden keine Anwendung, wenn durch die Verfassung der Stiftung ein anderer Anfallberechtigter bestimmt ist.

1. Bei Stiftungen ist das Anfallrecht des Fiskus im BGB. nicht ausgesprochen, da § 45 Abs. 3 im § 88 BGB. nicht mit in bezug genommen ist. Es entscheidet deshalb zunächst die Verfassung der Stiftung und nach ihr das Landesrecht (BGB. § 86). Die ergänzende landesrechtliche Vorschrift enthält § 2. Maßgebend ist nicht das ursprüngliche Stiftungsgeschäft, sondern die Verfassung der Stiftung in ihrer zuletzt geltenden Gestalt (KommB.). Bei Familienstiftungen kann also die etwa fehlende Bestimmung über den Anfall des Stiftungsvermögens durch einen Familienschluß ergänzt werden.

Erwerbsbeschränkungen für juristische Personen.

(EG.BGB. Art. 86, 88.)

Artikel 6.

Vorbemerkung. Die in Art. 6 und 7 vorgesehenen Erwerbsbeschränkungen gelten nicht für Familienstiftungen (Art. 6 § 4, Art. 7 § 1).

§ 1. Schenkungen oder Zuwendungen von Todes wegen an juristische Personen bedürfen zu ihrer Wirksamkeit ihrem vollen Betrage nach der Genehmigung des Königs oder der durch Königliche Verordnung bestimmten Behörde, wenn sie Gegenstände im Werte von mehr als fünftausend Reichsmark betreffen. Wiederkehrende Leistungen werden mit vier vom Hundert zu Kapital gerechnet.

1. **Allgemeines.** § 1 entspricht dem § 2 des G. v. 23. 2. 70.

Die Wertgrenze ist, nachdem sie durch G. v. 8. 4. 24 auf 3000 Goldmark bestimmt war, durch V. d. StM. v. 2. 7. 26 (GS. 192) auf 5000 Reichsmark festgesetzt. Auch Schenkungen und Zuwendungen von Todes wegen an Kirchen bedürfen bei einem Werte von mehr als 5000 RM. behördlicher Genehmigung. Für die Anwendbarkeit des § 6 ist es unerheblich, ob die zuwendende Person nicht Preußin ist und ob die Zuwendung an eine nichtpreußische juristische Person erfolgt; maßgebend ist lediglich, ob sich das zugewendete Vermögen im Inland befindet. Der Zinsfuß von 4 v. H. ist der im § 246 BGB. bestimmte gesetzliche Zinsfuß. An die Stelle der Genehmigung des Königs ist die Genehmigung des StM. getreten; eine Bestimmung anderer Behörden ist nicht erfolgt. Schenkung ist eine Zuwendung, durch die jemand aus seinem Vermögen einen anderen bereichert, wenn beide Teile darüber einig sind, daß die Zuwendung unentgeltlich erfolgt (§ 516 BGB.).

2. **Wirkung der Erwerbsbeschränkungen.** Die Genehmigung hat rückwirkende Kraft, so daß die letztwillige Zuwendung oder die Schenkung von Anfang an gültig wird. Dies folgt für letztwillige Zuwendungen aus Art. 86 Satz 2 EG.BGB., für Schenkungen aus allgemeinen Rechtsgrundsätzen (BGB. § 184). Solange die Genehmigung noch nicht erteilt ist, besteht ein Zustand schwebender Ungewißheit, der dem von rechtsgeschäftlichen Bedingungen ähnlich ist RG. 75, 406; 88, 335. Eine im Testament als Erbe berufene juristische Person kann daher nach Eintritt des Erbfalls die Erbschaft zwar ausschlagen, aber sie kann sie vor Erteilung der Genehmigung zunächst nicht, auch nicht durch „Annahme", erwerben RG. 76, 384. Die Ausschlagungsfrist läuft unabhängig davon, ob die Genehmigung erteilt ist KGJ. 40, 26. Wird die staatliche Genehmigung zum Erwerbe versagt, so gilt die juristische Person in Ansehung des Anfalls als nicht vorhanden (Art. 86 Satz 2 EG.BGB.). Die Erbschaft ist also schon mit Eintritt des Erbfalls an denjenigen gefallen, der infolge des Ausscheidens der juristischen Person Erbe wird; ein Vermächtnis an sie ist unwirksam (§ 2160 BGB.). Wird

die Genehmigung erteilt, so muß die Erbschaft schon in dem Zeitpunkt als angenommen gelten, mit dem die Ausschlagungsfrist abgelaufen ist. Ein Vermächtnis gilt als schon mit dem Erbfall angefallen. Solange die Genehmigung nicht erteilt ist, können Ansprüche, die sich gegen den Nachlaß richten, nicht gegen den berufenen Erben geltend gemacht werden RG. 76, 384. Den Nachlaßgläubigern kann durch Einleitung einer Nachlaßpflegschaft geholfen werden KGJ. 40, 26. Der Bedachte selbst kann über die Gültigkeit der Zuwendung eine Feststellungsklage erheben, auch bevor die Staatsregierungsgewalt sich darüber schlüssig gemacht hat, ob sie die Genehmigung erteilen oder versagen wolle (RG. 75, 406; ein Rentner aus Kottbus hatte zum Bau eines Gotteshauses aller Religionen dem Sultan Abdul Hamid 100 000 M. zugewendet; die preußische Regierung wünschte, bevor sie über die Genehmigung entschied, ein gerichtliches Urteil darüber, ob die Zuwendung gültig sei). Auch ist die Eintragung von Hypotheken zur Sicherung genehmigungsbedürftiger Zuwendungen schon vor Erteilung der Genehmigung möglich RG. 88, 335.

3. **Wertberechnung.** Der Wert von 5000 RM. ist bei Erbschaften nicht der Reinwert des Nachlasses nach Abzug der Schulden, sondern der Bruttowert der zugewendeten Gegenstände (Nachlaßaktiva) RG. 76, 384, KG. 17. 4. 13 1 X 119/13. Sind aber dem Bedachten rechtlich wirksame Auflagen oder sonstige Erschwerungen auferlegt, so entscheidet über die Genehmigungspflichtigkeit nicht ohne weiteres der objektive Wert des zugewendeten Gegenstandes, sondern der wirtschaftliche Wert, welcher der Zuwendung nach der Art und dem Inhalt der Anordnung für die juristische Person zukommt; Auflagen sind von dem objektiven Wert des Zugewendeten abzuziehen RGSt. 42, 359.

§ 2. Die Genehmigung kann auf einen Teil der Schenkung oder der Zuwendung von Todes wegen beschränkt werden.

1. Die Vorschrift entspricht dem § 3 Abs. 3 d. G. v. 23. 2. 70.

Wird die Genehmigung zur Annahme einer Erbschaft unter einer Auflage erteilt, z. B. der Auflage, an hilfsbedürftige Verwandte des Erblassers gewisse Abfindungen zu zahlen, so entsteht dadurch eine Nachlaßverbindlichkeit zur Erfüllung der Auflage KGJ. 25 A 223.

§ 3. Mit Geldstrafe bis zu neunhundert Reichsmark wird bestraft:

1. wer für eine juristische Person, die in Preußen ihren Sitz hat, als deren Vorsteher eine Schenkung oder eine Zuwendung von Todes wegen in Empfang nimmt und nicht binnen vier Wochen die erforderliche Genehmigung nachsucht;
2. wer einer juristischen Person, die nicht in Preußen ihren Sitz hat, eine Schenkung oder Zuwendung von Todes wegen verabfolgt, bevor die erforderliche Genehmigung erteilt ist.

1. Der Höchst- und Mindestbetrag der Geldstrafe bestimmt sich jetzt nach § 27 StGB. in der Fassung der V. über Vermögensstrafen und Bußen v. 6. 2. 24, die Umwandlung der uneinbringlichen Geldstrafe nach § 29 StGB. in der gleichfalls durch die genannte V. geänderten Fassung. Die Strafbarkeit setzt Vorsatz voraus. Die irrige Meinung, daß eine Zuwendung keine Schenkung enthalte, schließt den Vorsatz aus RG. 2. 2. 15 Recht 915 Nr. 1022.

§ 4. Die Vorschriften der §§ 1 bis 3 gelten nicht für Familienstiftungen.

Artikel 7.

§ 1. Juristische Personen, die in Preußen ihren Sitz haben, bedürfen zum Erwerbe von Grundstücken im Werte von mehr als fünftausend Reichsmark der Genehmigung der staatlichen Aufsichtsbehörde.

Dies gilt nicht für Familienstiftungen, für juristische Personen, deren Rechtsfähigkeit auf einem neben dem

Bürgerlichen Gesetzbuche bestehenden Reichsgesetze beruht, sowie für solche juristische Personen des öffentlichen Rechtes, welche nach den für sie geltenden Gesetzen ohne die im Abs. 1 bezeichnete Genehmigung Grundeigentum erwerben können.

Sparkassen, die durch staatliche Verleihung Rechtsfähigkeit erlangt haben, können ein von ihnen beliehenes Grundstück im Zwangsversteigerungsverfahren ohne die Genehmigung erwerben.

1. **Allgemeines.** Der Vorbehalt im Art. 86 EG.BGB. bezieht sich nicht nur auf unentgeltliche Zuwendungen, sondern auf den „Erwerb von Rechten" durch inländische juristische Personen schlechthin, sobald der Wert des Rechtserwerbes (vgl. unten Nr. 2) 5000 RM. übersteigt. Der bisherige Rechtszustand ändert sich dadurch insofern, als zum Erwerbe von Grundstücken unter 5000 RM. Wert eine Genehmigung nicht mehr erforderlich ist; weitergehende Beschränkungen sind aufgehoben KGJ. 25 A 126; 27 A 273. Auch die evangelischen und katholischen Kirchengemeinden und kirchlichen Verbände, die evangelischen Landeskirchen und die im § 28 des G. über die Verwaltung des katholischen Kirchenvermögens v. 24. 7. 24 aufgeführten Rechtsträger bedürfen der Genehmigung zum Erwerb von Grundstücken nur bei einem Wert von mehr als 5000 RM. Die Genehmigung erteilt der Minister für Wissenschaft usw.; in bestimmten Fällen ist die Genehmigung den Regierungspräsidenten, in Berlin dem Polizeipräsidenten, übertragen (Erl. v. 8. 10. 25 JMBl. 379). Neben einem Erlaß, der gemäß Art. 6 die freigebige Zuwendung genehmigt, bedarf es nicht noch einer besonderen Genehmigung der Aufsichtsbehörde nach Art. 7 (vgl. unten § 3). Die Verleihung des Enteignungsrechts schließt die staatliche Genehmigung zum Grunderwerb in sich (KommB.). Unberührt bleiben die bisherigen Vorschriften, nach denen zur Belastung und Veräußerung von Grundeigentum der juristischen Personen Staatsgenehmigung erforderlich ist.

2. **Wertberechnung.** Maßgebend ist ein etwa vereinbarter Preis, in Ermangelung eines solchen der wirkliche Grundstückswert ohne Abzug der dinglichen Lasten KGJ. 29 A 141; 40 A 25. Beim Erwerb mehrerer Grundstücke von demselben Rechtsvorgänger sind die Werte zusammenzurechnen; das gilt nicht beim Erwerb von mehreren Rechtsvorgängern, auch wenn die Verträge in derselben Urkunde enthalten sind KGJ. 25 A 126.

3. **Ausnahmen.** Als juristische Personen, deren Rechtsfähigkeit auf einem neben dem BGB. bestehenden Reichsgesetze beruht, kommen in Betracht: Aktiengesellschaften, Kommanditgesellschaften auf Aktien, Gesellschaften mit beschränkter Haftung, eingetragene Genossenschaften, Versicherungsvereine auf Gegenseitigkeit. Keiner Genehmigung bedürfen die Gewerkschaften des preuß. BergG. KGJ. 24 A 98; wohl aber andere Bergwerksgesellschaften, die weder Gewerkschaften noch juristische Personen auf Grund eines neben dem BGB. geltenden Reichsgesetzes (Aktiengesellschaft usw.) sind KGJ. 26 A 106.

Vereine und Stiftungen, die ihre Rechtsfähigkeit nach den Vorschriften des BGB. erlangt haben, fallen dagegen unter Abs. 1 dieses Paragraphen.

Zu den juristischen Personen des öffentlichen Rechts, die nach den für sie geltenden Gesetzen keiner Genehmigung bedürfen, gehören die Stadt- und Landgemeinden (eine Ausnahme gilt für Landgemeinden in Westfalen und der Rheinprovinz), die Provinzen und die unter der Provinzialordnung stehenden juristischen Personen, die landschaftlichen Kreditinstitute bezüglich der beypfandbrieften, zur Zwangsversteigerung gestellten Güter (Allerh. Erl. v. 1. 12. 69 GS. 1185); dagegen nicht die Industrie- und Handelskammern, die Landwirtschaftskammern und Handwerkskammern. Die Reichsknappschaft (Reichsknappschaftsgesetz v. 23. 6. 23 RGBl. I 431) bedarf der Genehmigung der Aufsichtsbehörde, wenn es sich um eine Vermögensanlage handelt; als eine solche Anlegung ist jeder Grundstückserwerb anzusehen, der mit eigenen Mitteln des Vereins erfolgt, ohne Rücksicht auf den mit dem Erwerb verfolgten Zweck KGJFG. 4, 315. Eine Wohltätigkeitsanstalt, die durch staatliche Genehmigung die Rechte einer juristischen Person erlangt hat, bedarf zum Erwerb der nach Inhalt der Satzung für ihre Zwecke bestimmten Grundstücke keiner weiteren Genehmigung KGJ. 31 A 289.

Die Ausnahme des Abs. 3 bezieht sich nur auf die in Preußen ansässigen Sparkassen (KommB.).

§ 2. Juristische Personen, die in einem anderen Bundesstaat ihren Sitz haben, bedürfen zum Erwerbe von Grundstücken im Werte von mehr als fünftausend Reichsmark der Genehmigung des Königs oder der durch Königliche Verordnung bestimmten Behörde.

Der gleichen Genehmigung bedürfen ausländische juristische Personen zum Erwerbe von Grundstücken ohne Rücksicht auf den Wert.

1. Der Vorbehalt des Art. 88 EG.BGB. bezieht sich auf den Grunderwerb von „Ausländern" ohne Unterschied zwischen natürlichen und juristischen Personen und ohne Rücksicht auf den Wert des Grundstücks. Erwerbsbeschränkungen für natürliche Personen fremder Staatsangehörigkeit waren aber dem pr. R. schon vor 1900 nicht mehr bekannt und sind auch durch das AG. nicht eingeführt.

Früher war für außerpreußische und außerdeutsche juristische Personen übereinstimmend zum Grunderwerbe Königliche Genehmigung erforderlich: G. v. 4. 5. 46. Für deutsche (außerpreußische) Aktiengesellschaften, Genossenschaften, Versicherungsgesellschaften usw. war diese Genehmigung jedoch den zuständigen Ministern übertragen: Allerh. Erl. v. 14. 2. 82. Nach Art. 86 EG.BGB. fällt die Genehmigung für deutsche (außerpreußische) juristische Personen weg beim Grunderwerb u n t e r 5000 RM. Wert. Zum Grunderwerb ü b e r 5000 RM. Wert wird die erforderliche Genehmigung vom Regierungspräsidenten, in Berlin vom Polizeipräsidenten erteilt. Würde die juristische Person, wenn sie am Orte des zu erwerbenden Grundstücks ihren Sitz hätte, nach den bestehenden allgemeinen Bestimmungen einer anderen staatlichen Aufsichtsbehörde als dem Regierungs- (Polizei-) Präsidenten unterstehen, so ist diese andere Behörde für die Genehmigung zuständig. In allen Fällen ist für die örtliche Zuständigkeit die Lage des Grundstücks maßgebend (Art. 6 d. V. v. 16. 11. 99 in der Fassung der V. v. 25. 3. 20 — GS. 85 — abgedr. im Anh.). Eine Ausnahme gilt nach § 5 des HypBankG. v. 13. 7. 99: Deutsche Hypothekenbanken können in allen Bundesstaaten ohne besondere Genehmigung Grundstücke erwerben, soweit es zur Abwendung des Verlustes von Hypotheken oder zur Beschaffung von Geschäftsräumen geschieht.

§ 3. Die in den §§ 1, 2 vorgeschriebene Genehmigung ist nicht erforderlich zu einem Erwerbe, der auf Grund einer nach Maßgabe des Artikel 6 genehmigten Schenkung oder Zuwendung von Todes wegen erfolgt.

1. Die Genehmigung der Schenkung oder Zuwendung schließt die Genehmigung zum Grunderwerbe schon in sich.

Verjährung gewisser Ansprüche.

(BGB. §§ 196, 197.)

Artikel 8.

Vorbemerkung. Die landesgesetzlichen Vorschriften über die kurze Verjährung werden durch das BGB. zum größten Teil außer Kraft gesetzt. Art. 89 des AG. hebt deshalb das Verjährungsgesetz v. 31. 3. 38 und die entsprechenden Gesetze für die neuen Landesteile ausdrücklich auf. Art. 8 regelt die kurze Verjährung einiger Ansprüche, die als dem öffentlichen Rechte angehörend oder infolge besonderen Vorbehalts vom BGB. unberührt bleiben.

§ 1. In vier Jahren verjähren:

1. **die Ansprüche der Kirchen, der Geistlichen und der sonstigen Kirchenbeamten wegen der Gebühren für kirchliche Handlungen;**
2. **die Ansprüche auf Zahlung der von einer Verwaltungsbehörde, einem Verwaltungsgericht oder**

einer Auseinandersetzungsbehörde nicht oder zu wenig eingezogenen Kosten;

3. die Ansprüche der Ortsbehörden wegen der Gebühren für Handlungen der freiwilligen Gerichtsbarkeit oder für ihre Tätigkeit als gerichtliche Hilfsbeamte;
4. die Ansprüche auf Rückerstattung von Kosten, die von einer öffentlichen Behörde mit Unrecht erhoben sind;
5. die Ansprüche auf Rückstände von Verkehrsabgaben, die infolge einer besonderen Berechtigung an Privatpersonen zu entrichten sind.

1. Für die Verjährung des Anspruchs auf Zahlung von **Gerichtskosten** gelten §§ 13, 115 PrGKG. Die dort vorgesehenen Abweichungen von den Vorschriften des BGB. über Verjährung stimmen inhaltlich mit Art. 8 § 2 überein. Für die Verjährung des **Landesstempels** gilt § 27 LStG.; Feststempel verjähren in 5, Wertstempel in 10 Jahren.

2. Unter „Ortsbehörden" sind die Ortsgerichte, Feldgerichte, Dorfgerichte, Bürgermeister, Schultheißen und Schöffen zu verstehen: § 133 PrGKG.

§ 2. Auf die Verjährung finden die Vorschriften des Bürgerlichen Gesetzbuchs und des Artikel 169 Abs. 1 des Einführungsgesetzes zum Bürgerlichen Gesetzbuche mit folgenden Maßgaben Anwendung:

1. die Verjährung beginnt, unbeschadet der Vorschrift des § 201 Satz 2 des Bürgerlichen Gesetzbuchs, für die im § 1 Nr. 1 bis 3 bezeichneten Ansprüche mit dem Schlusse des Jahres, in welchem die Gebühren oder Kosten fällig werden, für die im § 1 Nr. 4, 5 bezeichneten Ansprüche mit dem Schlusse des Jahres, in welchem der Anspruch entsteht.
2. Soweit die im § 1 Nr. 1, 2 bezeichneten Gebühren

und Kosten der Beitreibung im Verwaltungszwangsverfahren unterliegen, wird die Verjährung auch durch eine an den Zahlungspflichtigen erlassene Aufforderung zur Zahlung und durch die Bewilligung einer von ihm nachgesuchten Stundung unterbrochen. Wird die Verjährung unterbrochen, so beginnt eine neue Verjährung nicht vor dem Schlusse des Jahres, in welchem der für die Beendigung der Unterbrechung maßgebende Zeitpunkt eintritt, und im Falle der Bewilligung einer Stundung nicht vor dem Schlusse des Jahres, in welchem die bewilligte Frist abläuft.

1. Die **Vorschriften des BGB. über Verjährung** sind enthalten in §§ 198 bis 225. Art. 169 Abs. 1 EG. enthält eine Übergangsvorschrift, nach der das BGB. auf die schon vor seinem Inkrafttreten entstandenen, noch nicht verjährten Ansprüche Anwendung findet; Hemmung und Unterbrechung der Verjährung richtet sich aber für die Zeit vor dem 1. 1. 00 nach älterem Recht.

2. Nr. 1 enthält eine Abweichung von § 198 BGB., der nicht die Fälligkeit, sondern die Entstehung des Anspruchs entscheiden läßt.

§ 201 Satz 2 BGB. lautet: „Kann die Leistung erst nach dem Ablauf einer über diesen Zeitpunkt hinausreichenden Frist verlangt werden, so beginnt die Verjährung mit dem Schlusse des Jahres, in welchem die Frist abläuft."

3. Neben den **Unterbrechungsgründen** des BGB. (§§ 208 bis 210) greifen die in Nr. 2 bezeichneten Platz. Das Verwaltungszwangsverfahren ist geregelt durch die V. v. 15. 11. 99 (GS. 545) in der Fassung der V. v. 16. 5. 23 (GS. 271), 12. 4. 24 (GS. 209), 28. 11. 24 (GS. 741), 31. 10. 25 (GS. 157), 16. 3. 26 (GS. 103). Förmliche Zustellung der Zahlungsaufforderung ist nicht erforderlich; es genügt, daß die Aufforderung dem Zahlungspflichtigen zugeht. Eine von Amts wegen bewilligte Stundung unterbricht die Verjährung nicht; sie muß vom Schuldner angeregt sein.

Artikel 9.

Die Vorschriften des Gesetzes über die Verjährungsfristen bei öffentlichen Abgaben vom 18. Juni 1840 (Gesetz-Samml. S. 140) werden, soweit sie sich auf öffentliche, zu den Staatskassen fließende Verkehrsabgaben der im § 2 des Gesetzes bezeichneten Art beziehen, unbeschadet abweichender reichsgesetzlicher Vorschriften, auf den ganzen Umfang der Monarchie ausgedehnt.

Die im Abs. 1 bezeichneten Vorschriften finden auf sonstige öffentliche Gebühren entsprechende Anwendung, sofern nicht abweichende besondere Bestimmungen bestehen.

1. § 2 d. G. v. 18. 6. 40 erwähnt folgende Abgaben: Eingangs-, Ausgangs- und Durchgangsabgaben, die infolge der Zollvereinigungsverträge zu erhebenden Ausgleichsabgaben, die Branntwein-, Braumalz-, Mahl- und Schlachtsteuer, die Weinmost- und Tabaksteuer, die Salzablösungsgelder, die Blei- und Zettelgelder, die Wege-, Brücken-, Fähr-, Wage- und Krangelder, die Kanal-, Schleusen-, Schiffahrts- und Hafenabgaben und die Niederlagegelder. Das Verjährungsgesetz v. 18. 6. 40 war bisher in den neuen Landesteilen noch nicht durchweg eingeführt, es galt in ganz Preußen bisher nur in Ansehung der direkten Staatssteuern und der an Gemeinden, Körperschaften, ständische Kassen u. dgl. zu entrichtenden öffentlichen Abgaben (vgl. G. v. 12. 4. 82). Als Gegenstand der durch Art. 9 getroffenen Regelung verbleiben hauptsächlich nur die Verkehrsabgaben, wie Wege- und Brückengelder.

Gesetzliche Zinsen.

(BGB. § 246.)

Artikel 10.

Soweit in Gesetzen, die neben dem Bürgerlichen Gesetzbuch in Kraft bleiben, die Verzinsung einer

Schuld mit mehr als vier vom Hundert für das Jahr vorgeschrieben ist, tritt an die Stelle dieser Verzinsung die Verzinsung mit vier vom Hundert. Dies gilt für die Zeit nach dem Inkrafttreten des Bürgerlichen Gesetzbuchs auch dann, wenn die Verzinsung schon vorher begonnen hat.

1. Durch die Vorschrift wird die Herabsetzung des für den allgemeinen bürgerlichen Verkehr maßgebenden gesetzlichen Zinsfußes von 5 auf 4 v. H. allgemein durchgeführt und auf die am 1. Januar 1900 schon laufenden Zinsen erstreckt. Der neue Zinsfuß ist, da die gesetzliche Zinspflicht mit jedem Tage neu entsteht, vom Inkrafttreten des BGB. ab zur Anwendung zu bringen.

Handelszinsen betragen 5 v. H. (§ 352 HGB.). Wechsel- und Scheckzinsen sind auf 2 v. H. über den jeweiligen Reichsbankdiskontsatz, mindestens auf 6 v. H. festgesetzt (RG. v. 3. 7. 25 RGBl I 93).

Satzungsmäßige Zinsen (z. B. statutarische Zinsen der Landschaften) haben die Natur von Vertragszinsen und bleiben daher durch Art. 10 unberührt (KommB.).

Zahlungen aus öffentlichen Kassen.

(EG.BGB. Art. 92.)

Artikel 11.

Zahlungen aus öffentlichen Kassen sind, wenn nicht ein anderes bestimmt ist, an der Kasse in Empfang zu nehmen.

1. Für die älteren Landesteile war dies bereits durch ALR. I 11 §§ 776, 777, I 16 § 53 bestimmt. Die Vorschrift befreit die öffentlichen Kassen von der sonst dem Schuldner obliegenden Verpflichtung, geschuldetes Geld auf seine Gefahr und Kosten dem Gläubiger an dessen Wohnsitz zu übermitteln (vgl. BGB. § 270).

Abweichende Vertragsbestimmungen bleiben zulässig. Für

Zahlungen an die Kasse ist weder im EG. noch im AG. etwas vom Reichsrecht Abweichendes bestimmt.

Für den Zahlungsverkehr sind insbesondere die Bestimmungen über den Postscheckverkehr (AVfg. v. 6. 7. 14 — JMBl. 615), Reichsbankverkehr (AVfg. v. 23. 8. 13 — JMBl. 320) und den kommunalen Giroverkehr (AVfg. v. 19. 12. 21 — JMBl. 661) zu beachten.

Beurkundung von Grundstücksveräußerungen.

(BGB. § 313; EG.BGB. Art. 62, 109, 142.)

Artikel 12.

§ 1. Für einen Vertrag, durch den sich der eine Teil verpflichtet, das Eigentum an einem Grundstücke gegen Übernahme einer festen Geldrente zu übertragen (Rentengutsvertrag), genügt bei den durch Vermittelung der Generalkommission begründeten und bei den vom Staate ausgegebenen Rentengütern die schriftliche Form.

Das gleiche gilt für den in den §§ 16, 17 des Gesetzes über die Enteignung von Grundeigentum vom 11. Juni 1874 (Gesetz-Samml. S. 221) bezeichneten Vertrag über die freiwillige Abtretung von Grundeigentum.

1. Die **erste Ausnahme** von der Formvorschrift des § 313 BGB. gilt nicht bei dem Rentengutsvertrage schlechthin, sondern nur bei den entweder vom Staate oder unter Vermittlung des Kulturamts begründeten Rentengütern. Das Formprivileg ist auf den Rentengutsvertrag bei den von einer gemeinnützigen Siedlungsgesellschaft ausgegebenen oder durch ihre Vermittlung begründeten Rentengütern nicht auszudehnen, RG. 110, 336. Vgl. G. über Rentengüter v. 27. 6. 90 (GS. 209). Das G. betr. die Beförderung der Errichtung von Rentengütern v. 7. 7. 91 ist aufgehoben und ersetzt

durch das Landesrentenbankgesetz v. 29. 12. 27 (GS. 283). An die Stelle der Vermittlung der Generalkommission ist die des Vorstehers des Kulturamts getreten (§ 9 d. G. über Landeskulturbehörden v. 3. 6. 19 — GS. 101). Die erleichterte Form gilt nur für den Vorvertrag, der der Vorbereitung des Rezesses dient und bindende Vereinbarungen über den Erwerb des Rentenguts und über die Gegenleistung des Erwerbers schafft; der eigentliche Rentengutsrezeß ist durch den Vorsteher des Kulturamts aufzunehmen. Es ist nicht Voraussetzung für die erleichterte Form, daß der Antrag auf Rentengutsbildung bei dem Kulturamt bereits gestellt ist. Die Vermittlung des Kulturamts muß aber zur Vertragsbedingung gemacht sein, RG. 101, 292. Die mangelnde Form kann nicht gemäß § 313 Satz 2 BGB. geheilt werden, weil keine Auflassung stattfindet, der Eigentumsübergang vielmehr ohne dinglichen Vertrag erfolgt, RG. 82, 413.

2. **Zweite Ausnahme.** Gemeint ist der Vertrag, durch den der zu Enteignende das Grundstück an den enteignungsberechtigten Unternehmer freiwillig abtritt, sei es unter gleichzeitiger Einigung über den Preis, sei es unter dem Vorbehalt, daß die Entschädigung nachträglich festgestellt werde. Diese Vorschrift setzt ein bereits bis zur vorläufigen Planfeststellung gediehenes Enteignungsverfahren voraus; vor diesem Zeitpunkt bewendet es bei der Form des § 313 BGB. (RG. 70, 45). Sie ist auf das bergrechtliche Enteignungsverfahren nicht auszudehnen. Ob der Gesetzgeber die naheliegende Ausdehnung absichtlich oder nur versehentlich unterließ, ist gleichgültig; denn es handelt sich um eine strikt auszulegende Ausnahme von der Regel des § 313 BGB.; RG. 56, 193. Die Ausnahme gilt auch für das vereinfachte Enteignungsverfahren nach dem G. vom 26. 7. 1922 (GS. 211). Ist in dem Vertrag über die freiwillige Abtretung eines zu enteignenden Grundstückes eine Entschädigung in Grund und Boden gewährt, findet also ein Umtausch von Grundstücken statt, so genügt die schriftliche Form nicht, der Vertrag unterliegt vielmehr der Formvorschrift des § 313 BGB.; RG. 96, 1.

§ 2. Wird bei einem Vertrage, durch den sich der eine Teil verpflichtet, das Eigentum an einem in Preußen liegenden Grundstücke zu übertragen, einer der Vertragschließenden durch eine öffentliche Behörde vertreten, so ist für die Beurkundung des Vertrags außer den Gerichten und Notaren auch der Beamte zuständig, welcher von dem Vorstande der zur Vertretung berufenen Behörde oder von der vorgesetzten Behörde bestimmt ist.

1. Art. 142 EG.BGB. ermächtigt die Landesgesetzgebung für die im § 313 BGB. vorgeschriebene öffentliche Beurkundung der Grundstücksveräußerungsverträge, sofern sie ein innerhalb des Landes liegendes Grundstück betreffen, außer den Gerichten und Notaren auch andere Behörden und Beamte für zuständig zu erklären. Das AG. macht von dieser Ermächtigung einen recht weitgehenden Gebrauch. Für alle Grunderwerbsverträge, bei denen ein Vertragsteil eine öffentliche Behörde ist oder durch eine solche vertreten wird, kann diese Behörde oder die ihr vorgesetzte Behörde einen Beamten als Urkundsperson bestimmen. Die Bestellung braucht nicht ein für allemal zu geschehen, kann vielmehr auch im einzelnen Falle erfolgen, RG. 53, 154. Der Vorstand der Behörde kann sich *selbst bestellen* (RG. a. a. O.). Die Unterschrift des Oberbürgermeisters *allein* genügt, auch wenn ihm ein kollegialischer Magistrat zur Seite steht (RG. 72, 412). Die Vertragsurkunde dieses Beamten hat dann die Kraft einer gerichtlichen oder notariellen Verhandlung.

Die Befugnis des § 2 beschränkt sich nicht auf staatliche Behörden (einschließlich der Reichsbehörden und der einer Behörde gleichstehenden Einzelbeamten), sie steht auch den Stadt- und Landgemeinden, den Kirchen- und Schulbehörden usw. zu. Als „Kirchen" gelten aber in Preußen nur die vom Staat ausdrücklich öffentlich aufgenommenen Kirchengesellschaften, d. h. die evangelisch-lutherische und die reformierte sowie die katholische Kirche; der Ältestenrat der evangelischen Brüdergemeinde ist deshalb keine öffentliche Behörde, RG. 106, 147.

Vgl. Beschl. d. StM. vom 26. 3. 1907 (JMBl. 353) betr. Anstellung von Urkundspersonen für die Beurkundung von Grundstücksangeboten und -kaufverträgen für Zwecke der Ansiedlungskommission und AVfg. vom 4. 9. 1922 (JMBl. 362) über Ernennung der Postamtsvorsteher zu Urkundspersonen.

Die Auswahl des Urkundsbeamten steht der Behörde frei; Befähigung zum Richteramt oder Ablegung einer Prüfung wird nicht erfordert, es könnte auch ein Ehrenbeamter (Amtsvorsteher oder unbesoldeter Stadtrat) bestimmt werden. Der den Vertrag als Vertreter der Behörde abschließende Beamte darf nicht zugleich Urkundsbeamter sein. Es muß also zu diesem Zweck stets noch ein zweiter Beamter von der Behörde abgeordnet werden. Dieser wird gut tun, sich an den Verhandlungen nicht materiell zu beteiligen, um die für die Urkundsperson unerläßliche Unparteilichkeit zu wahren. Der Vorbehalt des Art. 142 EG.BGB. zieht jedoch der Zuständigkeit des Beamten enge Schranken. Der Urkundsbeamte ist daher nur zuständig, das obligatorische Veräußerungsgeschäft zu beurkunden. Er darf weder die dingliche Erklärung (Auflassung) — außer im Falle des Art. 27 bei buchungsfreien Grundstücken — noch die Unterwerfungsklausel (ZPO. § 800) noch endlich Vollmachten oder sonstige Nebenerklärungen aufnehmen, KGJ. 29 A 135, B 69. Auch unentgeltliche Grundstücksveräußerungen sind ihm entzogen, da Art. 142 EG.BGB. Schenkungen nicht mit umfaßt, RG. 13, 420, KGJ. 34 B 51. Da endlich das Gesetz nur von Grundstücken spricht, erstreckt sich die Zuständigkeit nicht auch auf Geschäfte über eigentumsgleiche Rechte (BGB. § 1017, EG.BGB. Art. 63, 68, AG.GBO. Art. 22), insbesondere nicht auf einen Vertrag, durch den sich der Grundstückseigentümer verpflichtet, ein Erbbaurecht zu bestellen.

Über die Befugnis des Regierungspräsidenten, auch abgesehen von den Fällen des Art. 12 § 2 Beamte, die die Befähigung zum Richteramt oder zum höheren Verwaltungsdienst erlangt haben, mit der Führung der Verhandlungen zu beauftragen, die den Erwerb, den Verlust, die Ausübung des Vorkaufs- oder Rückgaberechts einer Wohnheimstätte oder eines

Heimstättengartens zum Gegenstand haben, vgl. § 24 AG. z. Reichsheimstättengesetz vom 18. 1. 1924 (GS. 49).

§ 3. In dem vormaligen Herzogtume Nassau sind an Orten, die nicht Sitz eines Amtsgerichts sind, auch die Bürgermeister zuständig, Kauf- und Tauschverträge über Grundstücke ihres Amtsbezirkes zu beurkunden, wenn der Kaufpreis oder der Wert der eingetauschten Gegenstände nicht mehr als fünfhundert Reichsmark beträgt.

1. Vgl. PrFGG. Art. 32, 112, 118, 139. Die Zuständigkeit der Bürgermeister ist gemäß Art. 122 Abs. 1 letzter Satz PrFGG. auf die Ortsgerichte übergegangen.

§ 4. Auf die Beurkundung, die ein nach den §§ 2, 3 zuständiger Beamter vornimmt, finden die Vorschriften des § 168 Satz 2 und der §§ 169 bis 180 des Reichsgesetzes über die Angelegenheiten der freiwilligen Gerichtsbarkeit, des § 191 des Gerichtsverfassungsgesetzes und des Artikel 41 des Preußischen Gesetzes über die freiwillige Gerichtsbarkeit entsprechende Anwendung. Ist nach diesen Vorschriften ein Dolmetscher zuzuziehen, so kann die erforderliche Beeidigung des Dolmetschers durch den beurkundenden Beamten erfolgen.

1. Die angeführten Vorschriften betreffen im wesentlichen: Verträge der Tauben, Stummen usw., Ausschließung von Urkundspersonen und Zeugen, Inhalt, Verlesung und Unterzeichnung des Protokolls, Dolmetscher; Eid des Dolmetschers (GVG. § 191); Protokollerrichtung mit Tauben (PrFGG. Art. 41). Nicht anwendbar sind dagegen die sonstigen Vorschriften des PrFGG., z. B. dessen Art. 64 (Verbot der Abkürzungen in öffentlichen Urkunden), RG. 53, 152. Anwendbar sind ferner BGB. §§ 128, 152 (getrennte Beurkundung des Angebots und der Annahmeerklärung, Nichtempfangsbedürftigkeit der Annahme), RG. 68, 393, vgl. dazu aber RG. 49, 131; 76, 364; JW. 12, 133, wo bei Grundstückskäufen im

allgemeinen als Parteiwille unterstellt wird, daß die Annahme innerhalb der Offertfrist zugegangen sein müsse.

2. Ist der Dolmetscher für Übertragungen der betreffenden Art im allgemeinen beeidigt, so genügt die Berufung auf den geleisteten Eid; sonst hat der Dolmetscher einen Eid dahin zu leisten, „daß er treu und gewissenhaft übertragen werde"

Ermächtigung von Handelsmäklern zu Kaufgeschäften.

Artikel 13.

Die öffentliche Ermächtigung, deren Handelsmäkler zu Verkäufen oder Käufen bedürfen, wird für Orte innerhalb des Bezirkes einer Handelskammer oder einer kaufmännischen Körperschaft durch diese vorbehaltlich der Bestätigung des Regierungspräsidenten, für andere Orte durch den Regierungspräsidenten erteilt.

Die Ermächtigung wird erst wirksam, wenn der Handelsmäkler den Eid leistet, daß er die ihm obliegenden Pflichten getreu erfüllen werde. Für die Abnahme des Eides ist das Amtsgericht zuständig, in dessen Bezirke der Handelsmäkler seine Geschäftsräume oder in Ermangelung solcher seine Wohnung hat. Die Beeidigung kann auch von der Handelskammer oder der kaufmännischen Korporation vorgenommen werden, welche die Ermächtigung erteilt hat.

Auf die Rücknahme der Ermächtigung findet die Vorschrift des § 120 Nr. 3 des Gesetzes über die Zuständigkeit der Verwaltungs- und Verwaltungsgerichtsbehörden vom 1. August 1883 (Gesetz-Samml. S. 237) Anwendung.

1. Verkäufe aus freier Hand durch **öffentlich ermächtigte Handelsmäkler** sind vorgesehen in BGB. § 385 (zwecks Hinter-

legung des Erlöses), §§ 1221, 1235 (Pfandverkauf); HGB. §§ 373, 376, 379 (Selbsthilfeverkauf), §§ 388, 389 (Kommissionär), § 437 (Frachtführer). Ankauf durch Handelsmäkler in HGB. § 376 (Deckungskauf). Vereidete Handelsmäkler als solche gibt es nicht mehr, jedoch sind jetzt die Kursmäkler, die lediglich vor Antritt dieser Stellung auf treue Pflichterfüllung beeidigt werden, zu den von einem öffentlich ermächtigten Handelsmäkler zu bewirkenden Verkäufen und Käufen befugt, BörsenG. § 34 in der Fass. vom 27. 5. 1908.

Über Industrie- und Handelskammern vgl. G. vom 19. 8. 1897 (GS. 355), 2. 6. 1902 (GS. 161), 14. 1. 1921 (GS. 223), V. vom 1. 4. 1924 (GS. 194).

2. Wenn die Handelskammer die Ermächtigung erteilt hat, so ist sowohl diese als auch das Amtsgericht zur **Abnahme des Eides** zuständig.

3. Die **Rücknahme der Ermächtigung** ist durch Klage im Verwaltungsstreitverfahren beim Bezirksausschuß geltend zu machen.

Gesinderecht.

(EG.BGB. Art. 95.)

Artikel 14.

Vorbemerkung. Die Gesindeordnungen sind durch den Aufruf des Rats der Volksbeauftragten vom 12. 11. 1918 Nr. 8 (RGBl. 1303) aufgehoben. Damit haben jedenfalls § 1 Abs. 1 und 2, §§ 2, 3 ihre Bedeutung verloren, da auf das Dienstverhältnis des Gesindes grundsätzlich nur die Vorschriften des BGB. über den Dienstvertrag anwendbar sind. Wegen § 1 Abs. 3 und 4 vgl. N. 1 zu § 1.

§ 1. Die Vorschrift des § 616 des Bürgerlichen Gesetzbuchs findet auf das Gesindeverhältnis Anwendung.

Die Vorschriften der Gesindeordnungen, nach welchen der Dienstberechtigte für den von dem Gesinde einem Dritten widerrechtlich zugefügten Schaden in

weiterem Umfang als nach den Vorschriften des Bürgerlichen Gesetzbuchs verantwortlich ist, treten außer Kraft.

Der Dienstberechtigte kann seine Entschädigungsansprüche wegen Verletzung der dem Gesinde aus dem Dienstverhältnis obliegenden Verpflichtungen gegen dessen Lohnforderung aufrechnen.

Ein Wohnsitz wird durch das Gesindeverhältnis nicht begründet.

1. Nach BGB. § 394 Satz 1 ist die Aufrechnung einer Forderung gegenüber insoweit unstatthaft, als die Forderung der Pfändung nicht unterliegt. Hiernach wäre, wenn das Landesrecht schwiege, die Aufrechnung gegen die Lohnforderung des Gesindes regelmäßig ausgeschlossen (ZPO. § 850 Nr. 1). Ausdrückliche Bestimmungen waren bisher in einigen Gesindeordnungen enthalten (PrGesindeO. § 68), in anderen nicht. Abs. 3 schaffte für Preußen einheitliches Recht dahin, daß wegen des Schadensersatzanspruchs, der aus dem Dienstvertrage bei Verletzung der Vertragspflichten entspringt (nicht wegen des Anspruchs aus unerlaubter Handlung), die Aufrechnung zulässig war. Berücksichtigt man, daß der Zweck der durch Aufruf des Rats der Volksbeauftragten erfolgten Aufhebung der Gesindeordnungen (vgl. oben Vorbem.) war, alle Vorschriften, welche die Rechtsstellung des Gesindes hinsichtlich des Arbeitsvertrags im Vergleich mit jener anderer Arbeitnehmer einschränkend regelten, zu beseitigen, so wird man auch diese Bestimmungen, wlche die Rechtsstellung des Gesindes ungünstiger gestalteten als die anderer Arbeitnehmer, für beseitigt halten müssen.

2. Die Bestimmung, daß durch das Dienstverhältnis ein Wohnsitz nicht begründet wird, besteht zu Recht, KG. JFG. 3, 61.

§ 2. Im Geltungsbereiche der Dänischen Gesindeordnung vom 10. Mai 1854 werden an Stelle der bisherigen Vorschriften über das Gesinderecht die Schleswig-Holsteinische Gesindeordnung vom 25. Februar 1840 (Chronol. Samml. S. 35) sowie die für ihr Geltungs-

gebiet erlassenen sonstigen Vorschriften des Gesinderechts, soweit sie noch in Kraft sind, mit den sich aus § 1 ergebenden Änderungen eingeführt.

Ein zur Zeit des Inkrafttretens des Bürgerlichen Gesetzbuchs bestehendes Gesindeverhältnis bestimmt sich, wenn nicht die Kündigung nach dem Inkrafttreten des Bürgerlichen Gesetzbuchs zu dem ersten Termin erfolgt, für den sie nach den bisherigen Gesetzen zulässig ist, von diesem Termin an nach den neuen Vorschriften.

1. Vgl. Vorbem. vor § 1.

§ 3. In denjenigen Teilen des Oberlandesgerichtsbezirkes Kassel, in welchen besondere Vorschriften über das Gesinderecht nicht bestehen, werden die Vorschriften des § 7 der Kurhessischen Verordnung, das Gesindewesen in den Landstädten und auf dem Lande betreffend, vom 18. Mai 1801 (Neue Samml. der Landesordnungen Band IV S. 368) insoweit eingeführt, als sie privatrechtliche Nachteile an den Vertragsbruch knüpfen.

Unter dem zurückstehenden Lohne im Sinne des § 7 Abs. 5 der Verordnung vom 18. Mai 1801 ist der laufende Dienstlohn, jedoch höchstens der Lohn für ein Vierteljahr zu verstehen.

1. Vgl. Vorbem. vor § 1

Leibgedingsvertrag.

(EG.BGB. Art. 96.)

Artikel 15.

Vorbemerkung. Das Pr. R. hatte über den **Leibgedingsvertrag** (Gutsüberlassungsvertrag) nur sehr dürftige Vorschriften, so daß meistens die örtliche Gewohnheit entschied und die Entwicklung in den einzelnen Landesteilen weit auseinanderging. Auch künftig hat die Auslegung eines solchen Vertrags den Anschauungen, Sitten und Gebräuchen der Bevölkerung Rechnung zu tragen. Das AG. gibt keine durchgreifende Regelung, sondern nur vereinzelte Auslegungsvorschriften, daneben entscheidet es einige Streitfragen. Die Vorschriften des Art. 15 sind nur dazu bestimmt, den Inhalt des vertragsmäßigen Schuldverhältnisses, soweit darüber nicht abweichende Vereinbarungen getroffen sind, näher zu regeln; nach Art. 96 EG.BGB., auf dem Art. 15 AG. beruht, kann die Landesgesetzgebung nur nichtzwingende und Auslegungsvorschriften treffen, zwingende Vorschriften des BGB. kann sie nicht ändern, RG. 54, 107.

Infolge der Geldentwertung ist das **RGes. über die anderweitige Festsetzung von Geldbezügen aus Altenteilsverträgen** vom 18. 8. 1923 (RGBl. I 815) ergangen, welches unter Aufstellung von Richtlinien den obersten Landesbehörden die Ermächtigung zur Regelung gab. Die Regelung ist für Preußen durch V. vom 8. 9. 1923 (GS. 433) erfolgt.

Steht mit der Überlassung eines Grundstücks ein Leibgedingsvertrag (Leibzuchts-, Altenteils-, Auszugs-, Ausgedingevertrag) in Verbindung, so gelten für das sich aus dem Vertrag ergebende Schuldverhältnis, soweit nicht abweichende Vereinbarungen getroffen sind, folgende Vorschriften:

§ 1. Der Erwerber des Grundstücks ist verpflichtet, dem Berechtigten an dem Grundstück eine den übernommenen wiederkehrenden Leistungen entsprechende Reallast und, wenn dem Berechtigten das Recht eingeräumt ist, ein auf dem Grundstücke befindliches Gebäude oder einen Teil eines solchen Gebäudes zu bewohnen oder mitzubewohnen oder einen Teil des Grundstücks in sonstiger Weise zu benutzen, eine entsprechende persönliche Dienstbarkeit mit dem Range unmittelbar hinter den zur Zeit der Überlassung bestehenden Belastungen zu bestellen.

1. Nach früherem Rechte war das Leibgedinge schon von selbst dinglich und bedurfte der Eintragung nur zur Wirksamkeit gegen Dritte. Jetzt gibt der Leibgedingsvertrag nur den persönlichen Anspruch auf Bestellung einer Reallast (BGB. §§ 1105 ff.) oder eines dinglichen Wohnungsrechts (BGB. § 1093). Vgl. GBO. § 50: es bedarf im Grundbuche nicht der Bezeichnung der einzelnen Rechte, wenn auf die Eintragungsbewilligung Bezug genommen wird. Gleichwohl wird durch die Eintragung ein e i n h e i t l i c h e s dingliches Recht nicht begründet, KG. vom 20. 3. 1913 1 X 60/13. Löschung des Altenteils GBO. § 23.

Über das Altenteil in der Zwangsversteigerung vgl. AG. ZVG. Art. 6, EG.ZVG. § 9.

§ 2. Auf das Schuldverhältnis finden die Vorschriften der §§ 759, 760 des Bürgerlichen Gesetzbuchs über die Leibrente Anwendung.

1. Das Leibgedinge ist danach als auf die Lebenszeit des Berechtigten versprochen anzusehen, es ist im voraus zu entrichten, und zwar, soweit es in Geld besteht, für je drei Monate. Es stellt sich auch dann als Leibrente dar, wenn es den Anspruch auf wiederkehrende Leistung von beweglichen Sachen (Korn, Milch, Kartoffeln) oder von Diensten (Aufwartung und Pflege, Arzt- und Kirchenfuhren) gewährt.

§ 3. Hat der Verpflichtete dem Berechtigten Erzeugnisse solcher Gattung zu leisten, wie sie auf dem überlassenen Grundstücke gewonnen werden, so kann der Berechtigte nur Erzeugnisse von der mittleren Art und Güte derjenigen verlangen, welche auf dem Grundstücke bei ordnungsmäßiger Bewirtschaftung gewonnen werden.

1. Abweichend von BGB. § 243 Abs. 1 ist nicht M a r k t w a r e mittlerer Art und Güte zu leisten, sondern ein den besonderen Eigenschaften (Lage, Bodenbeschaffenheit) des Grundstücks entsprechendes Erzeugnis.

§ 4. Lasten, die auf einen dem Berechtigten zur Benutzung überlassenen Teil des Grundstücks entfallen, hat der Verpflichtete zu tragen.

1. Anders als beim Nießbrauch· BGB. § 1047.

§ 5. Ist dem Berechtigten eine abgesonderte Wohnung zu gewähren, so hat der Verpflichtete sie ihm in einem zu dem vertragsmäßigen Gebrauche geeigneten Zustande zu überlassen und während der Dauer seiner Verpflichtung in diesem Zustande zu erhalten.

Wird das Gebäude durch Zufall zerstört, so hat der Verpflichtete die Wohnung in einer nach den Umständen der Billigkeit entsprechenden Zeit und Weise wiederherzustellen und bis zur Wiederherstellung dem Berechtigten eine angemessene andere Wohnung zu beschaffen.

1. Im Falle der Gewährung abgesonderter Wohnung hat der Gutsübernehmer die Pflichten eines Vermieters (BGB. § 536), so daß die sonst dem Inhaber eines Wohnungsrechtes obliegende Ausbesserungspflicht (BGB. §§ 1093, 1041) hier fortfällt.

§ 6. Ist dem Berechtigten eine abgesonderte Wohnung zu gewähren, so ist er befugt, seine Familie sowie die zur standesgemäßen Bedienung und zur Pflege erforderlichen Personen in die Wohnung aufzunehmen.

Hat der Verpflichtete dem Berechtigten die Mitbenutzung seiner Wohnung zu gestatten, so erstreckt sich die Befugnis des Berechtigten zur Aufnahme seiner Familie nicht auf Personen, die erst nach der Schließung des Leibgedingsvertrags durch Eheschließung, Ehelichkeitserklärung oder Annahme an Kindes Statt Familienangehörige geworden sind, und nicht auf Kinder, die aus dem Hausstande des Berechtigten ausgeschieden waren.

1. Abs. 1 entspricht dem § 1093 Abs. 2 BGB. Er gilt

aber nur für den Fall, daß der Altsitzer eine abgesonderte Wohnung erhält. Hat er nur ein Recht zum Einwohnen bei dem Gutsübernehmer, so gelten die einschränkenden Vorschriften des § 6 Abs. 2. Abweichende Abreden sind zulässig. „Abgesondert" ist die Wohnung schon dann, wenn dem Altsitzer ein Raum ausschließlich vorbehalten ist, mag auch der Zugang durch ein Zimmer des Gutsübernehmers gehen (KommB.).

§ 7. Unterläßt der Verpflichtete die Bewirkung einer vertragsmäßigen Leistung, so steht dem Berechtigten nicht das Recht zu, wegen der Nichterfüllung oder des Verzugs nach § 325 Abs. 2 oder § 326 des Bürgerlichen Gesetzbuchs von dem Vertrage zurückzutreten oder nach § 527 des Bürgerlichen Gesetzbuchs die Herausgabe des Grundstücks zu fordern.

1. Bei der eigenartigen Natur des Leibgedinges ist der Rücktritt des Altsitzers von dem Überlassungsvertrag ausgeschlossen, weil durch den Rücktritt die wirtschaftliche Existenz des Übernehmers vernichtet würde. Ebenso ist dem Versuch ein Riegel vorgeschoben, den Rücktritt aus BGB. § 527 herzuleiten, falls man die Gutsüberlassung als donatio sub modo ansprechen wollte. Auch ein Rücktritt wegen positiver Vertragsverletzung ist nicht zulässig, RG. LeipzZ. 1924 Sp. 825. Alle übrigen Rechte bleiben dem Altsitzer, insbesondere der Anspruch auf Schadensersatz wegen Nichterfüllung; für besonders schwere Streitfälle hilft § 8.

Kein Leibgedinge im Sinne dieser Vorschrift liegt vor, wenn ein Dritter mit dem Abkäufer des Guts Leistungen zugunsten eines Altsitzers ausbedungen hat, RG. 101, 275.

§ 8. Veranlaßt der Verpflichtete durch sein Verhalten eine solche Störung der persönlichen Beziehungen zu dem Berechtigten, daß diesem nicht zugemutet werden kann, die Wohnung auf dem Grundstücke zu behalten, so hat er dem Berechtigten, falls dieser die Wohnung aufgibt, den für die Beschaffung einer

anderen angemessenen Wohnung erforderlichen Aufwand sowie den Schaden zu ersetzen, der daraus entsteht, daß dieser andere ihm gebührende Leistungen nicht auf dem Grundstück in Empfang nehmen kann; statt der Leistungen kann der Berechtigte Entschädigung in Geld verlangen.

1. Die **an Stelle der Naturalleistung** unter Umständen zu gewährende **Geldleistung** stellt sich als Schadensersatz dar und ist daher unter dem Gesichtspunkt einer Ersatzleistung zu beurteilen, RG. 70, 170; auch wenn bereits die Voraussetzungen für die Geltendmachung des Ersatzanspruchs vorliegen, ist der Berechtigte nicht gehindert, zunächst die Naturalleistung zu verlangen. Der Berechtigte kann zunächst abwarten, ob die persönlichen Beziehungen sich nicht bessern werden; sieht er sich demnächst in seinen Erwartungen getäuscht, so ist er deshalb, weil er die Naturalleistung einstweilen noch abgenommen hat, in der Geltendmachung des Ersatzanspruchs für die spätere Zeit nicht behindert, RG. 28. 6. 1916 Recht Sp. 649. Veräußert der Grundstückserwerber das Grundstück an einen Dritten, so tritt die Naturalleistung wieder in Kraft.

§ 9. Veranlaßt der Berechtigte durch sein Verhalten eine solche Störung der persönlichen Beziehungen zu dem Verpflichteten, daß diesem nicht zugemutet werden kann, ihm das fernere Wohnen auf dem Grundstücke zu gestatten, so kann ihm der Verpflichtete die Wohnung unter Gewährung einer angemessenen Räumungspflicht kündigen.

Macht der Verpflichtete von dieser Befugnis Gebrauch, so hat er dem Berechtigten eine Geldrente zu gewähren, die nach billigem Ermessen dem Werte der Vorteile entspricht, welche er durch die Befreiung von der Pflicht zur Gewährung der Wohnung und zu Dienstleistungen erlangt.

Die Vorschrift des Abs. 2 findet auch Anwendung,

wenn der Berechtigte durch andere Umstände als durch das Verhalten des Verpflichteten ohne eigenes Verschulden genötigt ist, das Grundstück dauernd zu verlassen.

1. Im Gegensatz zu § 8 gewährt § 9 einen Anspruch auf Geldrente nur zum Ausgleich der Befreiung von der Pflicht zur Wohnungsgewährung und zu Dienstleistungen; Dienstleistung umfaßt nicht die Lieferung von Naturalien. Bei Auflösung eines Leibgedingsvertrags durch Schuld des Altenteilers bleibt dessen Anspruch auf Naturalleistungen unverändert, OLG. Celle SeuffArch. 67, 25.

§ 10. Ist ein Leibgedinge für mehrere Berechtigte, insbesondere für Ehegatten, vereinbart, so wird der Verpflichtete durch den Tod eines der Berechtigten zu dem Kopfteile des Verstorbenen von seiner Verpflichtung frei, soweit die geschuldeten Leistungen zum Zwecke des Gebrauchs oder Verbrauchs unter den Berechtigten geteilt werden mußten.

1. § 10 entscheidet eine alte Streitfrage wesentlich übereinstimmend mit der pr. Praxis. Die Regelung trifft nur solche Leistungen, die unter die mehreren Altsitzer geteilt werden mußten, namentlich Nahrungsmittel und Geldzahlungen. Leistungen für einen ungeteilten Bedarf (Beleuchtung, Feuerung usw.) sind dagegen ungemindert fortzuentrichten.

Staatsschuldbuch.

(EG.BGB. Art. 97.)

Artikel 16.

Das Gesetz, betreffend das Staatsschuldbuch, vom 20. Juli 1883 (Gesetz-Samml. S. 120) wird dahin geändert:

I. Der § 9 erhält folgende Fassung:

Eine Ehefrau wird, unbeschadet der Vorschriften des Artikel 97 Abs. 2 des Einführungsgesetzes zum

Bürgerlichen Gesetzbuche, zu Anträgen ohne Zustimmung des Ehemannes zugelassen.

1. Jetzt § 14 des StaatsschuldbG. in der Fassung vom 27. 5. 1910. Vgl. die ähnliche Vorschrift des RGes. über das Reichsschuldbuch in der Fassung des EG.BGB. Art. 50 (jetzt § 14 Abs. 1 der Fassung vom 31. 5. 1910).

Nach EG.BGB. Art. 97 Abs. 2, der nur für die Staatsschuldbücher der Einzelstaaten gilt, den aber § 14 Abs. 2 des ReichsschuldbG. für das Reichsschuldbuch inhaltlich wiederholt, ist das selbständige Antragsrecht der Ehefrau ausgeschlossen, wenn ein Vermerk zugunsten des Ehemanns im Schuldbuch eingetragen ist. Ein solcher Vermerk ist einzutragen auf den einseitigen Antrag der Frau oder auf den Antrag des Mannes mit Zustimmung der Frau. Diese ist zur Zustimmung verpflichtet, wenn sie nach dem für sie geltenden Güterstande über die Buchforderung nicht ohne Zustimmung des Mannes würde verfügen können.

II. Der § 12 Abs. 2 erhält folgende Fassung:

Zur Ausstellung dieser Bescheinigungen ist das Nachlaßgericht und, falls der Erblasser zur Zeit des Erbfalls im Inlande weder Wohnsitz noch Aufenthatte, auch derjenige Konsul des Reichs zuständig, in dessen Amtsbezirke der Erblasser zur Zeit des Erbfalls seinen Wohnsitz oder seinen gewöhnlichen Aufenthalt hatte, sofern dem Konsul von dem Reichskanzler die Ermächtigung zur Ausstellung solcher Bescheinigungen erteilt ist.

1. Jetzt § 16 Abs. 4 des StaatsschuldbG. in der Fassung vom 27. 5. 1910 (übereinstimmend § 16 Abs. 4 des ReichsschuldbG.). Gemeint sind gerichtliche Zeugnisse, die sich auf die Verfügungsberechtigung des Rechtsnachfolgers von Todes wegen in Ansehung einer Schuldbuchforderung beziehen. Sie sind als eine Unterart des Erbscheins (BGB. §§ 2353 ff.) anzusehen. Gebühr für diese Zeugnisse (höchstens 10 RM.): § 80 PrGKG.

Vermächtnisnehmer gehören nicht mehr zu den Rechtsnachfolgern von Todes wegen, weil das BGB. Vindikationslegate nicht mehr kennt, vielmehr dem Bedachten stets nur einen persönlichen Anspruch auf Übereignung des vermachten Gegenstandes (auf Abtretung der Buchforderung) gegen den Beschwerten gewährt.

Statt des vorerwähnten Zeugnisses kann der Rechtsnachfolger natürlich auch durch einen Erbschein oder ein Testament sein Verfügungsrecht erweisen; wegen der Zeugnisse im Falle der fortgesetzten Gütergemeinschaft oder einer Testamentsvollstreckung vgl. BGB. §§ 1507, 2368.

III. Der § 24 wird gestrichen.

1. § 24 betraf Anordnungen des Vormundschaftsgerichts betr. Anlegung von Mündelvermögen in Buchforderungen; vgl. jetzt BGB. § 1667 Abs. 2, §§ 1815, 1816, 1853, 1903, 1904.

Schuldverschreibungen auf den Inhaber.

(EG.BGB. Art. 100, 101.)

Artikel 17.

§ 1. Bei den von dem Staate oder einem Kommunalverband ausgestellten Schuldverschreibungen auf den Inhaber hängt die Gültigkeit der Unterzeichnung davon ab, daß die Schuldverschreibung vorschriftsmäßig ausgefertigt ist. Der Aufnahme dieser Bestimmung in die Urkunde bedarf es nicht.

Die Ausfertigung erfolgt bei den über das Kapital lautenden Schuldverschreibungen durch eigenhändige Unterzeichnung des Vermerkes „Ausgefertigt" seitens des damit beauftragten Beamten, bei Zins- und Erneuerungsscheinen durch den Aufdruck eines Trockenstempels, der bei den Schuldverschreibungen des Staates den Königlich Preußischen Adler, bei den Schuldverschreibungen eines Kommunalverbandes das diesem zustehende Siegel enthalten muß.

1. Abs. 1 enthält eine **Ausnahme von BGB. § 793 Abs. 2**, nach dem sonst die maßgebende Formvorschrift in den Text der Schuldverschreibung aufgenommen werden müßte. „Vorschriftsmäßig ausgefertigt" ist die Schuldverschreibung, wenn die Form des § 1 Abs. 2 beobachtet ist. Ob die daneben etwa noch bestehenden Verwaltungsanordnungen über die Ausfertigung und Ausgabe der Anleihescheine beachtet sind, ist rechtlich bedeutungslos; vgl. BGB. § 794.

2. **Vorschriftsmäßige Ausfertigung.** Abs. 2 ist durch G vom 5. 12. 1923 (GS. 547) dahin geändert, daß für die vom Staate ausgestellten Schuldverschreibungen auf den Inhaber die Hauptverwaltung der Staatsschulden die Form der Ausfertigung zu bestimmen und im Staatsanzeiger bekanntzumachen hat.

An die Stelle des Königlich Preußischen Adlers ist das Preußische Landeswappen getreten (Bkm. d. MPr. vom 11. 7. 1921 — GS. 444).

Wegen der Ausfertigung von staatlichen Schuldverschreibungen und Schatzanweisungen vgl. auch Staatsschuldenordnung vom 12. 3. 1924 § 5.

§ 2. Bei Zinsscheinen, die für Schuldverschreibungen der im § 1 bezeichneten Art oder für Rentenbriefe der zur Vermittelung der Ablösung von Renten in Preußen bestehenden Rentenbanken oder für Landesrentenbriefe der Preußischen Landesrentenbank ausgegeben sind, ist der im § 804 Abs. 1 des Bürgerlichen Gesetzbuchs bestimmte Anspruch ausgeschlossen, ohne daß es der Ausschließung in dem Scheine bedarf.

Das gleiche gilt für Zinsscheine von Pfandbriefen einer öffentlichen landschaftlichen (ritterschaftlichen) Kreditanstalt oder einer provinzial-(kommunal-)ständischen öffentlichen Grundkreditanstalt.

1. Nach BGB. § 804 Abs. 1 kann der Inhaber eines verlorengegangenen Zinsscheins durch eine Verlustanzeige sich seine Rechte sichern, falls dies nicht durch einen Vermerk

in dem Scheine ausgeschlossen ist. Gemäß der durch EG.BGB. Art. 100 erteilten Ermächtigung wird nun für die im § 2 bezeichneten Arten von Zinsscheinen die Zulässigkeit der Verlustanzeige von vornherein ausgeschlossen, ohne daß es erst eines entsprechenden Vermerkes in dem Zinsscheine bedarf. Die Ausdehnung auf Landesrentenbriefe der Preußischen Landesrentenbank ist durch § 44 des LandesrentenbankG. vom 29. 12. 1927 (GS. 283) erfolgt.

Artikel 18.

§ 1. Bei Schuldverschreibungen auf den Inhaber, die von einer Preußischen Körperschaft, Stiftung oder Anstalt des öffentlichen Rechtes ausgestellt sind, kann der Inhaber von dem Aussteller verlangen, daß die Schuldverschreibung auf seinen Namen oder auf den Namen eines von ihm bezeichneten Dritten umgeschrieben wird, es sei denn, daß er zur Verfügung über die Urkunde nicht berechtigt ist. Zugunsten des Ausstellers gilt der Inhaber als zur Verfügung über die Urkunde berechtigt.

Die Vorschriften des Abs. 1 finden auf Zins-, Renten- und Gewinnanteilscheine sowie auf die auf Sicht zahlbaren Schuldverschreibungen keine Anwendung.

1. Die Umschreibung auf den Namen soll die durch das BGB. beseitigte Außerkurssetzung von Wertpapieren ersetzen. Sie gilt aber nicht bei den Staatspapieren, weil für diese das Staatsschuldbuch ausreichenden Ersatz bietet.

Nach BGB. § 806 würde der Aussteller zur Umschreibung auf den Namen zwar allein berechtigt, aber nicht verpflichtet sein. Kraft EG.BGB. Art. 101 legt aber die Landesgesetzgebung eine solche Verpflichtung den ihr unterworfenen Körperschaften, Stiftungen und Anstalten des öffentlichen Rechtes auf, so daß sie zur Umschreibung gezwungen werden können. Ausnahme § 2.

2. **Legitimation.** Der Inhaber wird als der Berechtigte vermutet; die Vermutung kann jedoch durch Gegenbeweis widerlegt werden, BGB. § 796. Der Aussteller ist berechtigt, aber nicht verpflichtet, die Legitimation des Antragstellers zu prüfen, zugunsten des Ausstellers verstärkt sich die Vermutung, daß der Inhaber auch der Berechtigte war, bis zu einer praesumptio juris et de jure; vgl. BGB. § 797 Satz 2.

§ 2. Die Umschreibung auf den Namen einer juristischen Person, die ihren Sitz außerhalb des Deutschen Reichs hat, kann nicht verlangt werden.

§ 3. In den Fällen des § 1667 Abs. 2, des § 1815 und des § 2117 des Bürgerlichen Gesetzbuchs kann die Umschreibung mit der gesetzlich vorgeschriebenen Bestimmung verlangt werden.

1. D. h. mit der Bestimmung, daß der Vater oder der Vormund über die Papiere im Namen des Kindes oder Mündels nur mit Genehmigung des Vormundschaftsgerichts oder daß der Vorerbe über die Papiere nur mit Zustimmung des Nacherben verfügen kann.

§ 4. Eine Ehefrau bedarf zu einer Verfügung über die umgeschriebene Schuldverschreibung dem Aussteller gegenüber nicht der Zustimmung des Ehemannes.

1. Vgl. oben Art. 16 I.

§ 5. Wer zur Verfügung über die umgeschriebene Schuldverschreibung berechtigt ist, kann, solange die Schuldverschreibung nicht gekündigt ist, von dem Aussteller die Umschreibung auf seinen Namen oder den Namen eines Dritten, die Rückverwandlung in eine Schuldverschreibung auf den Inhaber und gegen Aushändigung der Urkunde die Erteilung einer neuen Schuldverschreibung auf den Inhaber verlangen.

1. Die Rückverwandlung des Namenpapiers in ein Inhaberpapier setzt natürlich (abweichend von dem Falle der

Umschreibung des Inhaberpapiers auf den Namen) voraus, daß der Antragsteller seine Verfügungsberechtigung nachweist.

§ 6. Die Kosten der Umschreibung, der Rückverwandlung in eine Schuldverschreibung auf den Inhaber und der Erteilung einer neuen Schuldverschreibung auf den Inhaber hat der Antragsteller zu tragen und vorzuschießen.

1. Die Kostensätze sind durch § 11 der Ausführungsanweisung vom 15. 12. 1899, JMBl. 00, 4 (abgedruckt § 7 N. 1) bestimmt worden. Der Aussteller ist zur Erhebung von Kosten nicht verpflichtet. Vgl. auch BGB. § 798 Satz 2.

§ 7. Die zuständigen Minister erlassen die erforderlichen Ausführungsvorschriften. Sie können insbesondere Bestimmungen treffen

1. über die Form der an den Aussteller zu richtenden Anträge und der Vollmacht zur Stellung solcher Anträge,

2. über die Form des Nachweises, daß der Antragsteller oder der Empfänger der Zahlung der in der Schuldverschreibung genannte Gläubiger oder sonst zur Verfügung über die Schuldverschreibung berechtigt oder zur Vertretung des Berechtigten befugt ist,

3. über die Form der Umschreibung und der Rückverwandlung in eine Schuldverschreibung auf den Inhaber,

4. über die Sätze, nach denen die im § 6 bezeichneten Kosten zu bemessen sind.

1. Ausführungsbestimmungen zu Art. 18 AG.BGB. vom 15. 12. 1899.

(Ministerialverordnung der Minister der Finanzen, für Landwirtschaft, der Justiz, für Handel und Gewerbe, der geistlichen usw. Angelegenheiten, des Innern, abgedruckt u. a. im JMBl. 1900 S. 4 ff.)

Zur Ausführung des Art. 18 des AG.BGB. wird auf Grund des § 7 daselbst folgendes angeordnet:

§ 1. Anträge auf Umschreibung einer auf den Inhaber lautenden Schuldverschreibung auf den Namen des Inhabers oder eines von ihm bezeichneten Dritten sind unter Einreichung der Schuldverschreibung bei dem Aussteller oder bei einer von diesem zur Entgegennahme der Anträge ermächtigten Stelle mündlich zu Protokoll oder in schriftlicher Form zu stellen.

In dem Antrag ist derjenige, auf dessen Namen die Umschreibung erfolgen soll, durch Angabe des Namens (Vorname, Familienname), des Standes, des Berufs oder anderer unterscheidender Merkmale sowie des Wohnorts genau zu bezeichnen; bei Handelsgesellschaften, bei eingetragenen Genossenschaften und juristischen Personen anderer Art ist die Firma oder der Name sowie der Sitz anzugeben.

§ 2. Für Anträge auf weitere Umschreibung einer bereits auf den Namen umgeschriebenen Schuldverschreibung, auf Rückverwandlung der Schuldverschreibung in eine Schuldverschreibung auf den Inhaber und auf Erteilung einer neuen Schuldverschreibung auf den Inhaber sind die Vorschriften der §§ 3 bis 7 maßgebend. Für den Antrag auf Erteilung einer neuen Schuldverschreibung gilt dies jedoch dann nicht, wenn er gestellt wird, nachdem bereits die Rückverwandlung der bisherigen Schuldverschreibung in eine Schuldverschreibung auf den Inhaber erfolgt ist; in diesem Falle findet auf den Antrag die Vorschrift des § 1 Abs. 1 Anwendung.

§ 3. Die Anträge sind unter Einreichung der Schuldverschreibung mündlich zu Protokoll oder in schriftlicher Form zu stellen. In letzterem Falle muß die Unterschrift des Antragstellers durch eine ein Dienstsiegel führende öffentliche Behörde (Beamten) beglaubigt sein, es sei denn, daß der Antrag in Form einer öffentlichen Urkunde eingereicht wird.

Anträge von Behörden müssen ordnungsmäßig unterschrieben und mit Siegel oder Stempel versehen sein.

Betrifft der Antrag die weitere Umschreibung einer bereits auf den Namen umgeschriebenen Schuldverschreibung, so findet die Vorschrift des § 1 Abs. 2 Anwendung.

§ 4. Der in der Schuldverschreibung genannte Gläubiger muß sich, wenn nach der Umschreibung auf seinen Namen eine Änderung in seiner Person (Verheiratung einer Frau, Änderung des Namens, Standes, Berufs, Wohnorts usw.) eingetreten ist, auf Verlangen durch öffentliche Urkunden als der Gläubiger ausweisen.

§ 5. Ist der Antragsteller nicht der in der Schuldverschreibung genannte Gläubiger, so hat er seine Berechtigung zur Verfügung über die Schuldverschreibung durch öffentliche oder öffentlich beglaubigte Urkunden nachzuweisen.

Rechtsnachfolger von Todes wegen haben auf Verlangen des Ausstellers durch einen Erbschein oder durch eine Bescheinigung des Nachlaßgerichts nachzuweisen, daß sie über die eingetragene Forderung zu verfügen berechtigt sind.

§ 6. Wird der Antrag durch einen Vertreter gestellt, so hat dieser seine Befugnis zur Vertretung durch öffentliche oder öffentlich beglaubigte Urkunden nachzuweisen.

§ 7. Kann der Antragsteller über die Schuldverschreibung nur mit Zustimmung eines Dritten oder einer Behörde verfügen, so ist die Zustimmung durch öffentliche oder öffentlich beglaubigte Urkunden nachzuweisen.

§ 8. Wird auf Grund einer auf Namen umgeschriebenen Schuldverschreibung Zahlung verlangt, so finden auf den Empfänger der Zahlung die Vorschriften der §§ 4 bis 7 entsprechende Anwendung.

§ 9. Die Umschreibung auf den Namen erfolgt durch den auf die Urkunde zu setzenden Vermerk: „Umgeschrieben auf" mit genauer Bezeichnung des Gläubigers (§ 1 Abs. 2). In den Fällen des § 1667 Abs. 2, des § 1815 und des § 2117 des BGB. ist dem Vermerke die gesetzlich vorgeschriebene Bestimmung hinzuzufügen.

Der Vermerk muß den Ort und den Tag seiner Vollziehung angeben: er ist von dem Aussteller zu unterzeichnen und mit dem Aufdrucke des dem Aussteller zustehenden Stempels zu versehen. Wird der Aussteller durch eine Behörde vertreten, so erfolgt die Unterzeichnung durch die Angabe der amtlichen Bezeichnung der Behörde nebst dem Aufdrucke des der Behörde zustehenden Stempels und der eigenhändigen Unterschrift des von der Behörde damit beauftragten Beamten.

§ 10. Die Rückverwandlung in eine Schuldverschreibung auf den Inhaber erfolgt durch den auf die Urkunde zu setzenden Vermerk: „Wieder an den Inhaber zahlbar.“ Die Vorschrift des § 9 Abs. 2 findet Anwendung.

§ 11. An Kosten kann der Aussteller außer den ihm entstandenen Auslagen für Porti, Stempelbeträge, Neuausfertigung der Urkunde usw. erheben:

1. für die erste sowie jede weitere Umschreibung auf den Namen eines Berechtigten oder für die Rückverwandlung in eine Schuldverschreibung auf den Inhaber 25 RPf. für jede angefangenen 1000 RM. des Nennwerts der eingereichten Schuldverschreibungen, mindestens 50 RPf.;
2. für die Erteilung einer neuen Schuldverschreibung auf den Inhaber 50 RPf. für jede angefangenen 1000 RM. des Nennwerts der eingereichten Schuldverschreibungen, mindestens 1 RM.

§ 8. Ist den nach Maßgabe des § 7 Nr. 1, 2 bestimmten Erfordernissen genügt, so gilt der Antragsteller oder der Empfänger der Zahlung zugunsten des Ausstellers als zur Verfügung über die Schuldverschreibung berechtigt oder zur Vertretung des Berechtigten befugt.

§ 9. Eine abhanden gekommene oder vernichtete Schuldverschreibung, die auf den Namen umgeschrieben ist, kann, wenn nicht in der Urkunde das Gegenteil bestimmt ist, im Wege des Aufgebotsverfahrens für kraftlos erklärt werden.

Die Vorschriften des § 799 Abs. 2 und der §§ 800, 805 des Bürgerlichen Gesetzbuchs finden entsprechende Anwendung.

1. Diese Vorschriften betreffen: die Verpflichtung des Ausstellers, die zur Erwirkung des Aufgebots oder der Zahlungssperre erforderliche Auskunft zu geben und die erforderlichen Zeugnisse zu erteilen; die Ausfertigung einer neuen Schuldverschreibung auf Grund des Ausschlußurteils; Sperrung des Erneuerungsscheins durch den Widerspruch gegen die Ausgabe neuer Zinsscheine.

§ 10. Die Vorschriften der §§ 1 bis 9 gelten auch für Schuldverschreibungen, die vor dem Inkrafttreten des Bürgerlichen Gesetzbuchs ausgestellt oder auf den Namen umgeschrieben worden sind.

§ 11. Für die Umschreibung einer auf den Inhaber lautenden Schuldverschreibung auf den Namen eines bestimmten Berechtigten ist eine Stempelabgabe nicht zu entrichten.

Unschädlichkeitszeugnis.

(EG.BGB. Art. 120 Abs. 1.)

Artikel 19.

Die bestehenden Vorschriften über die Erteilung von Unschädlichkeitszeugnissen zum Zwecke der Befreiung eines Teiles eines Grundstücks von dessen Belastungen bleiben mit folgenden Maßgaben in Kraft:

1. Bei der Entscheidung, ob der Grundstücksteil im Verhältnisse zum Hauptgrundstücke von geringem Werte und Umfang ist, wird, wenn die Belastungen, von denen der Teil befreit werden soll, noch auf anderen Grundstücken desselben Eigentümers haften, die Gesamtheit der belasteten Grundstücke als Hauptgrundstück behandelt.

2. Das Unschädlichkeitszeugnis kann auf einzelne Belastungen beschränkt werden.

1. **Vorschriften über Unschädlichkeitszeugnisse.** Art. 120 Abs. 1 des EG.BGB. hält die landesgesetzlichen Vorschriften aufrecht, nach denen z. B. veräußerte Teile eines Grundstücks lastenfrei abgeschrieben werden dürfen, wenn die zuständige Behörde amtlich bezeugt, daß die Rechtsänderung für die dinglich Berechtigten unschädlich sei. Dieses sog. Unschädlichkeitszeugnis macht die Entpfändungserklärungen usw. der Berechtigten entbehrlich. Folgende Vorschriften kommen hier in Betracht:

a) G. vom 15. 7. 1890 (unentgeltliche Abtretung von Gutsteilen oder Zubehörstücken zu öffentlichen Zwecken), für den zu b und c bezeichneten Geltungsbereich erlassen;

b) G. vom 3. 3. 1850 und vom 27. 6. 1860 (Abverkauf kleiner Grundstücke, Austausch einzelner Parzellen) zunächst für die alten Lande; eingeführt im Reg.-Bez. Kassel (außer den vorm. Großherzogl. Hess. Gebietsteilen), in Hohenzollern, Schleswig-Holstein, Rheinland durch die G. vom 12. 4. 1885, 22. 4. 1886 und § 76 d. G. vom 12. 4. 1888;

c) G. vom 25. 3. 1889 (Abveräußerung einzelner Teile von Grundstücken), erlassen für Hannover; eingeführt in Frankfurt a. M. und den vorm. Großherzogl. Hess. Gebietsteilen von Hessen-Nassau durch § 4 des G. vom 19. 8. 1895. In Nassau und Helgoland erst durch AG.-BGB. Art. 20 eingeführt.

2. **Wirkung.** Unschädlichkeitszeugnisse beziehen sich nicht auf die unter früherem Recht eingetragenen sog. gemeinen und öffentlichen Lasten und Veräußerungsverbote, KGJ. 22 A 317. Durch ein Unschädlichkeitszeugnis wird der abveräußerte Grundstücksteil nur von der Lehens-, Fideikommiß- oder Stammgutsgemeinschaft sowie von Grundpfandrechten und Reallasten frei, nicht aber auch von anderen dinglichen Rechten und Veräußerungsverboten (gemeinen und öffentlichen Lasten)

oder sonstigen Verfügungsbeschränkungen, KGJ. 42, 199. Dagegen erstreckt sich das nach dem G. vom 15. 7. 1890 (unentgeltlich abgetretene Trennstücke) erteilte Unschädlichkeitszeugnis auch auf solche Hypotheken, die erst nach Ausstellung des Zeugnisses eingetragen worden sind, KGJ. 41, 199. Bei Fideikommissen macht es die Zuziehung der Anwärter und die Mitwirkung der Fideikommißbehörde entbehrlich, KGJ. 27 A 105. Die Zuschreibung eines neuen Fideikommißbestandteils bedarf aber trotz des Unschädlichkeitszeugnisses im Falle der §§ 56, 57 II 4 ALR. (d. h. wenn das Fideikommiß über 30 000 RM. Reinertrag hat oder erlangt) der staatlichen Genehmigung. Selbständige Grundstücke, die mit anderen Grundstücken zusammen auf demselben Blatt stehen, können mit Hilfe eines Unschädlichkeitszeugnisses nicht lastenfrei abgeschrieben werden, KGJ. 44, 226.

Näheres über die Abschreibung auf Grund eines Unschädlichkeitszeugnisses enthält AG.GBO. Art. 20.

3. Im Falle einer **Gesamtbelastung**, z. B. bei Gesamthypotheken, soll die Unschädlichkeit nach der durch alle mithaftenden Grundstücke gewährten Gesamtsicherheit beurteilt werden. Bei zersplittertem Grundbesitz würde auch ein verhältnismäßig größerer Teil des einen Grundstücks auf Grund eines Unschädlichkeitszeugnisses abgezweigt werden können, wenn dem Berechtigten durch die mithaftenden anderen Grundstücke noch eine genügende Sicherheit verbleibt. Die Unschädlichkeit ist mithin — außer im Fall des G. vom 15. 7. 1890, wo der Wert des abgetretenen Trennstücks durch den dadurch beförderten Straßen- oder Bahnbau dem Hauptgut mittelbar wieder zufließt, also eine Wertminderung überhaupt nicht eintritt — nicht allgemein im Hinblick auf den Wert des verbleibenden Restgrundstückes, sondern im Hinblick auf die einzelne Belastung zu beurteilen.

4. **Beschränktes Unschädlichkeitszeugnis.** Nach Nr. 2 kann das Unschädlichkeitszeugnis auf gewisse Belastungen beschränkt werden, z. B. auf zwei von mehreren Hypotheken. Nr. 2 bezieht sich nicht nur auf Gesamtbelastungen, sondern gilt allgemein.

Artikel 20.

Im Gebiete des vormaligen Herzogtums Nassau und auf der Insel Helgoland treten die Vorschriften des Gesetzes, betreffend die Erleichterung der Abveräußerung einzelner Teile von Grundstücken in der Provinz Hannover, vom 25. März 1889 (Gesetz-Samml. S. 65) mit den im Artikel 19 bestimmten Änderungen in Kraft; auf das Verfahren und das Kostenwesen finden ergänzend die allgemeinen Vorschriften, die für Gemeinheitsteilungen im Gebiete des vormaligen Herzogtums Nassau und in der Provinz Schleswig-Holstein gelten, entsprechende Anwendung.

Die Unschädlichkeitszeugnisse, die bezüglich der im § 1 Nr. 3 des Gesetzes vom 25. März 1889 bezeichneten Geschäfte ausgestellt werden, sind stempel- und gebührenfrei.

1. Vgl. Note 1 c zu Art. 19; das G. v. 15. 7. 1890 (ebendort zu a) wird dagegen in den im Art. 20 genannten Landesteilen nicht mit eingeführt.

2. Abs. 2 bezieht sich auf Fälle, in denen die Abtretung „zu öffentlichen Zwecken unentgeltlich" geschieht.

Landeskulturrenten.

(EG.BGB. Art. 118.)

Artikel 21.

Das Gesetz, betreffend die Errichtung von Landeskultur-Rentenbanken, vom 13. Mai 1879 (Gesetz-Samml. S. 367) wird dahin geändert:

I. Im § 14 Abs. 1 werden die Worte „Der Darlehnssucher hat durch Eintragung eines Vermerks in das Grund- oder Hypothekenbuch das Vorrecht der Rente vor allen späteren Eintragungen oder gesetzlichen Hypotheken zu sichern" ersetzt durch die Worte:

„Der Darlehnssucher hat eine Vormerkung zur Sicherung des Anspruchs auf Einräumung der Rente in das Grundbuch eintragen zu lassen."

II. Der § 24 erhält folgenden Abs. 3:

Bei der Eintragung der Rente ist zugleich auf Grund des Beschlusses der Auseinandersetzungsbehörde (§ 22) eine Vormerkung zur Sicherung des Anspruchs auf Einräumung des Vorzugsrechts für die Rente einzutragen.

III. An die Stelle des § 25 Abs. 1 tritt folgende Vorschrift:

Die Eintragung des Vorzugsrechts der Rente im Grundbuch erfolgt auf Grund einer Bescheinigung der Auseinandersetzungsbehörde, daß die zweckmäßige Ausführung der Dränierungsanlage geschehen ist.

IV. An die Stelle des § 27 Abs. 1 tritt folgende Vorschrift:

Die Eintragung der im § 24 Abs. 3 bezeichneten Vormerkung und des Vorzugsrechts der Rente erfolgt ohne Vorlegung der über die vorhandenen Realrechte ausgefertigten Urkunden. Wird eine solche Urkunde nachträglich vorgelegt, so hat das Grundbuchamt die Eintragung auf ihr zu vermerken.

1. Die Landeskulturrentenbanken gewähren Darlehen zur Förderung der Landeskultur, z. B. zur Herstellung von Dränierungsanlagen, Deichen, Wegen, Forstkulturen usw., die durch eine Rente zu tilgen sind. Die geänderten Paragraphen des G. vom 13. 5. 1879 gehören sämtlich zu den Sondervorschriften über Rentendarlehen für Dränierungsan-

lagen. Sie werden dem neuen Grundbuchrecht angepaßt, wie es durch EG.BGB. Art. 118 Satz 2 geboten erschien. Die Vorschrift zu IV durchbricht den Grundsatz der §§ 42, 43 GBO., wonach der Brief über die von der Eintragung des Vorzugsrechts der Rente betroffenen Hypotheken usw. vorgelegt werden müßte. Die Ermächtigung dazu folgt aus GBO. § 83 und EG.BGB. Art. 118.

Der Eintragung nicht bedürfende Rechte.

Artikel 22.

Zur Erhaltung der Wirksamkeit gegenüber dem öffentlichen Glauben des Grundbuchs bedürfen der Eintragung nicht:

1. das in den Fällen der Enteignung oder der Grundabtretung zu Zwecken des Bergbaubetriebs bestehende gesetzliche Vorkaufsrecht;
2. die Gebrauchs- und Nutzungsrechte, welche nach den §§ 8, 142 des Allgemeinen Berggesetzes vom 24. Juni 1865 (Gesetz-Samml. S. 705) im Wege des Zwangsverfahrens erworben werden können;
3. die den Rentenbanken überwiesenen Renten und die Domänen-Amortisationsrenten; die für die Provinz Hannover bisher geltenden entgegenstehenden Vorschriften werden aufgehoben.

1. **Allgemeines.** Art. 22 enthält Ausnahmen von dem öffentlichen Glauben des Grundbuchs für drei Sonderrechtsgebiete: Enteignung, Bergrecht und Rentenbankwesen.

Behandlung solcher Rechte in der Zwangsversteigerung EG.ZVG. § 9, AG.ZVG. Art. 6.

2. **Vorkaufsrecht.** Nr. 1 betrifft sowohl das gesetzliche Vorkaufsrecht aus § 57 des Enteignungsgesetzes vom 11. 6. 1874 wie das Vorkaufsrecht aus § 141 PrBergG. Dieses Vorkaufsrecht ist dinglich, mehrere Berechtigte können es nur gemeinsam ausüben, RG. 73, 316. Das landrechtliche Vor-

kaufsrecht der Miteigentümer (ALR. I, 17 § 61) ist dagegen beseitigt.

3. **Bergrechtliche Gebrauchs- und Nutzungsrechte.** § 8 betrifft die Schürfarbeiten auf fremdem Grund und Boden, § 142 die Grundabtretung zum Bergbau infolge gemeinschaftlichen Beschlusses des Oberbergamts und der Regierung.

4. § 18 Abs. 1, § 64 G. vom 2. 3. 1850. In Hannover bedurften bisher Domänen-, Amortisations- und Rentenbankrenten der Eintragung (§ 10 der V. vom 3. 4. 1869, § 6 des G. vom 3. 4. 1869; § 17 des G. vom 28. 5. 1873); diese Vorschriften werden aufgehoben.

Nicht besonders erwähnt sind die gleichfalls vom Eintragungszwange befreiten Ablösungsdarlehne im Bez. des App.-Ger. zu Kassel (§ 45 des G. vom 29. 5. 1873) und die für ablösbar erklärten Grundlasten oder die an ihre Stelle tretenden Geldansprüche in den vorm. Bayerischen Landesteilen (§ 1 des G. vom 29. 5. 1874).

Nachbarrechtliche Beschränkungen des Eigentums.

(EG.BGB. Art. 124.)

Artikel 23.

§ 1. Werden im bisherigen Geltungsbereiche des Rheinischen Rechtes zwei Grundstücke durch eine Mauer geschieden, zu deren Benutzung die Eigentümer der Grundstücke gemeinschaftlich berechtigt sind, so kann der Eigentümer des einen Grundstücks dem Eigentümer des anderen Grundstücks nicht verbieten, die Mauer ihrer ganzen Dicke nach zu erhöhen, wenn ihm nachgewiesen wird, daß durch die Erhöhung die Mauer nicht gefährdet wird.

Der sich aus der Vorschrift des Abs. 1 ergebende Anspruch unterliegt nicht der Verjährung.

1. Hierzu und zu den folgenden Vorschriften vgl. code civil Art. 653—663, 665—670. Der erforderliche Nachweis kann auch außergerichtlich, z. B. durch das schriftliche Gut-

achten eines Bausachverständigen, geführt werden. Die Nachbarn haben an der Mauer nicht Miteigentum, sondern nur ein gemeinschaftliches Nutzungsrecht.

§ 2. Der Eigentümer des Grundstücks, von dem aus die Erhöhung erfolgt ist, kann dem Eigentümer des anderen Grundstücks die Benutzung des Aufbaues verbieten, bis ihm für die Hälfte oder, wenn nur ein Teil des Aufbaues benutzt werden soll, für den entsprechenden Teil der Baukosten Ersatz geleistet wird. Solange das Verbietungsrecht besteht, hat der Berechtigte den Mehraufwand zu tragen, den die Unterhaltung der Mauer infolge der Erhöhung verursacht.

Das Verbietungsrecht erlischt durch Einigung der Eigentümer.

1. Der einseitige Verzicht genügt nicht, weil von dem Erlöschen des Verbietungsrechts an der Nachbar den Mehraufwand für die Unterhaltung der erhöhten Mauer mitzutragen hat (KommB. S. 31).

§ 3. Wird die Mauer zum Zwecke der Erhöhung verstärkt, so ist die Verstärkung auf dem Grundstück anzubringen, dessen Eigentümer die Erhöhung unternimmt. Der von dem Eigentümer des anderen Grundstücks nach § 2 zu ersetzende Betrag der gesamten Baukosten erhöht sich um den entsprechenden Teil des Wertes der zu der Verstärkung verwendeten Grundfläche. Verlangt der Eigentümer des Grundstücks, auf dem die Verstärkung angebracht worden ist, die Ersatzleistung, so ist er verpflichtet, dem Eigentümer des anderen Grundstücks das Eigentum an der zu der Mauer verwendeten Grundfläche seines Grundstücks soweit zu übertragen, daß die neue Grenzlinie durch die Mitte der verstärkten Mauer geht; die Vorschriften über den Kauf finden Anwendung.

1. Aus den Vorschriften über den Kauf (BGB. §§ 433 ff.) folgt insbesondere auch, daß Zug um Zug zu leisten ist.

Artikel 24.

Hat im bisherigen Geltungsbereiche des Rheinischen Rechtes der Eigentümer eines Grundstücks vor dem Inkrafttreten des Bürgerlichen Gesetzbuchs auf Grund des Artikel 663 des Rheinischen Bürgerlichen Gesetzbuchs von seinem Nachbar verlangt, daß er zur Errichtung einer Scheidemauer beitrage, so bleiben für das Recht und die Pflicht zur Errichtung der Mauer die bisherigen Vorschriften maßgebend.

1. **Übergangsvorschrift,** die durch Aufhebung der Art. 663 code civil erforderlich wurde. Die vor 1900 begründeten Rechte bestehen fort (RG. 63, 10; OLG. Köln PucheltsZ. 36, 601). Das „Verlangen" kann gerichtlich oder außergerichtlich in beliebiger Form gestellt werden (KommB. S. 34); z. B. auch durch Gerichtsvollzieherurkunde, BGB. § 132.

Widerrufliches Eigentum an Grundstücken.

(EG.BGB. Art. 189.)

Artikel 25.

Steht im bisherigen Geltungsbereiche des Rheinischen Rechtes dem früheren Eigentümer eines Grundstücks auf Grund eines Rechtsgeschäfts, durch welches das Grundstück veräußert worden ist, ein Recht zu, vermöge dessen bei dem Eintritt eines bestimmten Umstandes das Eigentum an dem Grundstücke mit rückwirkender Kraft an ihn zurückfällt, so verwandelt sich das Rückfallsrecht zu der Zeit, zu welcher das Grundbuch als angelegt anzusehen ist, in einen Anspruch auf Rückübertragung des Eigentums und Befreiung des Grundstücks von den dem Rückfallsberechtigten gegen-

über nicht wirksamen Belastungen. Diejenigen, gegen welche sich der Anspruch richtet, sind verpflichtet, die Eintragung einer Vormerkung zur Sicherung des Anspruchs zu bewilligen.

Die vor der im Abs. 1 bezeichneten Zeit erfolgte Eintragung des Rückfallsrechts gilt als Eintragung einer Vormerkung.

1. Die **Widerruflichkeit eines Eigentumsüberganges** ist mit dem öffentlichen Glauben des Grundbuchs (BGB. § 892, vgl. auch § 925 Abs. 2) unvereinbar. Eine dingliche Wiederaufhebung des Rechtserfolges kann nach BGB. nicht mehr vorkommen, auch nicht im Falle des sog. gesetzlichen Resiliationsrechts (code civil Art. 1184), nach dem der veräußerte Gegenstand unter Umständen kraft Gesetzes und frei von allen gegen den Erwerber begründeten Lasten an den Veräußerer zurückfiel. Ein solches Rückfallrecht erzeugt nur noch einen persönlichen Anspruch auf Rückübertragung des veräußerten Grundstücks und auf Befreiung von den inzwischen begründeten Lasten. Indessen ist die Vormerkung das Mittel, um diesen Anspruch auch dinglich zu sichern; ihre Eintragung kann nötigenfalls mittels einer einstweiligen Verfügung erwirkt werden.

2. Um eine nochmalige Eintragung zu ersparen, wird ein bereits eingetragenes Rückfallrecht in eine dem Abs. 1 entsprechende Vormerkung umgedeutet.

Form der Auflassung.

(EG.BGB. Art. 143.)

Artikel 26.

Für Grundstücke, die im bisherigen Geltungsbereiche des Rheinischen Rechtes belegen sind, gelten folgende Vorschriften:

§ 1. Die Auflassung sowie die zur Bestellung oder Übertragung eines Erbbaurechts erforderliche Einigung kann außer vor dem Grundbuchamt auch vor einem anderen Preußischen Amtsgericht oder vor einem Preußischen Notar erklärt werden. Durch Königliche Verordnung kann bestimmt werden, daß auch die Amtsgerichte oder die Notare anderer Bundesstaaten zuständig sind.

Jeder Teil ist berechtigt, zu verlangen, daß die Auflassung vor dem Grundbuchamt erfolgt.

1. Die für die rheinischen Grundstücke geltenden Ausnahmevorschriften des Art. 26 sind bereits durch G. vom 13. 5. 1918 (GS. 51) auf alle Grundstücke Preußens ausgedehnt. Die ursprüngliche zeitliche Beschränkung dieses Gesetzes ist durch G. vom 11. 1. 1929 (GS. 5) aufgehoben.

2. Über die **Auflassung** in Preußen belegener Grundstücke **vor Amtsgerichten und Notaren anderer Länder** ist die V. d. StM. vom 29. 10. 1928 (GS. 205) ergangen, welche lautet: „§ 1. Die Auflassung eines in Preußen belegenen Grundstücks kann außer vor den im Art. 26 § 1 Abs. 1 Satz 1 AG.BGB. genannten preußischen Stellen auch vor einem AG. oder vor einem Notar eines anderen deutschen Landes erklärt werden, sofern dieses AG. oder dieser Notar nach dem Rechte des Landes, dem sie angehören, für die Auflassung dort belegener Grundstücke zuständig ist, und sofern die in §§ 2, 3 dieser V. bezeichneten weiteren Voraussetzungen gegeben sind.

§ 2. Ein nichtpreußisches AG. ist für die Auflassung eines in Preußen belegenen Grundstücks nur zuständig, wenn nach dem Rechte des Landes, dem es angehört,

a) die preußischen Amtsgerichte für die Auflassung von Grundstücken dieses Landes zuständig sind,

b) die vor preußischen Amtsgerichten erklärten Auflassungen solcher Grundstücke und die daraufhin erfolgenden Eintragungen im Grundbuch in gebühren- und steuerrechtlicher Hinsicht den Auflassungen, die vor den Amtsgerichten dieses Landes vorgenommen sind, und den daraufhin erfolgenden Eintragungen im Grundbuche gleichbehandelt werden.

§ 3. Ein nichtpreußischer Notar ist für die Auflassung

eines in Preußen belegenen Grundstücks nur zuständig, wenn nach dem Rechte des Landes, von dem er ernannt ist,

a) die preußischen Notare für die Auflassung von Grundstücken dieses Landes zuständig sind,

b) die vor preußischen Notaren erklärten Auflassungen solcher Grundstücke und die daraufhin erfolgenden Eintragungen im Grundbuch in gebühren- und steuerrechtlicher Hinsicht den Auflassungen, die vor den Notaren dieses Landes vorgenommen sind, und den daraufhin erfolgenden Eintragungen im Grundbuche gleichbehandelt werden.

§ 4. Der JM. macht in der Preußischen Gesetzsammlung ein Verzeichnis derjenigen deutschen Länder bekannt, in denen die Amtsgerichte oder Notare oder beide Stellen gemäß §§ 1 bis 3 dieser V. für die Auflassung von Grundstücken, die in Preußen belegen sind, zuständig sind. Der JM. kann das Verzeichnis nötigenfalls abändern oder ergänzen.

Eine Auflassung vor einem in diesem Verzeichnis als zuständig bezeichneten nichtpreußischen AG. oder Notar ist, wenn die Voraussetzungen der §§ 1 bis 3 dieser V. nicht vorliegen, aus diesem Grunde nicht unwirksam.

§ 5. Die Vorschriften des Art. 26 § 1 Abs. 2 und § 2 AG.BGB. gelten auch für die vor einem nichtpreußischen AG. oder Notar erklärten Auflassungen.

§ 6. Diese V. tritt am 1. 4. 1929 in Kraft."

Auf Grund des § 4 hat der JM. bekanntgemacht, daß die Amtsgerichte und Notare in Sachsen, Thüringen, Lübeck und dem oldenburgischen Landesteile Birkenfeld für die Auflassung in Preußen belegener Grundstücke zuständig sind (V. d. JM. vom 5. 3. 1929 — GS. 20).

§ 2. Bei der Auflassung bedarf es der gleichzeitigen Anwesenheit beider Teile nicht, wenn das Grundstück durch ein Amtsgericht oder einen Notar versteigert worden ist und die Auflassung noch in dem Versteigerungstermine stattfindet.

1. Die Vorschrift entspricht dem Vorbehalt EG.BGB. Art. 143 Abs. 2 und ist ebenfalls auf alle Grundstücke Preußens ausgedehnt; vgl. § 1 N. 1.

Übertragung des Eigentums an buchungsfreien Grundstücken.

(EG.BGB. Art. 127.)

Artikel 27.

Zur Übertragung des Eigentums an einem Grundstücke, das im Grundbuche nicht eingetragen ist und auch nach der Übertragung nicht eingetragen zu werden braucht, ist die Einigung des Veräußerers und des Erwerbers über den Eintritt der Übertragung erforderlich. Die Einigung bedarf der gerichtlichen oder notariellen Beurkundung; wird einer der Beteiligten durch eine öffentliche Behörde vertreten, so genügt die Beurkundung durch einen nach Artikel 12 § 2 für die Beurkundung des Veräußerungsvertrags zuständigen Beamten.

Die Übertragung des Eigentums kann nicht unter einer Bedingung oder einer Zeitbestimmung erfolgen.

1. **Buchungsfreie Grundstücke.** Nach GBO. § 90 können durch landesherrliche V. gewisse Grundstücke vom Buchungszwange befreit werden, z. B. Grundstücke des Fiskus und der juristischen Personen des öffentlichen Rechtes, öffentliche Wege und Gewässer, Eisenbahngrundstücke. Die Kgl. V., betreffend das Grundbuchwesen, vom 13. 11. 1899 erklärt im Art. 1 für buchungsfrei: die Grundstücke des Reichs, die Domänen und sonstigen Grundstücke des Staates, die Grundstücke der Gemeinden und anderer Kommunalverbände, der Kirchen, Klöster und Schulen, die öffentlichen Wege und Gewässer sowie die Grundstücke, welche einem dem öffentlichen Verkehre dienenden Bahnunternehmen gewidmet sind. Durch § 13 Abs. 1 des Wassergesetzes. vom 7. 4. 1913 (GS. 53) ist diese Vorschrift insoweit entbehrlich geworden, als sie sich auf öffentliche Gewässer bezieht; das Wassergesetz unterscheidet nicht mehr zwischen öffentlichen und nichtöffentlichen Gewässern, sondern zwischen Wasserläufen und nicht zu den Wasserläufen gehörigen Ge-

wässern; alle Wasserläufe werden nur auf Antrag des Eigentümers oder eines Berechtigten ins Grundbuch eingetragen.

2. **Übertragung des Eigentums.** Buchungsfreie Grundstücke werden, wenn sie auch in der Hand des neuen Erwerbers buchungsfrei bleiben, veräußert nicht durch Auflassung und Eintragung, sondern durch den die gewöhnliche Form für Grundstücksverfügungen bildenden dinglichen Vertrag, vgl. BGB. § 873. Wegen der Wichtigkeit des Gegenstandes bedarf dieser aber der gerichtlichen oder notariellen Beurkundung. Entsprechend dem Art. 12 § 2, der den obligatorischen Grundstücksveräußerungsvertrag betrifft, tritt auch hier an die Stelle des Gerichts oder des Notars der Beamte, welchen der Vorstand der etwa als Vertragsteil beteiligten Behörde bestimmt. (Abweichendes gilt nach §§ 2, 3 d. G. über den Erwerb von Fischereiberechtigungen durch den Staat vom 2. 9. 1911 — GS. 189. Zu ihrer Übertragung auf den Staat ist die durch einen Richter, Notar oder Urkundsbeamten aus Art. 12 AG.BGB. zu beurkundende Einigung und außerdem die Eintragung im Grundbuch erforderlich, die hier also rechtserzeugend, nicht nur kundmachend wirkt). Ist der Erwerber des bisher buchungsfreien Grundstücks vom Buchungszwange nicht befreit, so bedarf es der Auflassung und der vorgängigen Buchung des Grundstücks, KGJ. 26 A 115 (a. M. Colmar Rspr. 18, 195).

3. Die Vorschrift des Abs. 2 entspricht dem § 925 Abs. 2 BGB. (Auflassung).

Besitzschutz bei Grunddienstbarkeiten.

(EG.BGB. Art. 191.)

Artikel 28.

Für den Schutz der Ausübung einer Grunddienstbarkeit gelten, auch bevor das Grundbuch für das Grundstück als angelegt anzusehen ist, wenn die Grunddienstbarkeit in einem über das Grundstück geführten

gerichtlichen Buche eingetragen ist, die Vorschriften des § 1029 des Bürgerlichen Gesetzbuchs, anderenfalls die Vorschriften des Artikel 191 Abs. 2 des Einführungsgesetzes zum Bürgerlichen Gesetzbuche.

1. Nach BGB. § 1029 finden auf den Schutz einer eingetragenen Dienstbarkeit gegen Störung ihrer Ausübung die Vorschriften über Besitzschutz (BGB. §§ 862, 863) entsprechende Anwendung, soweit die Dienstbarkeit innerhalb eines Jahres vor der Störung, sei es auch nur einmal, ausgeübt worden ist. Nach EG.BGB. Art. 191 Abs. 2 wird hingegen der Besitzschutz für nicht eingetragene Dienstbarkeiten nur gewährt, wenn entweder eine dauernde Anlage mit der Dienstbarkeit verbunden oder die Dienstbarkeit in jedem der drei letzten Jahre vor der Störung mindestens einmal ausgeübt worden ist.

Wiederkaufsrecht bei Rentengütern.

(EG.BGB. Art. 62.)

Artikel 29.

§ 1. Ein Grundstück, welches gegen Übernahme einer festen Geldrente zu Eigentum übertragen ist (Rentengut), kann zugunsten des Veräußerers in der Weise belastet werden, daß dieser dem Eigentümer gegenüber zum Wiederkaufe berechtigt ist.

Das Wiederkaufsrecht kann auch zugunsten des jeweiligen Eigentümers eines Grundstücks des Veräußerers bestellt werden.

1. Das BGB. kennt zwar ein dingliches Vorkaufsrecht, nicht aber ein dingliches Wiederkaufsrecht. Dieses kann reichsrechtlich nur mit obligatorischer Wirkung eingeräumt und nur durch Vormerkung des persönlichen Anspruchs gesichert werden, BGB. §§ 497 bis 503, 883; RG. 69, 282. Das Landesrecht schafft hingegen hier auf dem ihm durch EG.BGB. Art. 62 (nicht nur hinsichtlich der obligatorischen,

sondern auch der dinglichen Rechtsbeziehungen, RG. 84, 104) vorbehaltenen Gebiete des Rentengutswesens ein neues dingliches Recht, das dingliche Wiederkaufsrecht. Nach Abs. 2 dieses Paragraphen kann das dingliche Wiederkaufsrecht sowohl für einen bestimmten Berechtigten bestellt wie auch als subjektiv-dingliches Recht — nach Art einer Grunddienstbarkeit — mit einem herrschenden Grundstücke verknüpft werden; wegen Vermerkung dieses Rechts auf dem Blatte des herrschenden Grundstücks vgl. GBO. § 8. Der Vertrag über die Bestellung des dinglichen Wiederkaufsrechts bedarf der Form des § 313 BGB., RG. 110, 327. Begriff des Rentenguts Rsp. 18, 154. Die Höhe der Rente braucht nicht in einem bestimmten Verhältnis zum Werte des Grundstücks zu stehen. An der Stammstelle eines Zukaufrentenguts darf jedoch ein Wiederkaufsrecht nicht begründet werden (KGJ. 43, 191).

Im übrigen sind die Vorschriften des Art. 23 soweit wie angängig den Vorschriften des BGB. über das dingliche Vorkaufsrecht (§§ 1094 bis 1104) nachgebildet.

Das Wiederkaufsrecht ist als besondere Last in Abt. II des Grundbuchs einzutragen, KGJ. 35 A 249. Seine Wirkung Dritten gegenüber ist der eines „vorgemerkten" Eigentumsübertragungsanspruchs gleichgestellt: unten § 5. Das Wiederkaufsrecht erlischt durch den Zuschlag in der Zwangsversteigerung unter denselben Voraussetzungen wie jedes andere private dingliche Recht, selbst wenn es dem Fiskus zusteht (KGJ. 42, 207); im Gegensatz zu der Anerbengutseigenschaft, die durch den Zuschlag nicht erlischt (das. 202).

§ 2. Ein Bruchteil eines Rentenguts kann mit dem Wiederkaufsrechte nur belastet werden, wenn er in dem Anteil eines Miteigentümers besteht.

1. Vgl. BGB. § 1095.

§ 3. Das Wiederkaufsrecht beschränkt sich auf die Fälle, daß der Eigentümer das Rentengut verkauft oder sich durch einen sonstigen Vertrag zur Über-

tragung des Eigentums verpflichtet oder daß das Rentengut im Wege der Zwangsversteigerung veräußert wird; es kann auch für die Fälle bestellt werden, daß der Eigentümer stirbt oder eine im Rentengutsvertrage festgesetzte Verpflichtung nicht erfüllt.

1. Während das Vorkaufsrecht nur in dem Falle eines Verkaufs und regelmäßig nur einmal ausgeübt werden kann, trifft das Wiederkaufsrecht alle Arten der Veräußerung, also auch Tausch, Schenkung, Veräußerung im Zwangsvollstreckungsverfahren. Es greift auch beim Erbgange Platz, falls es auf den Todesfall des Eigentümers ausdrücklich mitbestellt ist. Ja es kann durch Parteiabrede auch als Strafe für gewisse Arten von Vertragsverletzung bedungen werden und erscheint so als wirksames Mittel, um eine Entwertung des Rentengutes durch schlechte Wirtschaft, z. B. durch Zerteilung des Grundstücks oder Abveräußerung von Trennstücken oder durch Verfall der Gebäude, Wegschaffung des Inventars usw., zu hindern. In den letzten beiden Fällen kann aber durch richterliche Entscheidung der Auseinandersetzungsbehörde die Verpflichtung des Rentengutsnehmers aus gemeinwirtschaftlichen Gründen aufgehoben werden (§§ 3, 4 des G. über Rentengüter vom 27. 6. 1890). Dazu RGZ. 44, 191.

§ 4. Das Wiederkaufsrecht erstreckt sich auf das zur Zeit der Ausübung vorhandene Zubehör.

1. **Zubehör** sind bei einem Landgute das zum Wirtschaftsbetriebe bestimmte Gerät und Vieh, die landwirtschaftlichen Erzeugnisse, soweit sie zur Fortführung der Wirtschaft bis zu der Zeit erforderlich sind, zu welcher gleiche oder ähnliche Erzeugnisse voraussichtlich gewonnen werden, sowie der vorhandene, auf dem Gute gewonnene Dünger, BGB. § 98 Nr. 2.

Wegen der Verwendungen s. BGB. § 500 und unten § 7.

§ 5. Das Rechtsverhältnis zwischen dem Berechtigten und dem Verpflichteten bestimmt sich nach den Vorschriften des § 497 Abs. 1 und der §§ 498 bis 502 des Bürgerlichen Gesetzbuchs.

Dritten gegenüber hat das Wiederkaufsrecht die Wirkung einer Vormerkung zur Sicherung des durch die Ausübung des Rechtes entstehenden Anspruchs auf Übertragung des Eigentums.

1. Der **Wiederkauf** kommt durch die einseitige, empfangsbedürftige, aber formfreie Erklärung des Verkäufers zustande, daß er das Wiederkaufsrecht ausübe. Nach § 5 Abs. 2 ist der aus dem Wiederkaufsrechte fließende Anspruch auf Rückauflassung des Grundstücks Dritten gegenüber in gleicher Art gesichert, wie wenn zu seinem Schutze eine Vormerkung eingetragen wäre (vgl. BGB. § 1098 Abs. 2). Im übrigen gelten für das Rechtsverhältnis zwischen dem Rentengutseigentümer und dem Wiederkaufsberechtigten, insbesondere wegen Unterganges, Verschlechterung oder wesentlicher Veränderung des Gutes oder der Zubehörstücke, wegen des Ersatzes von Verwendungen und wegen Ausübung eines mehreren gemeinschaftlich zustehenden Wiederkaufsrechts, die Vorschriften über das *persönliche* Wiederkaufsrecht, BGB. §§ 498 bis 502. Nicht anwendbar ist dagegen BGB. § 503, der das persönliche Wiederkaufsrecht nach 30 Jahren erlöschen läßt. Das dingliche Wiederkaufsrecht kann mithin zeitlich unbeschränkt bestellt werden, es ist namentlich auch nicht an die Dauer der Amortisationsperiode (in der Regel $60^1/_2$ oder $56^1/_{12}$ Jahre) gebunden.

§ 6. Das Wiederkaufsrecht kann nur bis zum Ablaufe von drei Monaten nach dem Zeitpunkt ausgeübt werden, in welchem der Berechtigte von dem Eintritte des zum Wiederkaufe berechtigenden Falles Kenntnis erhält. Ist für die Ausübung eine Frist bestimmt, so tritt diese an die Stelle der gesetzlichen Frist.

1. Eine **Anzeige des Veräußerungsfalls** ist dem Rentengutseigentümer abweichend von BGB. § 510 nicht zur Pflicht gemacht. Sie wird sich jedoch empfehlen, um den Beginn der *dreimonatigen Ausschlußfrist* sicher festzustellen.

§ 7. Gelangt das Rentengut in das Eigentum eines Dritten, so kann dieser die Zustimmung zur Eintragung des Berechtigten als Eigentümer und die Herausgabe des Rentenguts verweigern, bis ihm der Wiederkaufspreis soweit ausgezahlt wird, als er oder sein Rechtsvorgänger für den Erwerb des Rentenguts Aufwendungen gemacht hat. Erlangt der Berechtigte die Eintragung als Eigentümer, so kann der bisherige Eigentümer von ihm die Erstattung der für den Erwerb des Rentenguts gemachten Aufwendungen bis zur Höhe des Wiederkaufspreises gegen Herausgabe des Rentenguts fordern.

§ 8. Soweit der Berechtigte nach § 7 den Dritten zu entschädigen hat, wird er von der Verpflichtung zur Zahlung des aus dem Wiederkaufe geschuldeten Kaufpreises frei.

§ 9. Verliert der neue Eigentümer infolge der Geltendmachung des Wiederkaufsrechts das Eigentum, so wird er, soweit die für den Erwerb des Rentenguts von ihm geschuldete Gegenleistung noch nicht berichtigt ist, von seiner Verpflichtung frei; die für den Erwerb bereits gemachten Aufwendungen kann er soweit zurückfordern, als sie durch den an ihn gezahlten Wiederkaufspreis nicht gedeckt sind.

1. Die Vorschriften der §§ 7 bis 9 sind den §§ 1100 bis 1102 BGB. nachgebildet. Der Dritte kann sich wegen Erstattung seiner Aufwendungen unmittelbar an den Wiederkaufsberechtigten halten, dieser wird aber dafür seiner entsprechenden Verpflichtungen gegenüber dem bisherigen Gutseigentümer ledig. Die unter den drei Beteiligten entstehenden Ansprüche werden zur Vermeidung unnötiger Hin- und Herzahlungen oder Zessionen soweit wie möglich im Wege gegenseitiger, kraft Gesetzes eintretender Verrechnung ausgeglichen.

§ 10. Ein zugunsten des jeweiligen Eigentümers eines Grundstücks bestehendes Wiederkaufsrecht kann nicht von dem Eigentum an diesem Grundstücke getrennt werden.

Ein zugunsten einer bestimmten Person bestehendes Wiederkaufsrecht kann nicht mit dem Eigentum an einem Grundstücke verbunden werden.

1. Vgl. BGB. § 1103.

§ 11. Ist der Berechtigte unbekannt, so kann er im Wege des Aufgebotsverfahrens mit seinem Rechte ausgeschlossen werden, wenn die im § 1170 des Bürgerlichen Gesetzbuchs für die Ausschließung eines Hypothekengläubigers bestimmten Voraussetzungen vorliegen. Mit der Erlassung des Ausschlußurteils erlischt das Wiederkaufsrecht.

Auf ein Wiederkaufsrecht, das zugunsten des jeweiligen Eigentümers eines Grundstücks besteht, finden diese Vorschriften keine Anwendung.

1. Vgl. hierzu BGB. §§ 1103, 1104 und die Note zu § 1.

Beschränkung der Reallasten.

(EG.BGB. Art. 115.)

Artikel 30.

Im linksrheinischen Teile der Rheinprovinz, im Kreise Herzogtum Lauenburg und auf der Insel Helgoland treten folgende Vorschriften in Kraft:

Mit Ausnahme fester Geldrenten können beständige Abgaben und Leistungen einem Grundstück als Reallasten nicht auferlegt werden.

Eine neu auferlegte Geldrente ist der Eigentümer nach vorgängiger sechsmonatiger Kündigung mit dem zwanzigfachen Betrag abzulösen berechtigt, sofern nicht ein anderes bestimmt ist. Es kann jedoch vertragsmäßig die Kündigung nur während eines bestimmten Zeitraums, welcher dreißig Jahre nicht übersteigen darf, ausgeschlossen und ein höherer Ablösungsbetrag als der fünfundzwanzigfache Betrag der Rente nicht festgesetzt werden.

Vertragsmäßige Bestimmungen, welche diesen Vorschriften zuwiderlaufen, sind unwirksam, unbeschadet der Rechtsverbindlichkeit des sonstigen Inhalts eines solchen Vertrags.

Die Vorschriften über Rentengüter bleiben unberührt.

1. **Allgemeines.** Nach BGB. § 1105 können wiederkehrende Leistungen aller Art zum Gegenstande einer Reallast gemacht werden, jedoch bleiben nach EG.BGB. Art. 115 die landesgesetzlichen Beschränkungen der Reallasten in Kraft, insbesondere § 91 Abs. 2, 4 G. vom 2. 3. 1850, des sog. Ablösungsgesetzes (für die alten Lande rechts des Rheins), § 18 Abs. 2, 4 G. vom 28. 5. 1860 (Hohenzollern), § 13 Abs. 2 G. vom 15. 2. 1872 (Wiesbaden usw.), § 54 G. vom 3. 1. 1873 (Schleswig-Holstein), § 25 G. vom 23. 7. 1876 (Kassel).

Art. 30 führt nun für die linksrheinischen Teile der Rheinprovinz, für Lauenburg und Helgoland jene schon in den übrigen Landesteilen geltenden Vorschriften gleichfalls ein.

Für reichsrechtliche Reallasten (Überbau- und Notwegrente, BGB. §§ 912, 916, 917) gilt Art. 30 nicht.

2. Unwirksam ist eine **abweichende vertragliche Fristbestimmung** nur dann, wenn sie eine längere als die gesetzliche Frist festsetzt.

Verteilung von Reallasten.

(EG.BGB. Art. 113).

Artikel 31.

Die Vorschriften, nach welchen im Falle der Teilung eines mit einer Reallast belasteten Grundstücks die Reallast auf die einzelnen Teile des Grundstücks verteilt wird, bleiben in Kraft. Die Verteilung ist bei der Auseinandersetzungsbehörde zu beantragen.

1. § 93 des AblösungsG. vom 2. 3. 1850, § 11 der V. vom 28. 9. 1867 und G. vom 3. 4. 1869 (Hannover), § 29 G. vom 12. 4. 1888 (Rheinprovinz). Eine **Verteilung der Reallast** findet nur dann statt, wenn sie nicht für ablösbar erklärt ist, andernfalls tritt eine Gesamthaft des Hauptgrundstücks und der Trennstücke ein.

Kündigungsrecht bei Hypotheken und Grundschulden.

(EG.BGB. Art. 117.)

Artikel 32.

§ 1. Bei Hypothekenforderungen, Grundschulden und Rentenschulden kann das Kündigungsrecht des Eigentümers nur soweit ausgeschlossen werden, daß der Eigentümer nach zwanzig Jahren unter Einhaltung einer sechsmonatigen Frist kündigen kann.

§ 2. Kapitalien, die zur Zeit des Inkrafttretens des Bürgerlichen Gesetzbuchs auf einem Grundstück oder einer Gerechtigkeit angelegt sind und bisher seitens des Schuldners unkündbar oder erst nach einer längeren als einer zwanzigjährigen Frist kündbar waren, können nach dem Ablaufe von zwanzig Jahren seit dem Inkrafttreten des Bürgerlichen Gesetzbuchs unter Einhaltung einer sechsmonatigen Frist gekündigt werden, sofern nicht nach den bisherigen Gesetzen die Kündbarkeit schon vorher eintritt.

1. Der **Ausschluß des Kündigungsrechts** auf seiten des Grundeigentümers wird hier, und zwar einheitlich für ganz Preußen, neu geregelt, wobei die bisher in dem größten Teile des Staatsgebiets geltende 30jährige Frist (vgl. § 92 des AblösungsG. vom 2. 3. 1850) allgemein auf 20 Jahre her-

abgesetzt wird. Diese Frist gilt auch für die beim Inkrafttreten des BGB. bereits angelegten Kapitalien mit der Wirkung, daß sie für diese mit dem 1. Januar 1900 zu laufen beginnt, falls nicht nach dem bisherigen Rechte die Kündbarkeit schon früher eintritt. Vgl. hierzu die ähnliche Übergangsvorschrift wegen Berechnung der Verjährungsfristen, EG.BGB. Art. 169 Abs. 2.

Bestehende Hypotheken.

(EG.BGB. Art. 192, 193.)

Artikel 33.

§ 1. Eine zu der Zeit, zu welcher das Grundbuch als angelegt anzusehen ist, bestehende Hypothek gilt von dieser Zeit an als eine Hypothek, für welche die Erteilung des Hypothekenbriefs nicht ausgeschlossen ist, wenn über sie nach den geltenden Vorschriften ein Hypothekenbrief gebildet oder zu bilden ist. Ein vor der bezeichneten Zeit gebildeter Hypothekenbrief gilt als Hypothekenbrief im Sinne der Reichsgesetze.

Die Vorschriften des Abs. 1 finden auf Kautionshypotheken keine Anwendung.

1. **Allgemeines.** Art. 33 regelt die Überleitung der bestehenden Hypotheken in den neuen Rechtszustand. Nach EG.BGB. Art. 192 würden sich die älteren, d. h. die vor dem Zeitpunkte, in dem das Reichsgrundbuch als angelegt anzusehen ist, entstandenen Grundstückspfandrechte in Buchhypotheken des neuen Rechtes verwandeln. Nach EG.BGB. Art. 193 kann jedoch die Landesgesetzgebung bestimmen, daß sie als Briefhypotheken gelten sollen und daß gleichzeitig die über das Grundstückspfand nach älterem Recht erteilte Urkunde als Hypothekenbrief im Sinne des neuen Rechts zu behandeln ist.

§ 1 macht von diesem Vorbehalte Gebrauch, und zwar zunächst für diejenigen Briefhypotheken, die unter der Herrschaft der Grundbuchgesetzgebung vom 5. 5. 1872 begründet sind; die Hypothek gilt von dem Zeitpunkte ab, in dem das Reichsgrundbuch als angelegt anzusehen ist, als Briefhypothek und der über sie gebildete Brief als Hypothekenbrief im Sinne der Reichsgesetze.

2. Hinsichtlich der bestehenden **Kautionshypotheken** verbleibt es hingegen lediglich bei der Vorschrift im Art. 192 Abs. 1 EG.BGB.: sie gelten als Sicherungshypotheken im Sinne der §§ 1184 ff. BGB. Ein unter älterem Recht erteilter Hypothekenbrief für eine Sicherungshypothek ist jetzt bedeutungslos; er ist als nicht vorhanden zu betrachten und die Hypothek als brieflos zu behandeln, RG. 55, 378.

Eine altrechtliche Sicherungshypothek, für die keine Forderung entstanden war oder keine solche mehr bestand, gilt dagegen nicht als Sicherungshypothek im Sinne des neuen Rechtes; sie ist nur zur Löschung geeignet und kann nicht auf den Eigentümer übergehen, RG. 52, 61; vgl. auch KGJ. 21 A 150.

Eine nicht zur Entstehung gelangte altrechtliche Hypothek wird nicht Eigentümerhypothek im Sinne des BGB., KGJ. 20 A 311.

§ 2. Im ursprünglichen Geltungsbereiche der Grundbuchordnung vom 5. Mai 1872 sowie in Ostfriesland und Harlingerland, in der Niedergrafschaft Lingen und in den ehemals Münsterschen Ortschaften der Provinz Hannover steht ein vor dem Inkrafttreten der Grundbuchordnung gebildetes Hypotheken-Instrument einem später gebildeten Hypothekenbriefe gleich.

In den übrigen Landesteilen erfolgt die nach den geltenden Vorschriften zulässige Erteilung eines Hypothekenbriefs kostenfrei, wenn sie vor der Zeit, zu welcher das Grundbuch als angelegt anzusehen ist, beantragt wird. Ist wegen Unterlassung des Antrags die Erteilung eines Briefes ausgeschlossen, so werden im Falle nachträglicher Aufhebung der Ausschließung für die

Eintragung der Aufhebung sowie für die gerichtliche Beurkundung oder Beglaubigung der Eintragungsbewilligung und für die Erteilung des Briefes Kosten nicht erhoben, wenn die Eintragung innerhalb eines Jahres nach dem Inkrafttreten des Bürgerlichen Gesetzbuchs beantragt wird.

1. Im § 2 wird die Gleichstellung der nach Landesrecht gebildeten Hypothekenurkunde mit dem Hypothekenbriefe im Sinne der Reichsgesetze ausgedehnt auf die im Geltungsbereiche der HypothekenO. vom 20. 12. 1783 vor dem Jahre 1872 gebildeten „Hypotheken-Instrumente". Die im Abs. 1 genannten Gebietsteile der Provinz Hannover sind diejenigen, in denen die HypothekenO. von 1783 gleichfalls Geltung besessen hat.

2. Abs. 2, der bereits mit der Verkündung in Kraft getreten ist (Art. 90), sollte die Bildung von Hypothekenbriefen sowie die Umwandlung der bestehenden älteren Pfandurkunden in Briefe neuer Art erleichtern. Bei den bestehenden Buchhypotheken konnte die Verwandlung in eine Briefhypothek durch die in § 1116 Abs. 3 BGB. erwähnte Einigung der Beteiligten noch bis zum Schlusse des Jahres 1900 kostenfrei bewirkt werden.

§ 3. Im bisherigen Geltungsbereiche des Gesetzes über das Grundbuchwesen in dem Bezirke des Appellationsgerichts zu Kassel usw. vom 29. Mai 1873 (Gesetz-Samml. S. 273) gelten für die vor dem 1. Juli 1874 errichteten und nicht in Hypotheken des Preußischen Rechtes umgewandelten Hypotheken folgende Vorschriften:

1. Bis zu der Zeit, zu welcher das Grundbuch als angelegt anzusehen ist, wird bei der Hypothek auf Antrag eines Gläubigers, dem eine ihr gleich- oder nachstehende Hypothek oder Grundschuld zusteht, ein Widerspruch gegen das Bestehen der Hypothek

kostenfrei eingetragen. Zur Eintragung genügt der Antrag des Gläubigers.

2. Soweit zu der unter Nr. 1 bezeichneten Zeit die Hypothek noch besteht, gilt sie von dieser Zeit an als Sicherungshypothek, auch wenn der Betrag der gesicherten Forderung bestimmt ist.

3. Auf die Hypothek finden in Ansehung der Ausschließung des unbekannten Gläubigers im Wege des Aufgebotsverfahrens die Vorschriften des § 1170 des Bürgerlichen Gesetzbuchs auch insoweit Anwendung, als die Hypothek zu der unter Nr. 1 bezeichneten Zeit nicht mehr besteht. Ein Gläubiger, dem zu dieser Zeit eine der Hypothek gleich- oder nachstehende Hypothek oder Grundschuld zusteht, kann nach der Erlassung des Ausschlußurteils die Löschung der Hypothek in gleicher Weise verlangen, wie wenn zur Sicherung des Rechtes auf Löschung eine Vormerkung im Grundbuch eingetragen wäre.

   Wird das Aufgebotsverfahren vor dem Ablaufe von zwei Jahren nach der bezeichneten Zeit beantragt, so werden für das Verfahren und für die Löschung der Hypothek Gebühren nicht erhoben.

4. Soll die Hypothek nach § 1186 des Bürgerlichen Gesetzbuchs in eine gewöhnliche Hypothek umgewandelt werden, so werden für die Eintragung der Umwandlung sowie für die gerichtliche Beurkundung oder Beglaubigung der Eintragungsbewilligung und für die Erteilung eines Hypothekenbriefs Gebühren nicht erhoben, wenn die Umwandlung innerhalb eines Jahres nach der unter Nr. 1 bezeichneten Zeit beantragt wird.

Zusatz.

Das G. vom 28. 5. 1913 (GS. S. 271) bestimmt für ältere Hypotheken in Neuvorpommern und Rügen:

Einziger Paragraph.

Für Hypotheken, die nach dem Gesetze, betreffend die Einführung von Grund- und Hypothekenbüchern und die Verpfändung von Seeschiffen in Neuvorpommern und Rügen, vom 21. 3. 1868 (GS. 293) in die Grund- und Hypothekenbücher eingetragen sind, gelten folgende Vorschriften:

1. War die Hypothek vor dem Inkrafttreten des angeführten Gesetzes begründet, so werden, wenn die nach Artikel 192 des Einführungsgesetzes zum Bürgerlichen Gesetzbuch eingetretene Ausschließung der Erteilung eines Hypothekenbriefs aufgehoben oder die Hypothek in eine Grundschuld umgewandelt werden soll, für die Beurkundung oder Beglaubigung der dazu erforderlichen Erklärungen, die Eintragung und die Erteilung des Briefes Gerichtskosten und Stempel nicht erhoben

2. Ist die Hypothek nach dem Inkrafttreten des angeführten Gesetzes begründet und entweder bei ihrer Eintragung der Schuldgrund angegeben oder die Hypothekenurkunde mit der über das Rechtsgeschäft errichteten Urkunde verbunden worden, so gilt dasselbe wie im Falle der Nr. 1.

3. Ist die Hypothek nach dem Inkrafttreten des angeführten Gesetzes begründet und weder bei der Eintragung der Schuldgrund angegeben noch die Hypothekenurkunde mit der über das Rechtsgeschäft errichteten Urkunde verbunden, so erfolgt die Erteilung eines neuen Grundschuldbriefs an Stelle der alten Hypothekenurkunde sowie die gerichtliche Beurkundung oder Beglaubigung des Antrags kostenfrei.

§ 4. Die nach den Vorschriften des Rheinischen Bürgerlichen Gesetzbuchs begründeten Privilegien und Hypotheken, die zu der Zeit, zu welcher das Grundbuch als angelegt anzusehen ist, nicht durch Einschreibung im Hypothekenregister oder durch Eintragung im Grund-

buche wirksam geworden sind, verwandeln sich in Ansprüche auf Bestellung einer Sicherungshypothek, soweit nicht im Artikel 56 § 9 ein anderes bestimmt ist. Gerichtliche Hypotheken dieser Art erlöschen, unbeschadet der dem Gläubiger auf Grund eines vollstreckbaren Titels nach den reichsgesetzlichen Vorschriften zustehenden Befugnisse.

Privilegien und Hypotheken an Nießbrauchsrechten verwandeln sich, wenn sie zu der im Abs. 1 bezeichneten Zeit wirksam geworden sind, in Pfandrechte an dem Nießbrauch, anderenfalls in Ansprüche auf Bestellung eines Pfandrechts; die Vorschriften des Abs. 1 finden entsprechende Anwendung.

1. Die **Privilegien** und **gesetzlichen Hypotheken des Rheinischen Rechtes** verwandeln sich in bloße Pfandtitel mit dem persönlichen Anspruch auf Bestellung einer Sicherungshypothek. Soweit sie jedoch bereits in das Hypothekenregister eingeschrieben oder in das Grundbuch eingetragen sind, gelten sie hingegen als Hypotheken im Sinne des neuen Rechts, und zwar die in das Hypothekenregister eingeschriebenen Rechte stets als Buchhypotheken, die im Grundbuche vermerkten Rechte je nach der Art der Eintragung entweder als Buch- oder als Briefhypotheken.

Die gesetzliche Hypothek der rheinischen Ehefrau erlischt, wenn sie nicht vor Ablauf des Jahres 1900 entweder durch Einschreibung im Hypothekenregister oder durch Eintragung im Grundbuche wirksam geworden ist, Art. 56 § 9.

2. Da der Nießbrauch einem „Grundstücke" nicht gleichgestellt ist, so verlieren die an einem Nießbrauch nach Rheinischem Recht begründeten Hypotheken und Privilegien die Möglichkeit, in der bisherigen Art fortzubestehen. Sie verwandeln sich daher in „Pfandrechte", d. h. Fahrnispfandrechte, und, soweit sie noch nicht eingeschrieben waren, in Titel auf Einräumung eines Pfandrechts.

Bestehende Grundschulden.

(EG.BGB. Art. 195.)

Artikel 34.

Wird im Falle der Blankoabtretung einer Grundschuld die durch einen Namen ausgefüllte Abtretungserklärung vor dem Inkrafttreten des Bürgerlichen Gesetzbuchs behufs Sicherstellung der Zeit der Ausfüllung einem Amtsgerichte vorgelegt, so hat das Gericht die Bescheinigung auf der Urkunde gebühren- und stempelfrei zu erteilen.

1. Art. 34 ist mit der Verkündung in Kraft getreten (Art. 970), er enthält eine Übergangsvorschrift, die nur bis zum Schlusse des Jahres 1899 Bedeutung hatte. Eine Blankoabtretung kann nicht mehr nach dem Inkrafttreten des BGB. wirksam ausgefüllt werden, weil das Reichsrecht eine Blankoabtretung nicht zuläßt (RG. 63, 230); deshalb ist es erforderlich, die Zeit der Ausfüllung urkundlich festzustellen. Im übrigen bleibt es bei der Vorschrift des Art. 195 Abs. 1 EG.BGB., nach der eine bestehende Grundschuld als Grundschuld nach Reichsrecht und der über sie erteilte Brief als Grundschuldbrief im Sinne des neuen Rechtes gilt.

Übertragung von Vorschriften auf Rentenschulden.

Artikel 35.

Die neben dem Bürgerlichen Gesetzbuch in Kraft bleibenden Vorschriften, die sich auf Hypotheken und Grundschulden beziehen, finden auf Rentenschulden entsprechende Anwendung.

1. Wo die bestehenden Vorschriften von Hypotheken- und Grundschulden sprechen, ist überall „Rentenschulden" hinzuzufügen.

Auseinandersetzungen.

Artikel 36.

In dem vormaligen Herzogtume Nassau tritt das Gesetz, betreffend die Berichtigung des Grundsteuerkatasters und der Grundbücher bei Auseinandersetzungen vor Bestätigung des Rezesses, vom 26. Juni 1875 (Gesetz-Samml. S. 325) mit dem Zeitpunkt, in welchem das Grundbuch für einen Bezirk als angelegt anzusehen ist, für den Bezirk in Kraft.

Bei Güterkonsolidationen und Auseinandersetzungen finden die Vorschriften des § 25 Abs. 2 der Verordnung, betreffend die Ablösung der Servituten usw. für das vormalige Kurfürstentum Hessen, vom 13. Mai 1867 (Gesetz-Samml. S. 716) entsprechende Anwendung.

1. **Nassau** war im Jahre 1895 von der Einführung der GrundbuchO. und der mit ihr zusammenhängenden Gesetze ausgeschlossen worden; Art. 36 ist bestimmt, die dadurch entstandene Lücke zu schließen. Verschiedene Zusammenlegungs- und Gemeinheitsteilungsgesetze sind geändert durch das G. vom 28. 5. 1913.

Bergrecht.

(EG.BGB. Art. 67 Abs. 1.)

Artikel 37.

Vorbemerkung. Das Bergwerkseigentum wird nach dem Vorbilde des Erbbaurechts den für Grundstücke geltenden Vorschriften des BGB. unterworfen. Die Änderungen des Berggesetzes bezweckten teils, das Bergrecht dem neuen Reichsrecht anzupassen, teils, den Sprachgebrauch mit dem der Reichsgesetze in Einklang zu bringen.

Nicht geändert ist § 105 AllgBergG., der für die Übertragung des Kuxes, d. h. für das dingliche Verfügungsgeschäft, die Schriftform vorschreibt, RG. 75, 79.

Das Allgemeine Berggesetz vom 24. Juni 1865 (Gesetz-Samml. S. 705) wird dahin geändert:

I. An die Stelle des § 50 tritt folgende Vorschrift:

Das Bergwerkseigentum wird durch die Verleihung begründet sowie durch Konsolidation, Teilung von Grubenfeldern oder Austausch von Feldesteilen erworben.

Für das Bergwerkseigentum gelten die sich auf Grundstücke beziehenden Vorschriften des Bürgerlichen Gesetzbuchs, soweit nicht aus diesem Gesetz sich ein anderes ergibt.

Mit der gleichen Beschränkung finden die für den Erwerb des Eigentums und die Ansprüche aus dem Eigentum an Grundstücken geltenden Vorschriften auf das Bergwerkseigentum entsprechende Anwendung.

II. Die §§ 52, 53 werden gestrichen.

III. Der § 60 Abs. 3 erhält folgende Fassung:

Der Hilfsbau gilt als Bestandteil des berechtigten Bergwerkes oder, wenn die Eigentümer mehrerer Bergwerke sich zur gemeinschaftlichen Anlage eines Hilfsbaues vereinigt und keine anderweitige Vereinbarung getroffen haben, als Bestandteil der berechtigten Bergwerke. Er bedarf, wenn der Hilfsbauberechtigte den Besitz erlangt hat, zur Wirksamkeit gegenüber dem öffentlichen Glauben des Grundbuchs nicht der Eintragung in das Grundbuch.

IV. Im § 85a Abs. 4 werden

1. im Satz 1 die Worte: „der Vater oder Vormund" ersetzt durch die Worte:
„der gesetzliche Vertreter",
2. im Satz 2 die Worte: „des Vaters oder Vormundes" ersetzt durch die Worte:
„des gesetzlichen Vertreters".

V. Im § 85b werden:

1. im Satz 4 die Worte: „an den Vater oder

Vormund, sofern diese es verlangen" ersetzt durch die Worte:

„an den gesetzlichen Vertreter, sofern dieser es verlangt",

2. im Satz 5 die Worte: „an die Mutter" ersetzt durch die Worte:

„an die zur gesetzlichen Vertretung nicht berechtigte Mutter".

VI. Im § 85c treten an die Stelle des Satz 2 folgende Vorschriften:

Die Ausstellung erfolgt auf Antrag oder mit Zustimmung des gesetzlichen Vertreters; ist die Erklärung des gesetzlichen Vertreters nicht zu beschaffen oder verweigert er die Zustimmung ohne genügenden Grund und zum Nachteile des Arbeiters, so kann die Gemeindebehörde die Zustimmung ergänzen.

VII. Im § 85e Abs. 1 werden die Worte: „seines Vaters oder Vormundes" ersetzt durch die Worte:

„seines gesetzlichen Vertreters".

VIII. Im § 85h werden die Worte: „des Minderjährigen, seines Vaters oder Vormundes" ersetzt durch die Worte:

„des Minderjährigen oder seines gesetzlichen Vertreters".

IX. Der § 101 Abs. 3 erhält folgende Fassung:

Die Kuxe sind unteilbar. Sie gehören zum beweglichen Vermögen.

X. Der § 128 erhält folgende Fassung:

Soweit der gegenwärtige Titel nichts anderes bestimmt, sind die durch die Bestellung eines Repräsentanten oder Grubenvorstandes entstehenden Rechtsverhältnisse nach den allgemeinen Vorschriften über die Vollmacht und den Auftrag zu beurteilen.

XI. Der § 148 erhält folgenden neuen Absatz:

Den Hypotheken-, Grundschuld- und Rentenschuldgläubigern wird eine besondere Entschädigung nicht gewährt.

XII. Der § 228 Abs. 2 wird gestrichen.

XIII. An die Stelle des § 231 treten folgende Vorschriften:

Für die Kuxe gelten die sich auf Grundstücke beziehenden Vorschriften des Bürgerlichen Gesetzbuchs, soweit nicht ein anderes bestimmt ist.

Die für den Erwerb des Eigentums und die Ansprüche aus dem Eigentum an Grundstücken geltenden Vorschriften finden auf die Kuxe entsprechende Anwendung.

XIV. Im § 235a Abs. 1 werden die Worte: „die Eigenschaft der beweglichen Sachen haben" ersetzt durch die Worte:

„zum beweglichen Vermögen gehören".

XV. Der § 240 Abs. 3 erhält folgende Fassung:

Der Beschluß ist gerichtlich oder notariell aufzunehmen.

Artikel 38.

Vorbemerkung. Art. 38 unterwirft die Sächsischen Kohlenabbaugerechtigkeiten dem Grundbuchrecht und trifft die dadurch in dem G. vom 22. 2. 1869 notwendig werdenden Änderungen. Die Anlegung des Grundbuchblatts geschieht nach den Vorschriften über das Erbbaurecht, AG.GBO. Art. 27 Abs. 1, GBO. § 7.

In dem Gesetze, betreffend die Rechtsverhältnisse des Stein- und Braunkohlen-Bergbaues in den Landesteilen, in welchen das Kurfürstlich Sächsische Mandat vom 19. August 1743 Gesetzeskraft hat, vom 22. Februar 1869 (Gesetz-Samml. S. 401) treten an die Stelle der §§ 2 bis 8 folgende Vorschriften:

§ 2.

Das Recht zum Stein- oder Braunkohlen-Bergbau kann von dem Eigentum an dem Grundstück, in welchem die Stein- oder Braunkohlen anstehen, abgetrennt und als selbständige Gerechtigkeit für den Grundeigentümer oder für einen Dritten bestellt werden.

§ 3.

Zur Bestellung einer selbständigen Kohlenabbau-Gerechtigkeit für den Grundeigentümer ist dessen Erklärung gegenüber dem Grundbuchamte, daß die Gerechtigkeit für ihn in das Grundbuch eingetragen werden soll, und die Eintragung erforderlich; die Vorschrift des § 878 des Bürgerlichen Gesetzbuchs findet Anwendung.

Zur Bestellung der selbständigen Kohlenabbau-Gerechtigkeit für einen Dritten ist die Einigung des Grundeigentümers und des Erwerbers über die Bestellung der Gerechtigkeit und die Eintragung im Grundbuch erforderlich; die Einigung muß bei gleichzeitiger Anwesenheit beider Teile vor dem Grundbuchamt erklärt werden.

1. Erst durch die Erfüllung der im § 3 Abs. 2 bezeichneten Voraussetzungen erlangt ein Kohlenabbaurecht die Natur einer selbständigen, den unbeweglichen Sachen gleichgeachteten Gerechtigkeit, RG. 116, 69.

§ 4.

Die Eintragung der selbständigen Gerechtigkeit in das Grundbuch soll nur erfolgen, wenn dem Grundbuchamt ein Situationsriß vorgelegt wird; auf den Situationsriß finden die Vorschriften des § 17 des Allgemeinen Berggesetzes vom 24. Juni 1865, mit Ausschluß der Bestimmung über die Angabe des Fundpunktes, Anwendung.

§ 5.

Für die nach § 1 bestehenden und die später vom Grundeigentum abgetrennten Kohlenabbau-Gerechtigkeiten gelten die sich auf Grundstücke beziehenden Vorschriften des Bürgerlichen Gesetzbuchs.

Die für den Erwerb des Eigentums und die Ansprüche aus dem Eigentum an Grundstücken geltenden Vorschriften finden entsprechende Anwendung.

§ 6.

Die Vorschriften über die Erteilung von Unschädlichkeitszeugnissen finden mit der Maßgabe Anwendung, daß das Zeugnis auch dann erteilt werden darf, wenn die vorhandenen Eintragungen im Grundbuche nach Abtrennung der Kohlenabbau-Gerechtigkeit noch innerhalb der ersten zwei Drittel des Wertes ländlicher oder der ersten Hälfte des Wertes städtischer Grundstücke versichert sind.

§ 7.

Eine Kohlenabbau-Gerechtigkeit kann nur dann einer anderen als Bestandteil zugeschrieben oder mit ihr vereinigt werden, wenn die Gerechtigkeiten mit ihren Feldern aneinander grenzen und zu einem einheitlichen Baue zusammengefaßt sind und wenn außerdem die auf den einzelnen Gerechtigkeiten haftenden Belastungen auf Grund einer die Rangordnung regelnden Einigung mit den Berechtigten auf das aus den Gerechtigkeiten gebildete Ganze übertragen werden.

§ 8.

Ist ein Kohlenfeld vollständig abgebaut, so kann die Kohlenabbau-Gerechtigkeit auf Antrag eines beteiligten Grundeigentümers oder desjenigen, welchem ein Recht an dem Grundstücke zusteht, im Grundbuche gelöscht werden.

Zur Begründung des Antrags ist ein Zeugnis der Bergbehörde darüber beizubringen, daß das Kohlenfeld gänzlich abgebaut ist und daß auf dem Felde Gebäude oder sonstige zur Grube gehörende unbewegliche Bestandteile nicht mehr vorhanden sind. Vor der Erteilung des Zeugnisses sind diejenigen, welchen ein Recht an der Gerechtigkeit zusteht, zu hören.

Auf Grund des Zeugnisses schließt das Grundbuchamt das für die Gerechtigkeit angelegte Blatt und löscht die auf diesem eingetragenen Rechte. Zur Löschung einer Hypothek, Grundschuld oder Rentenschuld ist die Vorlegung des Briefes nicht erforderlich; das Grundbuchamt hat den Besitzer des Briefes zur Vorlegung anzuhalten, um nachträglich die Löschung auf dem Briefe zu vermerken.

Artikel 39.

Ist in dem Herzogtume Schlesien und der Grafschaft Glatz in Ansehung einer im Grundbuch eingetragenen Berechtigung zur Gewinnung von Eisenerzen der Berechtigte unbekannt, so kann er im Wege des Aufgebotsverfahrens mit seinem Rechte ausgeschlossen werden, wenn die im § 1170 des Bürgerlichen Gesetzbuchs für die Ausschließung eines Hypothekengläubigers bestimmten Voraussetzungen vorliegen. Mit der Erlassung des Ausschlußurteils erlischt das Recht.

1. Das **Aufgebot des Berechtigten** bei einer eingetragenen Berechtigung zur Gewinnung von Eisenerzen war bisher nicht statthaft. Die Neuerung soll insbesondere das Grundbuch von veralteten Eintragungen entlasten. Zulässig ist das Aufgebot, wenn seit der letzten die Berechtigung betreffenden Grundbucheintragung zehn Jahre verstrichen sind und die Berechtigung nicht innerhalb dieser Frist von dem Grundeigentümer in einer zur Unterbrechung der Verjährung geeigneten Weise anerkannt worden ist, BGB. § 1170.

Selbständige Gerechtigkeiten.

Artikel 40.

Für Gerechtigkeiten, die nach den bisherigen Gesetzen in Ansehung der Eintragung in die gerichtlichen Bücher und der Verpfändung den Grundstücken gleichstehen (selbständige Gerechtigkeiten), gelten die sich auf Grundstücke beziehenden Vorschriften des Bürgerlichen Gesetzbuchs, wenn die Gerechtigkeit ein Grundbuchblatt erhalten hat.

Unter der gleichen Voraussetzung finden die für den Erwerb des Eigentums und die Ansprüche aus dem Eigentum an Grundstücken geltenden Vorschriften auf eine solche Gerechtigkeit entsprechende Anwendung.

Die besonderen Vorschriften über die selbständigen Kohlenabbau-Gerechtigkeiten in den vormals Königlich Sächsischen Landesteilen werden durch die Bestimmungen dieses Artikels nicht berührt.

1. Für selbständige Gerechtigkeiten (Fährgerechtigkeit, Schiffsmühlengerechtigkeit, Abdeckereigerechtigkeit usw.) wird ein Grundbuchblatt nur auf Antrag angelegt, AG.GBO. Art. 27 Abs. 2. Dadurch, daß die selbständigen Gerechtigkeiten unter

die für Grundstücke geltenden Vorschriften gestellt werden, fallen sie zugleich unter die Vorschriften über die Liegenschaftsvollstreckung, ZPO. § 864. Art. 40 gilt auch für die durch Übertragung auf den Staat selbständig gemachten Fischereiberechtigungen, § 8 G. vom 2. 9. 1911. Die Berliner „Fischerstellen", d. h. die mit einem Fischereirecht in der Spree verbundenen dinglichen Rechte, auf einem bestimmten Platze einen Verkaufsstand zum Betriebe des Fischhandels zu haben und die hierzu erforderlichen Geräte dort aufzubewahren, waren selbständige Gerechtigkeiten, RG. 57, 35. Nach dem Wassergesetz vom 7. 4. 1913 (GS. 53) werden bestehende Fischereirechte, die nicht dem Eigentümer des Gewässers zustehen, auf Antrag in das Wasserbuch eingetragen.

Die nicht eingetragene selbständige Gerechtigkeit wird seit dem 1. 10. 1872 vom Gesetz wie eine bewegliche Sache behandelt, RG. 106, 223.

Pfandleihgewerbe.

(EG.BGB. Art. 94.)

Artikel 41.

Vorbemerkung. Die Änderungen des Pfandleihgesetzes sind nur geringfügig. § 3 Abs. 2, 3 werden gestrichen, sie sind durch die allgemeinen Vorschriften des BGB. über Wucher, unerlaubte Handlungen usw. ersetzt. § 9 Abs. 2 ist nach dem BGB. entbehrlich, da der Pfandverkauf ohne vollstreckbaren Titel nicht mehr eine Ausnahme, sondern die Regel bildet. Die §§ 10, 10a, 10b wiederholen im wesentlichen die für den Pfandverkauf geltenden Vorschriften des BGB. Eine bloße Verweisung auf diese Vorschriften des BGB. ist deshalb vermieden, weil das BGB. auch noch in anderen Beziehungen, namentlich wegen der Entstehung des Pfandrechts (BGB. §§ 1204 ff.), auf das Pfandleihgewerbe Anwendung findet.

Als Pfandleiher gilt nach GewO. §§ 34, 38 auch der gewerbsmäßige Rückkaufshändler, der bewegliche Sachen mit Vorbehalt des Rückkaufsrechts erwirbt. Der Kaufpreis vertritt hier das Darlehen, der beim Rückkaufe zu entrichtende

Zuschlag die Zinsen des Darlehens, und die Übereignung ersetzt die Pfandbestellung. Pfandleiher und Rückkaufshändler bedürfen polizeilicher Erlaubnis zum Gewerbebetrieb, und die Landeszentralbehörden können nach GewO. § 38 über ihren Geschäftsbetrieb sowie über den „Umfang ihrer Befugnisse und Verpflichtungen" Rechtsverordnungen erlassen.

Das Gesetz, betreffend das Pfandleihgewerbe, vom 17. März 1881 (Gesetz-Samml. S. 265) wird dahin geändert:

I. Der § 3 Abs. 2, 3 und der § 9 Abs. 2 werden gestrichen.

II. An die Stelle des § 10 treten folgende Vorschriften:

§ 10. Der Verkauf des Pfandes ist im Wege öffentlicher Versteigerung zu bewirken.

Der Pfandleiher kann bei der Versteigerung mitbieten. Erhält er den Zuschlag, so ist der Kaufpreis als von ihm empfangen anzusehen.

§ 10a. Hat das Pfand einen Börsen- oder Marktpreis, so kann der Pfandleiher den Verkauf aus freier Hand durch einen zu solchen Verkäufen öffentlich ermächtigten Handelsmäkler oder durch eine zur öffentlichen Versteigerung befugte Person zum laufenden Preise bewirken.

§ 10b. Gold- und Silbersachen dürfen nicht unter dem Gold- oder Silberwerte zugeschlagen werden.

Wird ein genügendes Gebot nicht abgegeben, so kann der Verkauf durch eine zur öffentlichen Versteigerung befugte Person aus freier Hand zu einem den Gold- oder Silberwert erreichenden Preise erfolgen.

Eheschließung.

(BGB. § 1315.)

Artikel 42.

Die Vorschriften, nach welchen für Staatsbeamte und Geistliche zur Eingehung einer Ehe eine besondere Erlaubnis erforderlich ist, werden aufgehoben.

1. Nach dem Staatsministerial-Beschl. vom 3. 11. 1896 war bereits die Verpflichtung, eine Erlaubnis zur Eheschließung einzuholen, für die Staatsbeamten durch die bloße Pflicht ersetzt, von der Tatsache der erfolgten Eheschließung Anzeige zu machen, vgl. AVfg. vom 20. 4. 1897 (JMBl. S. 98) und vom 10. 7. 1897 (MBliV. S. 134). Auch für Militärprediger war das Erfordernis der Erlaubnis schon vor 1900 weggefallen. Art. 42 dient mithin nur zur Klarstellung des bereits geltenden Rechtszustandes.

Artikel 43.

Vorbemerkung. Die bisherigen zerstreuten Vorschriften über die Eheschließung von Ausländern (für die älteren Provinzen vgl. G. vom 13. 5. 1854) werden im Art. 43 durch eine einheitliche Regelung ersetzt. Der Grundgedanke ist dabei, einerseits ungültige Eheschließungen zu vermeiden (§ 1), andererseits eine Gewähr dafür zu schaffen, daß die Ehefrau und die Kinder eines Ausländers dessen Staatsangehörigkeit erlangen (§ 2). Daher die in den §§ 1, 2 bezeichneten Zeugnisse und deren Legalisierung durch die deutschen diplomatischen Vertreter. Befreiung kann von dem Zeugnisse nach § 1 durch den Justizminister, von dem Zeugnisse nach § 2 durch den Minister des Innern gewährt werden (§ 4).

Das Verfahren bei der Eheschließung von Ausländern im Inland ist geregelt durch die Vfg. d. M. d. J. und des JM. vom 10. 3. 1922 (MBliV. S. 279). Ein Verzeichnis der in den einzelnen Ländern zur Ausstellung eines Ehefähigkeitszeugnisses zuständigen Behörden enthält das Amtl. Handbuch für die pr. Standesbeamten unter Nr. 285.

§ 1. Wollen Ausländer oder Ausländerinnen in Preußen eine Ehe eingehen, so haben sie ein Zeugnis der zuständigen Behörde des Staates, dem sie angehören, darüber beizubringen, daß der Behörde ein nach den Gesetzen dieses Staates bestehendes Ehehindernis nicht bekannt geworden ist.

1. **Das Zeugnis des § 1** wird deshalb besonders wichtig, weil die Erfordernisse der Eheschließung (aber nicht deren Form) nach den Gesetzen des Heimatstaats zu beurteilen sind, dem der Ausländer angehört, EG.BGB. Art. 13 Abs. 1 Satz 2; vgl. auch PersonenstandG. § 47 Abs. 2. Das Zeugnis ist auch dann nicht entbehrlich, wenn nach dem Rechte des Heimatstaats die Voraussetzungen der Eheschließung sich nach den deutschen Gesetzen richten, KGJ. 25 A 47.

§ 2. Ausländer haben außerdem ein Zeugnis der zuständigen Behörde des Staates, dem sie angehören, darüber beizubringen, daß sie nach den Gesetzen dieses Staates ihre Staatsangehörigkeit nicht durch die Eheschließung verlieren, sondern auf ihre Ehefrau und ihre ehelichen oder durch die nachfolgende Ehe legitimierten Kinder übertragen.

§ 3. Die nach den §§ 1, 2 erforderlichen Zeugnisse müssen von einem Konsul oder Gesandten des Reichs mit der Bescheinigung versehen sein, daß die das Zeugnis ausstellende Behörde für die Ausstellung zuständig ist.

Diese Vorschrift findet auf solche Zeugnisse keine Anwendung, welche nach den Bestimmungen der Staatsverträge über die Beglaubigung der von öffentlichen Behörden ausgestellten Urkunden keiner Beglaubigung bedürfen.

1. **Die Zuständigkeit der ausländischen Behörde** muß dem Standesbeamten, der zu ihrer Feststellung außerstande ist,

durch ein Konsular- oder Gesandschaftsattest nachgewiesen werden.

Dieser Zuständigkeitsbescheinigung bedarf es nicht bei Zeugnissen aus folgenden Ländern, sofern sie von den in den Staatsverträgen bezeichneten Behörden ausgehen: Belgien (MBliV. 1851, 280), Österreich (RGBl. 1924 II 61), Polen (RGBl. 1925 II 139 und 1926 II 237), Schweiz (RGBl. 1907, 415), Tschechoslowakei (RGBl. 1881, 6, 1922 II 760), Ungarn (RGBl. 1881, 6).

§ 4. Von der Vorschrift des § 1 kann der Justizminister im einzelnen Falle, von der Vorschrift des § 2 kann der Minister des Innern im einzelnen Falle oder für die Angehörigen eines ausländischen Staates im allgemeinen Befreiung bewilligen.

Die Befugnis zur Befreiung im einzelnen Falle kann auf nachgeordnete Behörden übertragen werden.

1. Abs. 2 ist durch G. vom 16. 12. 1921 (GS. 561) angefügt. Zur **Ausführung** ist die AVfg. vom 20. 12. 1921 (JMBl. 663) ergangen, welche lautet:

„1. Über das Gesuch um Befreiung von der Vorschrift des Art. 43 § 1 AG.BGB. entscheidet vorbehaltlich der Bestimmung in Nr. 2 der Präsident desjenigen Oberlandesgerichts, in dessen Justizverwaltungsbezirk der zuständige Standesbeamte, vor dem die Ehe geschlossen werden soll, seinen Wohnsitz hat.

Er kann mit der Vorbereitung der Entscheidung ein richterliches Mitglied des OLG. beauftragen.

Will er von einer ihm bekannten Entscheidung des JM. abweichen, so hat er diesem das Gesuch zur Entscheidung vorzulegen.

2. Auch in Zukunft entscheidet der JM., sofern:

a) ein Gesuchsteller in der europäischen Türkei oder in Asien oder in Afrika staatsangehörig ist, oder, wenn zurzeit staatenlos, zuletzt dort staatsangehörig war,

b) die frühere Ehe eines der Verlobten durch Ausspruch einer Behörde aufgelöst oder für nichtig erklärt worden ist, welche nicht dem Heimatsstaate des betreffenden Verlobten — wenn letzterer die deutsche Staatsangehörigkeit besitzt, nicht einem der deutschen Länder — angehört.

3. Der JM. behält sich vor, auch in anderen Fällen über Befreiungsgesuche selbst zu entscheiden.

4. Der Gesuchsteller kann bei Ablehnung seines Gesuchs durch den OLGPr. die Entscheidung des JM. nachsuchen. Hierauf ist er in dem ablehnenden Bescheide hinzuweisen."

Befreiung von dem Erfordernisse des im § 1 bezeichneten Zeugnisses kann natürlich nur erteilt werden, wenn die ausstellende Behörde sich nach Prüfung der tatsächlichen Verhältnisse von dem Fehlen eines Ehehindernisses überzeugt hat; Befreiung im allgemeinen ist deshalb insoweit ausgeschlossen.

Über Befreiung von der Beibringung des Zeugnisses nach § 2 vgl. Vfg. d. M. d. J. und des JM. vom 10. 3. 1922 (MBliV. 279) unter II.

§ 5. Die für die Eheschließung von Ausländern bisher geltenden landesgesetzlichen Vorschriften werden aufgehoben.

§ 6. Will ein Angehöriger der rechtsrheinischen Gebietsteile des Königreichs Bayern in Preußen eine Ehe eingehen, so hat er das nach den Vorschriften der Bayerischen Gesetze erforderliche Verehelichungszeugnis beizubringen.

1. Mit der Einführung des Unterstützungswohnsitz G. in Bayern (V. vom 4. 4. 1915, RGBl. 221) ist diese Vorschrift hinfällig geworden.

Güterstand bestehender Ehen.

(EG.BGB. Art. 200.)

Artikel 44.

Für den Güterstand der zur Zeit des Inkrafttretens des Bürgerlichen Gesetzbuchs bestehenden Ehen treten, wenn die Ehegatten zu der bezeichneten Zeit in

Preußen ihren Wohnsitz haben, von dieser Zeit an nach Maßgabe der Artikel 45 bis 64 an die Stelle der bisherigen Gesetze die Vorschriften des Bürgerlichen Gesetzbuchs.

1. Die **Überleitung der bestehenden Ehen** in den Rechtszustand des BGB. ist die eingreifendste und zugleich segensreichste Vorschrift des AG. Sie ließ die Wohltaten des neuen Rechts alsbald in Wirksamkeit treten und kürzte den schwierigen und unerfreulichen Übergangszustand ab, der sich nach Art. 200 EG.BGB. ergeben würde, wenn für den Güterstand aller schon bestehenden Ehen die bisherigen Gesetze in Geltung blieben. Die Überleitung hat sich fast unmerklich vollzogen und der Rechtsprechung wenig Anlaß zum Eingreifen gegeben. Die Vorschriften des BGB. sind übrigens auch dann revisible Rechtsnormen (ZPO. § 549), wenn sie nur kraft Landesrechts auf ältere Rechtsverhältnisse anzuwenden sind, RG. 59, 26.

Das Gesetz geht von dem Grundgedanken aus, daß der Güterstand einer bestehenden Ehe seinem allgemeinen Charakter nach (als Verwaltungsgemeinschaft, Gütergemeinschaft, Errungenschaftsgemeinschaft, Gütertrennung usw.) aufrechterhalten, aber in denjenigen Güterstand des neuen Rechts, sei es der gesetzliche Stand der Verwaltung und Nutznießung, sei es einer der sonst im BGB. geordneten Wahlgüterstände, übergeleitet wird, dem er am meisten rechtsähnlich erscheint. Dabei bleiben zwar die etwaigen erbheblichen Folgen des Güterstandes, z. B. die des Märkischen Provinzialrechts, unberührt. Sie gehen dem gesetzlichen Erbrechte des BGB. vor und sind selbst wie Erbrechtswirkungen zu behandeln, mithin als solche in dem Erbscheine zu bezeugen (KGJ. 30 A 72). Der überlebende Ehegatte erlangt aber überall die Befugnis, statt des statutarischen Erbrechts nach seinem Belieben auch den gesetzlichen Gattenerbteil aus §§ 1931 ff. BGB. zu wählen. Dies alles gilt jedoch nur bei gesetzlicher Erbfolge, dagegen nicht gegenüber einer Verfügung von Todes wegen, soweit diese statthaft ist und nicht etwa an dem statutarischen Pflichtteilsrechte des überlebenden Gatten scheitert, vgl. KGJ. 30 A 84.

Von der Überleitung werden betroffen:

a) Die am 1. 1. 1900 mit dem Wohnsitze in Preußen bestehenden Ehen, a) für die einer der in Preußen geltenden Güterstände kraft Gesetzes oder Ehevertrags besteht oder die einem solchen Güterstand eines anderen Landes unterliegen, der sich mit einem der preußischen Güterstände inhaltlich deckt (Art. 45 bis 60), oder b) für die der Güterstand eines außerpreußischen deutschen Landes maßgebend ist, sofern auch dieser Staat zu einer Überleitung der in ihm bestehenden Ehen unter den neuen Rechtszustand schreitet (Art. 61 und die auf Grund des Art. 61 § 2 erlassene Kgl. Verordnung, betr. den Güterstand bestehender Ehen, vom 20. 12. 1899, GS. 607);

b) die später, d. h. erst nach dem Inkrafttreten des BGB., nach Preußen verlegten Ehen von dem Zeitpunkte an, wo der eheliche Wohnsitz nach Preußen verlegt wird (Art. 65).

Nicht betroffen von der Überleitung des Güterrechts werden hingegen a) diejenigen in Preußen bestehenden Ehen, für die ein ausländisches (außerdeutsches) Güterrechtssystem oder ein schon früher aufgehobenes vormals preußisches Güterrechtssystem gilt; b) ferner die mit dem Wohnsitz im Ausland oder in einem anderen Lande bestehenden Ehen, auch wenn die Gatten dort unter preußischem Güterrechte leben; c) endlich die unter vertraglichem Güterrechte stehenden Ehen, vorausgesetzt, daß das vertragliche Güterrecht sich mit keinem der gesetzlichen Güterstände deckt.

Jede Wohnsitzverlegung innerhalb des preußischen Staatsgebiets hat überdies zur Folge, daß aller dieser Vorschriften ungeachtet gutgläubigen Dritten gegenüber die Ehe als unter dem gesetzlichen Güterrechte des BGB. stehend angesehen wird, falls nicht die etwaigen Abweichungen in das Güterrechtsregister des neuen Wohnorts eingetragen werden (Art. 63).

Artikel 45.

§ 1. Besteht für eine Ehe der gesetzliche Güterstand nach dem Allgemeinen Landrechte Teil II Titel 1 Abschnitt 5, so treten an die Stelle der bisherigen Gesetze die Vorschriften des Bürgerlichen Gesetzbuchs über das gesetzliche Güterrecht.

Ist für eine Ehe die Verwaltung und der Nießbrauch des Mannes nach den Bestimmungen des Allgemeinen Landrechts Teil II Titel 1 §§ 980 bis 983, 999 ausgeschlossen, so treten an die Stelle der bisherigen Gesetze die für die Gütertrennung geltenden Vorschriften der §§ 1427 bis 1430 des Bürgerlichen Gesetzbuchs.

1. Die **Verwaltungsgemeinschaft des ALR.** galt bisher für Schlesien und Sachsen (außer einigen kleinen Bezirken), in Brandenburg dort, wo das Märkische Recht nicht Platz griff, in den landrechtlichen Teilen von Hannover, ferner für die Eximierten (vgl. ALR. II, 8 § 6; § 15 d. V. vom 2. 1. 1849) in Altvor- und Hinterpommern, soweit dort nicht ausnahmsweise Märkisches Recht galt, endlich für Adlige nach Westpreuß. und Ostpreuß. Provinzialr. Als Beispiel für die Folgen der Überleitung ist hervorzuheben: Was die Frau seit 1900 durch Dienste erwirbt, wird ihr Vorbehaltsgut (RG. Warn. 09 Nr. 308).

2. ALR. II, 1 §§ 980—983 betreffen die gesetzwidrige, aber vom Vormundschaftsgerichte nachgesehene Ehe zwischen Vormund und Mündel; § 999 a. a. O. die konsenslose Ehe mit minderjährigen Waisen.

§ 2. Die Vorschriften über die Befugnis des überlebenden Ehegatten zur Übernahme eines in die Landgüterrolle eingetragenen Landguts bleiben unberührt.

Das gleiche gilt von den besonderen Vorschriften des Ostpreußischen Provinzialrechts über die erbrechtlichen Wirkungen des Güterstandes.

1. Ostpr. ProvR. Zusatz 96 §§ 1 bis 17. Eine Änderung tritt insofern ein, als an Stelle der zur Wahl gestellten Erbfolge aus ALR. II, 1 §§ 621 bis 633 die gesetzliche Erbfolge nach dem BGB. tritt. Der Gatte hat also zutreffendenfalls die Wahl zwischen der kölmischen Hälfte und dem Erbteil nach §§ 1931 ff. BGB.

Artikel 46.

§ 1. Besteht für eine Ehe der gesetzliche Güterstand nach Märkischem Provinzialrechte, so treten an die Stelle der bisherigen Gesetze die Vorschriften des Bürgerlichen Gesetzbuchs über das gesetzliche Güterrecht.

Die Vorschrift des Artikel 45 § 1 Abs. 2 findet Anwendung.

1. Die **Verwaltungsgemeinschaft des Märkischen Provinzialrechts** galt im größten Teile der Provinz Brandenburg und in einzelnen kleineren Bezirken von Westpreußen, Pommern, Posen, Schlesien und Sachsen. Das Erbrecht des überlebenden Gatten betreffen die §§ 2 ff.

§ 2. Die nach den bisherigen Gesetzen dem überlebenden Ehegatten an dem Vermögen des verstorbenen Ehegatten zustehenden Rechte sind erbrechtliche Wirkungen des Güterstandes. Die bisherigen Gesetze bleiben für sie mit den in den §§ 3 bis 5 bestimmten Änderungen maßgebend.

1. Die **erbrechtlichen Wirkungen des Märkischen Güterstandes** nach der Joachimika bleiben unberührt (KGJ. 30 A 72, 84; oben Nr. 1 zu Art. 44). Der überlebende Gatte bekommt jedoch zu seinem bisherigen Wahlrecht noch ein drittes Recht zur Wahl, er kann nämlich statt der doppelten Befugnis des Märkischen Rechtes auch das Erbrecht des BGB. (§§ 1931 ff.) wählen (KGJ. 34 A 83). Er kann mithin: a) sein Vermögen zurücknehmen und die Erbschaft ausschlagen, b) sein Vermögen einwerfen und die statutarische Portion verlangen, c) sein Vermögen zurücknehmen und doch noch

gemäß BGB. miterben: § 3. Demnach wird es nicht mehr vorkommen, daß die nach Abzug der statutarischen Portion verbleibende Hälfte als erbloses Gut dem Fiskus anheimfällt. Bestehen bleibt: das Recht des Gatten auf den sog. Voraus, wo ein solches observanzmäßig besteht; die Vorschriften über die Ausgleichung; die Befugnis der Miterben, sich die Einwerfung des Vermögens zu verbitten. Dagegen bestimmt sich im übrigen die erbrechtliche Stellung des märkischen Ehegatten, z. B. Erwerb, Annahme und Ausschlagung der Erbschaft sowie die Schuldenhaftung, nach dem BGB. (vgl. EG.BGB. Art. 213). Die alte Streitfrage über die Bedeutung der Inventarfrist für den märkischen Gatten wird dadurch erledigt.

Der märkische Gatte kann zunächst die Erbschaft ausschlagen (§ 1942). Hat der verstorbene Gatte ein Testament errichtet, so ist dieses maßgebend (KGJ. 30 A 84). Der überlebende Gatte kann das statutarische Erbrecht nur in Anspruch nehmen, wenn er die testamentarische Zuwendung rechtzeitig ausgeschlagen hat (JW. 10, 745). Ist kein Testament vorhanden, so kann er in der Ausschlagungsfrist (BGB. § 1944) das Gattenerbrecht des BGB. wählen; dies geschieht durch öffentlich beglaubigte Erklärung gegenüber dem Nachlaßgerichte (§ 3). Diese Frist beginnt, auch ohne daß der Gatte sein Recht, zwischen dem Statutarerbrecht und dem des BGB. zu wählen, kennt (KGJ. 41, 55). Erklärt er nicht, daß er nach BGB. erben wolle, so ist er Statutarerbe nach Märkischem Rechte und kann als solcher wieder wählen zwischen der statutarischen Portion, d. h. der Hälfte des Gesamtvermögens beider Gatten, und der Rücknahme seines eigenen Vermögens; in beiden Fällen gilt er als Erbe des zuerst verstorbenen Gatten. Daher ist in der Ausschlagung der Erbschaft nicht die Wahlerklärung des überlebenden Gatten zu finden, daß er sein eigenes Vermögen zurücknehme. Zwecks Ausstellung eines Erbscheins ist die Rücknahmeerklärung durch eine öffentlich beglaubigte Urkunde nachzuweisen (KG. vom 28. 6. 1909 1 X 206/09).

Im übrigen besteht für die Wahl nach Märkischem Rechte zunächst weder eine Form noch eine Frist. Doch hat das Nachlaßgericht auf Antrag eines Miterben dem überlebenden Gatten eine Erklärungsfrist zu bestimmen. Erklärt er sich jetzt nicht in der gestellten Frist und in der — nun erst erforderlichen — öffentlich beglaubigten Form, so geht das Wahlrecht auf die Miterben über (§ 4). Ist das Vermögen des Statutarerben überschuldet, so können die Miterben sich dessen Einwerfung verbitten; es wird dann nur das Vermögen des Verstorbenen geteilt (vgl. KGJ. 25 A 68). Die Auseinandersetzung der nach dem Tode entstehenden märkischen Gütergemeinschaft und das auch hierbei zulässige Überweisungszeugnis (GBO. §§ 37, 38) behandelt KGJ. 44, 233.

Durch Erbvertrag der Ehegatten kann das statutarische Erbrecht ausgeschlossen werden, durch Testament nur dann, wenn der überlebende Gatte die testamentarische Zuwendung annimmt. Schlägt er sie aus, so kann er wieder, wie ab intestato, wählen zwischen BGB. und Märkischem Rechte. Ist ihm der Pflichtteil entzogen (BGB. § 2335), so fällt auch das Recht auf die statutarische Portion hinweg; vgl. auch RG. 65, 250.

§ 3. Bei der gesetzlichen Erbfolge kann der überlebende Ehegatte bis zum Ablaufe der im Bürgerlichen Gesetzbuche vorgeschriebenen Ausschlagungsfrist statt der Rechte, die ihm nach den bisherigen Gesetzen zustehen, die Erbfolge nach dem Bürgerlichen Gesetzbuche wählen.

Die Wahl erfolgt durch Erklärung gegenüber dem Nachlaßgerichte; die Erklärung ist in öffentlich beglaubigter Form abzugeben.

1. **Ausschlagungsfrist.** BGB. § 1944: 6 Wochen seit Kenntnis von dem Anfall und dem Grunde der Berufung (bei einer Verfügung von Todes wegen seit deren Verkündung); ausnahmsweise 6 Monate.

2. **Erbfolge nach dem BGB.:** BGB. §§ 1931 ff.

§ 4. Das Nachlaßgericht hat dem überlebenden Ehegatten auf Antrag eines Miterben eine Frist zur Erklärung darüber zu bestimmen, ob er die statutarische Portion oder die Rücknahme des eigenen Vermögens wähle.

Die Frist soll mindestens einen Monat, höchstens drei Monate betragen. Sie beginnt mit der Zustellung des Beschlusses, durch den sie bestimmt wird. Sie endigt nicht vor dem Ablaufe der Ausschlagungsfrist.

Die Wahl ist nach Maßgabe des § 3 Abs. 2 zu erklären. Erklärt sich der Ehegatte nicht vor dem Ablaufe der Frist, so geht das Wahlrecht auf die Miterben über. Der Ehegatte ist auf diese Folge in dem Beschlusse hinzuweisen.

Die Fristbestimmung ist unwirksam, wenn der Ehegatte die im § 3 bezeichnete Erklärung rechtzeitig abgibt.

1. Die **Erklärungsfrist** bestimmt nicht mehr der Prozeßrichter, sondern das Nachlaßgericht. Die Frist bezieht sich nur auf das schon bisher bestehende Wahlrecht nach der Joachimika; der Ehegatte kann jedoch ihre Wirkung ohne weiteres dadurch vereiteln, daß er rechtzeitig, d. h. innerhalb der gesetzlichen Ausschlagungsfrist (Note 1 zu § 3), die Erbfolge nach dem BGB. wählt. Deshalb endet die Frist in keinem Falle vor dem Ablaufe der Ausschlagungsfrist. Die Wahl erfolgt auch hier durch öffentlich beglaubigte Erklärung gegenüber dem Nachlaßgerichte.

Der Nachlaßrichter kann auch zwecks Ausstellung eines Erbscheins bestimmte Erklärungen des überlebenden Gatten darüber verlangen, ob er die statutarische Portion oder die Rücknahme seines eingebrachten Vermögens wähle: KGJ. 25 A 68. Dagegen ist ein Nachlaßgläubiger n i ch t befugt, bei dem Nachlaßgericht zu beantragen, daß es dem Ehegatten eine solche Erklärungsfrist setze: KG. DJZ. 12, 1300.

§ 5. Soweit der überlebende Ehegatte die ihm nach den bisherigen Gesetzen zustehenden Rechte auch gegenüber einer von dem verstorbenen Ehegatten getroffenen Verfügung von Todes wegen geltend machen kann, finden die Vorschriften des § 4 Abs. 1 bis 3 entsprechende Anwendung.

1. Liegt ein **Erbvertrag** vor, so ist das statutarische Erbrecht des Überlebenden ausgeschlossen, es kommt ausschließlich das neue Recht zur Anwendung: EG.BGB. Art. 214. Einem **Testamente** gegenüber, auch wenn es ein gemeinschaftliches ist, bleibt das bisher dem Überlebenden zustehende Wahlrecht gewahrt; er kann als eingesetzter Erbe ausschlagen und dennoch kraft Gesetzes erben: BGB. § 1948. Ist der Überlebende übergangen oder verkürzt, so kann er sein statutarisches Recht auch künftig nach Art eines Pflichtteilsrechts geltend machen. Soweit die Wahl nach der Joachimika dabei in Frage kommt, können ihm die Miterben auch hier durch das Nachlaßgericht eine Frist stellen lassen, § 4 Nr. 1.

Artikel 47.

§ 1. Besteht für eine Ehe der gesetzliche Güterstand der allgemeinen Gütergemeinschaft nach dem Allgemeinen Landrechte, so treten an die Stelle der bisherigen Gesetze die Vorschriften des Bürgerlichen Gesetzbuchs über die allgemeine Gütergemeinschaft.

Tritt für die Ehe nach den Bestimmungen des Allgemeinen Landrechts Teil II Titel 18 §§ 782 ff. der bezeichnete Güterstand erst zu einer späteren Zeit ein, so gilt die Vorschrift des Abs. 1 von dieser Zeit an.

1. Die **landesrechtliche allgemeine Gütergemeinschaft** galt in Posen, in einigen vormals posenschen Orten von Brandenburg, in den pommerschen Kreisen Lauenburg und Bütow, den früher westpreußischen Orten der Kreise Belgard, Dramburg, Neustettin, endlich für Nichtadlige nach Westpreuß. und Ostpreuß. ProvR.

2. Abs. 2 gilt nur für Ehen der Mündel.

§ 2. Die Vorschriften des Allgemeinen Landrechts Teil II Titel 1 §§ 379, 386, 392 bis 395, 420 bleiben mit folgenden Maßgaben in Kraft:

1. Auf die im § 379 bezeichneten Verfügungen finden die Vorschriften Anwendung, welche für die in den §§ 1444, 1445 des Bürgerlichen Gesetzbuchs bezeichneten Rechtsgeschäfte gelten.
2. Wird die Gütergemeinschaft auf Grund des § 420 aufgehoben, so gilt für die Zukunft Gütertrennung.

1. Durch Nr. 1 wird betroffen die **Kündigung oder Einziehung von Kapitalien**, die auf den Namen der Frau, ihres Erblassers oder Geschenkgebers oder auf den Namen beider Eheleute geschrieben sind; hierzu bedarf es der Einwilligung der Frau. Das Landesgesetz fügt also im Interesse der Frau zu den in den §§ 1444, 1445 BGB. geregelten Fällen noch einen weiteren Fall erschwerter Verfügung hinzu. Nach ALR. II 1 § 386 ist der Zugriff der Gläubiger des Mannes in **Grundstücke und Gerechtigkeiten** erschwert, welche die Frau in die Gemeinschaft gebracht hat; §§ 392—395 a. a. O. betreffen das Recht, **Sonderung des beiderseitigen Vermögens** noch innerhalb einer zweijährigen Frist zu verlangen; § 420 gibt ein Recht auf **Aufhebung der Gemeinschaft** wegen Schulden des anderen Teiles. Die Erbberechtigung des Überlebenden bestimmt sich ausschließlich nach neuem Recht.

2. **Gütertrennung:** BGB. §§ 1426—1431.

§ 3. Die Vorschriften über die Befugnis des überlebenden Ehegatten zur Übernahme eines in die Landgüterrolle eingetragenen Landguts oder eines Anerbenguts bleiben unberührt.

§ 4. Fortgesetzte Gütergemeinschaft tritt nur ein, wenn sie durch Ehevertrag vereinbart ist.

1. **Fortgesetzte Gütergemeinschaft:** BGB. §§ 1483 ff. Gemeint sind nur Eheverträge, die in Zukunft etwa geschlossen werden (KommB. 51).

Artikel 48.

§ 1. Für eine Ehe, für welche der gesetzliche Güterstand der allgemeinen Gütergemeinschaft nach dem Gesetze, betreffend das eheliche Güterrecht in der Provinz Westfalen und in den Kreisen Rees, Essen und Duisburg, vom 16. April 1860 (Gesetz-Samml. S. 165) besteht, bleiben die Vorschriften des genannten Gesetzes mit den in den §§ 2 bis 7 bestimmten Änderungen in Kraft.

1. Art. 48 regelt die Änderungen der sog. **westfälischen Gütergemeinschaft.** Sie galt in Westfalen (außer denjenigen Teilen des Herzogtums Westfalen, in denen Dotalrecht galt) sowie in den Kreisen Rees, Essen-Land, Essen-Stadt, Duisburg, Ruhrort und Mülheim a. d. R. Abweichend von den anderen Landesteilen werden die wichtigeren Besonderheiten des westfälischen Rechts erhalten. An Stelle des subsidiär geltenden ALR. tritt aber natürlich das BGB.

Der überlebende Gatte, der zugleich Inhaber der elterlichen Gewalt über die Abkömmlinge ist, braucht das Gesamtgut der fortgesetzten Gütergemeinschaft nicht zu verzeichnen, entgegen § 1640 BGB., der sich nur auf die elterliche Verwaltung bezieht: KGJ. 23 A 23. Auch für die neben den Gatten erbenden Verwandten gelten die angeführten Vorschriften des Westfälischen G. fort, KGJ. 36 A 35. Im übrigen s. N. 2 zu § 66.

§ 2. Soweit für die Ehe bisher die Vorschriften des Allgemeinen Landrechts über die allgemeine Gütergemeinschaft gelten, treten an deren Stelle nach Maßgabe des Artikel 47 §§ 1 bis 3 die Vorschriften des Bürgerlichen Gesetzbuchs.

Die Bestimmungen, welche für die im § 1446 des Bürgerlichen Gesetzbuchs bezeichneten Rechtsgeschäfte gelten, finden auf Verfügungen Anwendung, zu welchen der Mann der Zustimmung der Frau bedarf.

1. Auch im Falle der Auflösung der Ehe treten die Vorschriften des BGB. über allgemeine Gütergemeinschaft ein, KGJ. 24 A 49. Der in § 7 Abs. 1 des Westfälischen GüterrechtsG. vom 16. 4. 1860 durch Verweisung in Bezug genommene § 639 II, 1 ALR. gilt jedoch fort, KGJ. 30 A 81.

2. BGB. § 1446 betrifft Schenkungen aus dem Gesamtgute: durch das Zitat des § 1446 ist die Ergänzung der Einwilligung durch das Vormundschaftsgericht ausgeschlossen; wegen der Fristsetzung vgl. § 1448.

§ 3. An die Stelle des § 4 des Gesetzes vom 16. April 1860 treten folgende Vorschriften:

Das Verwaltungs- und Verfügungsrecht des Mannes ruht und wird durch die Frau ausgeübt:

1. wenn der Mann entmündigt ist; die Befugnis kann der Frau von dem Vormundschaftsgerichte schon vor dem Eintritte der Wirksamkeit der Entmündigung übertragen werden;
2. wenn die Voraussetzungen vorliegen, unter welchen der Mann nach § 1910 des Bürgerlichen Gesetzbuchs zur Besorgung seiner Vermögensangelegenheiten einen Pfleger erhalten kann oder für den Mann ein Abwesenheitspfleger zu bestellen ist. Die Befugnis der Frau beginnt erst, wenn sie ihr von dem Vormundschaftsgericht auf ihren Antrag erteilt wird.

§ 4. An die Stelle des § 7 Abs. 5 des Gesetzes vom 16. April 1860 tritt folgende Vorschrift:

Bei der Auseinandersetzung zwischen dem überlebenden Ehegatten und den Erben des Verstorbenen finden die die Schichtung betreffenden Bestimmungen des § 17 mit Ausnahme der den Kindern in den Fällen des § 14 Nr. 2 bis 8 beigelegten Befugnis gleichfalls Anwendung.

§ 5. An die Stelle des § 12 Abs. 1 des Gesetzes vom 16. April 1860 tritt folgende Vorschrift:

Auf die Haftung der überlebenden Ehefrau gegenüber denjenigen Gläubigern der bisherigen Gemeinschaft, welchen sie nicht aus besonderen Gründen persönlich haftet, finden die für die Haftung des Erben für die Nachlaßverbindlichkeiten geltenden Vorschriften des Bürgerlichen Gesetzbuchs entsprechende Anwendung; an die Stelle des Nachlasses tritt das bei dem Tode des Mannes vorhanden gewesene gemeinschaftliche Vermögen.

1. Vgl. BGB. § 1489 Abs. 2; die Änderung erklärt sich daraus, daß die Inventarfrist nicht mehr durch Gesetz bestimmt ist, sondern erst im einzelnen Falle durch das Nachlaßgericht bestimmt wird: BGB. § 1994.

§ 6. An die Stelle der §§ 14, 15 des Gesetzes vom 16. April 1860 treten folgende Vorschriften:

§ 14.

Ein anteilsberechtigter Abkömmling kann gegen den überlebenden Ehegatten auf Schichtung klagen:

1. wenn der überlebende Ehegatte eine neue Ehe eingeht;
2. wenn der überlebende Ehegatte entmündigt ist;
3. wenn für den überlebenden Ehegatten ein Abwesenheitspfleger bestellt ist;
4. wenn der überlebende Ehegatte die elterliche Gewalt über den Abkömmling verwirkt hat oder, falls sie ihm zugestanden hätte, verwirkt haben würde;
5. wenn der überlebende Ehegatte ein Rechtsgeschäft, welches der Zustimmung der übrigen Anteilsberechtigten bedarf, ohne Zustimmung des

Abkömmlinges vorgenommen hat und für die Zukunft eine erhebliche Gefährdung des Abkömmlinges zu besorgen ist;

6. wenn der überlebende Ehegatte das gemeinschaftliche Vermögen in der Absicht, den Abkömmling zu benachteiligen, vermindert hat;
7. wenn der überlebende Ehegatte seine Verpflichtung, dem Abkömmling Unterhalt zu gewähren, verletzt hat und für die Zukunft eine erhebliche Gefährdung des Unterhalts zu besorgen ist;
8. wenn der überlebende Ehegatte das gemeinschaftliche Vermögen durch Verschwendung erheblich gefährdet;
9. wenn der verstorbene Ehegatte die Schichtung letztwillig angeordnet hat.

In den Fällen des Abs. 1 Nr. 1 bis 3, 5, 6, 8, 9 steht das Klagerecht auch dem hinterlassenen Ehegatten eines anteilsberechtigten Abkömmlinges zu, wenn er nach § 16 an die Stelle des Abkömmlinges tritt.

§ 15.

Bei der Schichtung wird der den Anteilsberechtigten gemäß § 7 gebührende Anteil an dem in die fortgesetzte Gütergemeinschaft gefallenen Vermögen festgesetzt:

1. im Falle des § 14 Nr. 1 nach dem Vermögensstande zur Zeit der Wiederverheiratung, sofern nicht die Schichtung vorher stattfindet;
2. im Falle des § 14 Nr. 2 nach dem Vermögensstande bei dem Eintritte der Wirksamkeit der Entmündigung;
3. im Falle des § 14 Nr. 9 nach dem Vermögensstande bei dem Tode des verstorbenen Ehegatten;

4. in den übrigen Fällen nach dem Vermögensstande zur Zeit der Schichtung.

Wird jedoch die Verpflichtung zur Schichtung durch Urteil ausgesprochen, so erfolgt die Schichtung auf Verlangen der Anteilsberechtigten nach dem Vermögensstande zur Zeit der Erhebung der Klage auf Schichtung.

Jedes Kind muß bei der Schichtung sowohl dem überlebenden Ehegatten als auch den Geschwistern gegenüber das Vorempfangene nach den für die Ausgleichung unter Abkömmlingen geltenden Vorschriften zur Ausgleichung bringen.

§ 7. An die Stelle des § 17 Abs. 2 des Gesetzes vom 16. April 1860 tritt folgende Vorschrift:

In den Fällen des § 14 Abs. 1 Nr. 2 bis 8 geht die dem überlebenden Ehegatten beigelegte Befugnis auf die Kinder der aufgelösten Ehe über.

§ 8. Der § 10 Abs. 4 Satz 2 und der § 17 Abs. 4 des Gesetzes vom 16. April 1860 werden gestrichen.

1. Die gestrichenen Sätze betreffen die Festsetzung des Wertes von Landgütern. Feststellung des Ertragswerts eines Landguts Art. 83.

Artikel 49.

§ 1. Besteht für eine Ehe der gesetzliche Güterstand des gemeinen Dotalrechts, so treten an die Stelle der bisherigen Gesetze die Vorschriften des Bürgerlichen Gesetzbuchs über das gesetzliche Güterrecht.

1. **Gemeines Dotalrecht** galt in den nicht gütergemeinschaftlichen Teilen Westfalens, im Kreise Herzogtum Lauenburg (außer der Stadt Mölln), in den gemeinrechtlichen Teilen Hannovers (mit einzelnen Ausnahmen), in einigen Absplissen des vorm. Kurfürstentums Hessen, für die Exi-

mierten (Note 1 zu Art. 45 § 1) in Neu-Vorpommern und Rügen, für die Ehen der „Schriftsässigen" (im Gegensatze zu den „Amtssässigen") in Alt-Hessen, für adlige Ehen in der Grafschaft Schaumburg und für jüdische Ehen in Hechingen.

§ 2. Das Vermögen, welches als Heiratsgut bestellt oder von der Frau der Verwaltung des Mannes ohne Vorbehalt überlassen ist, wird eingebrachtes Gut, das sonstige Vermögen der Frau wird Vorbehaltsgut der Frau.

Die Ansprüche Dritter auf Herausgabe des Heiratsguts bleiben unberührt.

1. Die bona dotalia werden Eingebrachtes, dasselbe gilt im Zweifel von den bona paraphernalià. Soweit sich jedoch die Frau deren Verwaltung vorbehalten oder sie dem Manne nur widerruflich zur Verwaltung überlassen hatte, werden die bona paraphernalià Vorbehaltsgut der Frau. Das Erbrecht bestimmt sich schlechthin nach dem BGB.

Die auf den Namen des Mannes eingetragenen Dotalgrundstücke sind auf den Namen der Frau umzubuchen: KGJ. 22 A 195.

2. Z. B. bei einer dos recepticia.

§ 3. Bestimmt sich der Güterstand einer Ehe bisher nach dem im Lande Wursten geltenden Rechte, so tritt mit der Geburt eines Kindes allgemeine Gütergemeinschaft nach den Vorschriften des Bürgerlichen Gesetzbuchs ein.

Die Vorschriften des Artikel 51 § 2 Abs. 2 und des Artikel 52 § 2 finden Anwendung.

Artikel 50.

§ 1. Besteht für eine Ehe der gesetzliche Güterstand nach dem in der Provinz Schleswig-Holstein geltenden Sächsischen oder Lübischen, nach dem im vormals

Schauenburgischen Anteile Holsteins geltenden Rechte, nach den in Otterndorf, in Stade mit Brunshausen oder in Buxtehude geltenden Vorschriften oder nach der Schaumburgischen Polizeiordnung von 1615, so treten an die Stelle der bisherigen Gesetze die Vorschriften des Bürgerlichen Gesetzbuchs über das gesetzliche Güterrecht.

1. In den bezeichneten Gebieten galt **Verwaltungsgemeinschaft.** Das Güterrecht hat erbrechtliche Wirkungen; die erbrechtlichen Vorschriften bleiben in Kraft, der Erbe kann aber statt dieser Vorschriften das gesetzliche Erbrecht des BGB. wählen. Die Wahl geschieht innerhalb der Ausschlagungsfrist durch öffentlich beglaubigte Erklärung gegenüber dem Nachlaßgerichte; s. a. ObLG. München Rsp. 21, 298.

§ 2. Die Vorschriften des Artikel 46 §§ 2, 3 finden entsprechende Anwendung. Das gleiche gilt, wenn bisher das im vormals Schauenburgischen Anteile Holsteins geltende Recht maßgebend ist, von den Vorschriften des Artikel 46 §§ 4, 5.

§ 3. Die Vorschrift des Artikel 46 § 3 findet auch Anwendung, wenn eine Ehe mit dem gesetzlichen Güterstande der Neumünsterschen Kirchspielgebräuche vor dem Ablaufe der für den Eintritt der Gütergemeinschaft maßgebenden Frist durch den Tod eines der Ehegatten aufgelöst wird.

Artikel 51.

Vorbemerkung. Im Art. 51 werden die **besonderen Güterrechte der Provinz Pommern** behandelt, und zwar in §§ 1 bis 4 das Lübische Recht, in §§ 5, 6 die Pommerschen Bauernordnungen vom 16. 5. 1616 und vom 30. 12. 1764 sowie das Magdeburger und Stettiner Recht einschließlich der ihm in den städtischen Statuten gegebenen abweichenden Gestaltungen. Nach Lübischem Rechte tritt Gütergemeinschaft nur ein bei sog. beerbter Ehe, während im übrigen Verwaltungsgemeinschaft gilt; nach den Bauernordnungen und den Stadtrechten tritt die Gütergemeinschaft ohne Rücksicht auf das Leben eines Kindes schon von Anfang an ein.

§ 1. Für eine Ehe mit dem gesetzlichen Güterstande des in der Provinz Pommern geltenden Lübischen Rechtes treten an die Stelle der bisherigen Gesetze, wenn nach diesen zur Zeit des Inkrafttretens des Bürgerlichen Gesetzbuchs keine Gütergemeinschaft besteht, die Vorschriften des Bürgerlichen Gesetzbuchs über das gesetzliche Güterrecht, anderenfalls die Vorschriften des Bürgerlichen Gesetzbuchs über die allgemeine Gütergemeinschaft.

§ 2. Gilt für die Ehe nach § 1 das gesetzliche Güterrecht des Bürgerlichen Gesetzbuchs, so tritt mit der Geburt eines Kindes, sofern nach den bisherigen Gesetzen Gütergemeinschaft eingetreten sein würde, allgemeine Gütergemeinschaft nach den Vorschriften des Bürgerlichen Gesetzbuchs ein.

Inwieweit das Vermögen der Frau Vorbehaltsgut wird und inwieweit die Verbindlichkeiten der Frau Gesamtgutsverbindlichkeiten werden, bestimmt sich nach den Vorschriften, welche gelten würden, wenn die allgemeine Gütergemeinschaft schon mit dem Inkrafttreten des Bürgerlichen Gesetzbuchs eingetreten wäre.

§ 3. Die Vorschriften der Statuten der Stadt Stolp über die Rechte, welche der Frau im Falle der Unzulänglichkeit des Vermögens der Ehegatten zustehen (§ 58 des Statutarrechts der Städte des Herzogtums Alt-Vor- und Hinterpommern), bleiben in Kraft.

§ 4. Wird eine Ehe, für die nach § 1 das gesetzliche Güterrecht des Bürgerlichen Gesetzbuchs gilt, durch den Tod eines der Ehegatten aufgelöst, so finden die

Vorschriften des Artikel 46 §§ 2, 3 Anwendung. Sind für den Güterstand der Ehe bisher die für die Städte Anklam und Treptow an der Tollense geltenden Vorschriften maßgebend, so finden, wenn bei dem Tode eines Ehegatten ein gemeinschaftlicher Abkömmling vorhanden ist, auch die Vorschriften des Artikel 46 §§ 4, 5 entsprechende Anwendung.

Wird eine Ehe, für die bisher der gesetzliche Güterstand des in Neuvorpommern und Rügen geltenden Lübischen Rechtes bestanden hat und nach § 1 oder § 2 die allgemeine Gütergemeinschaft des Bürgerlichen Gesetzbuchs eingetreten ist, durch den Tod eines der Ehegatten aufgelöst, so sind für die Teilung des Gesamtguts die bisherigen Gesetze maßgebend. Das gleiche gilt in Ansehung der Rechte, die einem anteilsberechtigten Abkömmlinge bei dem Eintritte der Volljährigkeit oder im Falle der Verheiratung zustehen.

Soweit nach dem bisherigen Rechte der Ehemann befugt ist, für den Fall, daß die Ehe durch seinen Tod aufgelöst wird, die Fortsetzung der Gütergemeinschaft durch letztwillige Verfügung auszuschließen, bleibt diese Befugnis unberührt.

1. Die **erbrechtlichen Wirkungen des Güterrechts** bleiben bestehen, der Überlebende kann aber das Erbrecht des BGB. wählen.

§ 5. Besteht für eine Ehe der gesetzliche Güterstand der allgemeinen Gütergemeinschaft nach der Bauerordnung vom 16. Mai 1616 oder der Bauerordnung vom 30. Dezember 1764 oder nach den Statuten der Städte Stettin, Pölitz, Pyritz, Alt-Damm oder Garz an der Oder, so treten an die Stelle der bisherigen Gesetze die Vorschriften des Bürgerlichen Gesetzbuchs über die allgemeine Gütergemeinschaft.

1. Die sog. **Todteilung** betrifft erbrechtliche Wirkungen des Güterstandes; der Erbausschluß der abgeschichteten Kinder besteht daher fort, KGJ. 25 A 233.

§ 6. Im Falle der Auflösung der Ehe durch den Tod eines der Ehegatten finden, wenn für die Ehe bisher die Bauerordnung vom 16. Mai 1616 galt, die Vorschriften des § 4 Abs. 2 Anwendung.

Galt für die Ehe bisher die Bauerordnung vom 30. Dezember 1764 und ist bei dem Tode eines Ehegatten ein gemeinschaftlicher Abkömmling nicht vorhanden, so wird die Gütergemeinschaft zwischen dem überlebenden Ehegatten und den anderen Erben des verstorbenen Ehegatten fortgesetzt. Die Vorschriften der §§ 1483 bis 1518 des Bürgerlichen Gesetzbuchs finden entsprechende Anwendung; an die Stelle der anteilsberechtigten Abkömmlinge treten die anderen Erben.

Galten für die Ehe bisher die Statuten der Städte Stettin oder Pölitz und ist bei dem Tode eines Ehegatten ein gemeinschaftlicher Abkömmling nicht vorhanden, so finden die Vorschriften des Artikel 46 §§ 2, 3 Anwendung.

1. Die Vorschriften der §§ 1483 bis 1518 BGB. betreffen die **fortgesetzte Gütergemeinschaft.** Die Ausschließung der fortgesetzten Gütergemeinschaft durch Vertrag oder Testament der Ehegatten ist unzulässig und kann sowohl von den Erben des verstorbenen als auch von dem überlebenden Gatten selbst angefochten werden, KGJ. 24 A 54.

§ 7. Soweit für die in den §§ 1, 5 bezeichneten Ehen bisher die Vorschriften des Allgemeinen Landrechts Teil II Titel 1 §§ 379, 386, 392 bis 395, 420 und Titel 18 §§ 782 ff. gelten, finden die Vorschriften des Artikel 47 § 1 Abs. 2, § 2 Anwendung.

1. Ausschluß der Gütergemeinschaft oder Wiederaufhebung

der Gemeinschaft aus besonderen Gründen s. die Noten zu Art. 47 § 1 und § 2.

Artikel 52.

§ 1. Besteht für eine Ehe der gesetzliche Güterstand der allgemeinen Gütergemeinschaft nach einem der Rechte, welche in den Provinzen Schleswig-Holstein, Hannover, Hessen-Nassau und in den Hohenzollernschen Landen gelten, so treten an die Stelle der bisherigen Gesetze die Vorschriften des Bürgerlichen Gesetzbuchs über die allgemeine Gütergemeinschaft. Diese Vorschrift findet in der Provinz Hannover keine Anwendung auf Ehen, zu deren Vermögen ein in der Höferolle eingetragener Hof gehört.

Ist für eine Ehe mit dem gesetzlichen Güterstande der Neumünsterschen Kirchspielgebräuche die für den Eintritt der Gütergemeinschaft bisher maßgebende Frist zur Zeit des Inkrafttretens des Bürgerlichen Gesetzbuchs noch nicht abgelaufen, so gilt die Vorschrift des Abs. 1 von dem Ablaufe der Frist an.

Besteht für eine Ehe der gesetzliche Güterstand der allgemeinen Gütergemeinschaft nach einem der Rechte, welche in den Hohenzollernschen Landen gelten, so findet die Vorschrift des § 1445 des Bürgerlichen Gesetzbuchs nur insoweit Anwendung, als der Mann nach dem bisherigen Rechte der Einwilligung der Frau zu Verfügungen über Grundstücke bedarf. Tritt nach der Auflösung der Ehe fortgesetzte Gütergemeinschaft ein, so findet die Vorschrift des § 1445 keine Anwendung.

1. In den im § 1 bezeichneten Gebietsteilen galt **allgemeine Gütergemeinschaft** nach den verschiedensten kleinen Partikular- oder Statutarrechten zum Teil nur kraft Gewohnheitsrechts.

§ 2. Wird die Ehe durch den Tod eines der Ehegatten aufgelöst und ist ein gemeinschaftlicher Abkömmling nicht vorhanden, so finden die Vorschriften des Artikel 46 §§ 2, 3 Anwendung.

1. Erbrechtliche Wirkungen des Güterrechts; bei „beerbter Ehe" tritt fortgesetzte Gütergemeinschaft ein.

§ 3. Ist für den Güterstand bisher ein in der Provinz Schleswig-Holstein geltendes Recht maßgebend, so bestimmt sich die Befugnis des Mannes zur Verfügung über ein zu dem Gesamtgute der Gütergemeinschaft oder der fortgesetzten Gütergemeinschaft gehörendes Grundstück nach den bisherigen Gesetzen.

Jeder Ehegatte kann für den Fall, daß die Ehe durch seinen Tod aufgelöst wird, die Fortsetzung der Gütergemeinschaft durch letztwillige Verfügung ausschließen; die Vorschrift des § 1509 des Bürgerlichen Gesetzbuchs findet keine Anwendung.

Für den Fall der fortgesetzten Gütergemeinschaft bleiben die bisherigen Vorschriften über die Rechte, die einem anteilsberechtigten Abkömmlinge bei dem Eintritte der Volljährigkeit oder im Falle der Verheiratung zustehen, sowie über das Recht der väterlichen Aussage in Kraft. Das gleiche gilt von den Vorschriften des Dänischen Rechtes und des Nordstrander Landrechts, nach welchem dem überlebenden Ehegatten außer der ihm zufallenden Hälfte noch ein weiterer Bruchteil des Gesamtguts gebührt.

1. Der Ehegatte darf also nicht die Fortsetzung der Gütergemeinschaft letztwillig ausschließen, abweichend vom BGB. auch nicht dann, wenn ein Enterbungsgrund gegen den anderen Gatten vorliegt oder wenn nach §§ 1468, 1469 ein gesetzlicher Grund zu der Klage auf Aufhebung der Gütergemeinschaft vorhanden sein würde.

§ 4. Sind in einer Ehe, deren Güterstand sich nach Fuldischem oder Würzburgischem Rechte bestimmt, vereinkindschaftete Kinder aus einer früheren Ehe vorhanden, so finden die Vorschriften der §§ 1437 bis 1467, 1473 des Bürgerlichen Gesetzbuchs Anwendung. Wird die Ehe durch den Tod des Ehegatten der früheren Ehe aufgelöst, so gelten nach der Abschichtung der vereinkindschafteten Kinder für das Verhältnis zwischen dem überlebenden Ehegatten und seinen Abkömmlingen die Vorschriften des Bürgerlichen Gesetzbuchs über die fortgesetzte Gütergemeinschaft.

Im übrigen bleiben die bisherigen Gesetze, insbesondere in Ansehung der Rechte der vereinkindschafteten Kinder, maßgebend.

1. Vgl. dazu Rsp. 21, 280 (Stellung des vorehelichen, nicht eingekindschafteten Kindes gegenüber dem Samtgute nach Fuldischem Rechte)

§ 5. Bestimmt sich der Güterstand einer Ehe bisher nach dem Hechinger Rechte, so erfolgt nach der Beendigung der Gütergemeinschaft außer den Fällen des § 1478 des Bürgerlichen Gesetzbuchs die Teilung des Gesamtguts nach den bisherigen Gesetzen. Das gleiche gilt nach der Beendigung der fortgesetzten Gütergemeinschaft; dem überlebenden Ehegatten gebührt nach Maßgabe der bisherigen Gesetze ein Bruchteil des zugebrachten Vermögens des verstorbenen Ehegatten.

Die Vorschriften des Artikel 46 §§ 2, 3 finden auch in den Fällen des § 1483 Abs. 2, des § 1484 Abs. 3 und des § 1510 des Bürgerlichen Gesetzbuchs Anwendung.

Artikel 53.

Vorbemerkung. Die **Errungenschaftsgemeinschaft** wird verschieden behandelt: in den im Art. 53 bezeichneten

Gebieten wird sie in die Errungenschaftsgemeinschaft des BGB. übergeleitet; die althessische sowie die Solmser und Mainzer Errungenschaftsgemeinschaft werden dagegen in die Verwaltungsgemeinschaft umgewandelt.

Über die Inventarpflicht des überlebenden Gatten vgl. KGJ. 25 A 194.

§ 1. Besteht für eine Ehe der gesetzliche Güterstand der Errungenschaftsgemeinschaft nach einem der Rechte, welche in dem zum Oberlandesgerichtsbezirke Frankfurt a. M. gehörenden Teile der Rheinprovinz oder in den Provinzen Schleswig-Holstein und Hessen-Nassau gelten, so treten, unbeschadet der Vorschriften des Artikel 54, an die Stelle der bisherigen Gesetze die Vorschriften des Bürgerlichen Gesetzbuchs über die Errungenschaftsgemeinschaft.

§ 2. Das errungenschaftliche Vermögen der Ehegatten wird Gesamtgut, auch soweit es nach den bisherigen Gesetzen nicht gemeinschaftliches Vermögen der Ehegatten ist.

§ 3. Ist für den Güterstand bisher ein in der Provinz Schleswig-Holstein geltendes Recht maßgebend, so bestimmt sich die Befugnis des Mannes zur Verfügung über ein zum Gesamtgute gehörendes Grundstück, das er während der Ehe erworben hat, nach den bisherigen Gesetzen.

§ 4. Bestimmt sich der Güterstand bisher nach dem Würzburgischen Rechte, so tritt mit der Geburt eines Kindes allgemeine Gütergemeinschaft nach den Vorschriften des Bürgerlichen Gesetzbuchs ein. Die Vorschriften des Artikel 51 § 2 Abs. 2 und des Artikel 52 § 2 finden Anwendung.

Das gleiche gilt für eine Ehe, deren Güterstand sich bisher nach dem Nordstrander Landrechte bestimmt.

In diesem Falle findet auch die Vorschrift des Artikel 52 § 3 Anwendung.

§ 5. Die Vorschriften des Mainzer Landrechts, nach welchen bei der Auseinandersetzung der Mann zu zwei Dritteln, die Frau zu einem Drittel an dem Überschusse des Gesamtguts teilnimmt, bleiben in Kraft. Das gleiche gilt, soweit im Geltungsbereiche der Nassau-Katzenelnbogenschen Landesordnung eine Teilung nach diesem Maßstabe gewohnheitsrechtlich hergebracht ist.

§ 6. Die Vorschriften des Artikel 46 §§ 2, 3 finden Anwendung.

1. Erbrechtliche Wirkungen des Güterstandes; Recht des Überlebenden, das Erbrecht des BGB. zu wählen.

Artikel 54.

§ 1. Besteht für eine Ehe der gesetzliche Güterstand der Errungenschaftsgemeinschaft nach Althessischem oder dem in den vormals Kurhessischen Gebietsteilen des Oberlandesgerichtsbezirkes Kassel geltenden Solmser oder Mainzer Rechte, so treten an die Stelle der bisherigen Gesetze die Vorschriften des Bürgerlichen Gesetzbuchs über das gesetzliche Güterrecht.

§ 2. Das Vermögen, welches die Ehefrau vor dem Inkrafttreten des Bürgerlichen Gesetzbuchs während der Ehe erworben hat, wird eingebrachtes Gut.

§ 3. Endigt die Verwaltung und Nutznießung des Mannes auf andere Weise als durch Vertrag, so kann jeder Ehegatte von dem anderen nach Maßgabe der bisherigen Gesetze Ausgleichung des Ehegewinns verlangen, wie wenn die im § 1 bestimmte Änderung des Güterstandes nicht eingetreten wäre. Der Anspruch ist nicht übertragbar. Er verjährt in einem Jahre; die

Vorschrift des § 204 Satz 1 des Bürgerlichen Gesetzbuchs findet keine Anwendung.

1. Die **Verjährung** läuft hier ausnahmsweise auch bei stehender Ehe.

§ 4. Bestimmt sich der Güterstand bisher nach dem Solmser oder dem Mainzer Rechte, so finden die Vorschriften des Artikel 46 §§ 2, 3 Anwendung.

Vorbemerkung zu Art. 55 und 56. Die Art. 55, 56 regeln die **Überleitung der Mobiliargemeinschaft**, und zwar Art. 56 insbesondere der Mobiliargemeinschaft und der sonstigen Güterstände des französischen Rechtes.

Artikel 55.

§ 1. Besteht für eine Ehe der gesetzliche Güterstand der Gemeinschaft des beweglichen Vermögens und der Errungenschaft nach einem der Rechte, welche in den zum Oberlandesgerichtsbezirke Frankfurt a. M. gehörenden Teilen der Rheinprovinz oder in der Provinz Schleswig-Holstein gelten, so treten an die Stelle der bisherigen Gesetze die Vorschriften des Bürgerlichen Gesetzbuchs über die Fahrnisgemeinschaft.

Tritt für eine Ehe, für welche die Vorschriften des Jütischen Low maßgebend sind, der bezeichnete Güterstand erst zu einer späteren Zeit ein, so gilt die Vorschrift des Abs. 1 von dieser Zeit an.

§ 2. Bei dem Güterstande der Kur-Cölnischen Rechtsordnung oder des Kur-Trierschen Landrechts bleiben statt des § 1551 Abs. 2, bei dem Güterstande des Jütischen Low bleiben statt der §§ 1551, 1554 des Bürgerlichen Gesetzbuchs die bisherigen Gesetze für den Umfang des eingebrachten Gutes maßgebend.

§ 3. Die Vorschriften des Artikel 46 §§ 2, 3 und des Artikel 53 § 3 finden Anwendung.

Artikel 56.

Vorbemerkung. Der code civil hat, ähnlich wie das BGB., einen gesetzlichen Güterstand, die Mobiliargemeinschaft, und daneben zur Auswahl für die Beteiligten die gesetzlich geordneten, aber nur infolge Ehevertrags eintretenden Güterstände der Errungenschaftsgemeinschaft, der allgemeinen Gütergemeinschaft, der Verwaltungsgemeinschaft, der Gütertrennung und des Dotalrechts.

Für Ehen, deren Güterstand sich nach dem Rheinischen Bürgerlichen Gesetzbuche bestimmt, gelten folgende Vorschriften:

§ 1. Bei der gesetzlichen Gütergemeinschaft treten an die Stelle der bisherigen Gesetze die Vorschriften des Bürgerlichen Gesetzbuchs über die Fahrnisgemeinschaft.

1. Soweit die ehegüterrechtlichen Verhältnisse sich ausschließlich nach gesetzlichen Vorschriften richten, ist das Recht der Frau und ihrer Erben, auf die Gütergemeinschaft zu verzichten, beseitigt, RG. 79, 345.

§ 2. Bei der Errungenschaftsgemeinschaft treten an die Stelle der bisherigen Gesetze die Vorschriften des Bürgerlichen Gesetzbuchs über die Errungenschaftsgemeinschaft.

§ 3. Bei der allgemeinen Gütergemeinschaft treten an die Stelle der bisherigen Gesetze die Vorschriften des Bürgerlichen Gesetzbuchs über die allgemeine Gütergemeinschaft.

Fortgesetzte Gütergemeinschaft tritt nur ein, wenn sie durch Ehevertrag vereinbart ist.

§ 4. In den Fällen der §§ 1 bis 3 bestimmt sich die Befugnis des Mannes zur Verfügung über ein zum Gesamtgute gehörendes Grundstück nach den bisherigen Gesetzen.

Die Frau kann bis zu dem Ablauf eines Jahres nach dem Inkrafttreten des Bürgerlichen Gesetzbuchs auch auf Grund von Tatsachen, welche nur nach den bisherigen Gesetzen die Gütertrennungsklage rechtfertigen, auf Aufhebung der Gütergemeinschaft klagen, wenn die Tatsachen vor dem Inkrafttreten des Bürgerlichen Gesetzbuchs eingetreten sind.

§ 5. Ist bei einem der in den §§ 1 bis 3 bezeichneten Güterstände nach Artikel 1514 des Rheinischen Bürgerlichen Gesetzbuchs vereinbart, daß die Frau im Falle des Verzichts auf die Gütergemeinschaft ihr eingebrachtes Vermögen schuldenfrei zurücknehmen kann, so bleiben für die Ausübung des Verzichts die bisherigen Gesetze maßgebend.

1. § 5 betrifft einen Ausnahmefall, der nicht auf andere Tatbestände erstreckt werden darf, RG. 79, 353.

§ 6. Ist für eine Ehe Ausschließung der Gütergemeinschaft nach Maßgabe der Artikel 1530 bis 1535 des Rheinischen Bürgerlichen Gesetzbuchs vereinbart, so treten an die Stelle der bisherigen Gesetze die Vorschriften des Bürgerlichen Gesetzbuchs über das gesetzliche Güterrecht. Die Vorschrift des § 4 findet entsprechende Anwendung.

§ 7. Ist in den Fällen der §§ 1 bis 3, 6 der Frau vor dem Inkrafttreten des Bürgerlichen Gesetzbuchs eine Erbschaft oder ein Vermächtnis angefallen, so sind für die Befugnis der Frau zur Annahme oder Ausschlagung die bisherigen Vorschriften maßgebend.

§ 8. Bei dem Güterstande der Gütertrennung treten an die Stelle der bisherigen Gesetze die für die Gütertrennung geltenden Vorschriften der §§ 1427 bis 1430 des Bürgerlichen Gesetzbuchs.

§ 9. Die gesetzliche Hypothek der Frau besteht von dem Eintritte der in den §§ 1 bis 3, 6, 8 bestimmten Änderung des Güterstandes an nur noch zur Sicherung der vorher entstandenen Ansprüche; ist sie nicht vor dem Ablauf eines Jahres nach dem Eintritte der Änderung durch Einschreibung im Hypothekenregister oder durch Eintragung im Grundbuche wirksam geworden, so erlischt sie.

1. Vgl. Art. 33 § 4.

§ 10. Ist für eine Ehe Dotalrecht vereinbart, so fällt die Beschränkung der Frau in der Geschäftsfähigkeit weg. Dies gilt jedoch nicht in Ansehung des Heiratsguts.

Im übrigen bleiben die bisherigen Gesetze maßgebend.

Artikel 57.

Besteht für eine Ehe der gesetzliche Güterstand nach dem Allgemeinen Landrechte Teil II Titel 1 Abschnitt 5, dem gemeinen Dotalrechte, dem gemeinen Sachsenrechte, der Schaumburgischen Polizeiordnung von 1615, dem Fuldischen, dem Würzburgischen Rechte, dem Landrechte der oberen Grafschaft Katzenelnbogen oder dem französischen Zivilgesetzbuche, so finden die für diese Güterstände maßgebenden Vorschriften der Artikel 45, 49, 50, 52, 53, 56 auch Anwendung, wenn die Ehegatten den ersten ehelichen Wohnsitz nicht in Preußen gehabt haben.

Dem französischen Zivilgesetzbuche wird das Badische Landrecht gleichgeachtet.

1. Art. 57 betrifft solche **Ehen, die innerhalb Preußens bestehen, deren erster ehelicher Wohnsitz aber in einem anderen deutschen Lande** lag. Vorausgesetzt wird dabei, daß der am ersten ehelichen Wohnsitze geltende und deshalb für die Ehe

dauernd maßgebende Güterstand sich mit einem der innerhalb Preußens vorkommenden Güterstände sachlich deckt. Der Grund der Übereinstimmung ist dabei entweder der, daß die güterrechtliche Norm zugleich in preußischen und außerpreußischen Gebieten Geltung hat (z. B. das ALR. in Teilen von Bayern und Sachsen-Weimar) oder daß sie auf dem gemeinsamen Boden des gemeindeutschen, des Sächsischen oder Lübischen Rechts wurzelt, mag auch die partikularrechtliche Ausgestaltung hüben und drüben nicht in allen Einzelheiten übereinstimmen. In gleicher Weise werden diejenigen güterrechtlichen Normen, für welche das französische Recht die gemeinsame Grundlage bildet, dem in Rheinpreußen geltenden Güterrechte gleichgeachtet, z. B. das eheliche Güterrecht der bayerischen Pfalz, Elsaß-Lothringens, Rheinhessens, des früheren Fürstentums Birkenfeld und Badens.

Artikel 58.

Auf eine Ehe, für die einer der in den Artikeln 45 bis 57 bezeichneten Güterstände kraft Ehevertrags gilt, finden die Vorschriften dieser Artikel ohne Rücksicht auf den ersten ehelichen Wohnsitz der Ehegatten Anwendung.

Besteht für eine Ehe kraft Ehevertrags der Güterstand des gemeinen Dotalrechts, so treten an die Stelle der bisherigen Gesetze die für die Gütertrennung geltenden Vorschriften der §§ 1427 bis 1430 des Bürgerlichen Gesetzbuchs.

1. Die Überleitung trifft auch die **Ehen mit vertraglichem Güterstande**, sofern im Ehevertrag einer der bisher gesetzlich geordneten Güterstände für maßgebend erklärt ist; an Stelle der bisherigen Vorschriften tritt der entsprechende Abschnitt des BGB. mit den aus dem AG. folgenden Änderungen. Andere Eheverträge Art. 60. In dem häufigen Falle, daß die Gütergemeinschaft ausgeschlossen und das *ganze* Frauenvermögen zum Vorbehaltsgut erklärt ist, muß der „*gesetzliche* Güterstand" des ALR. als gewählt gelten.

Die vollständige Gütertrennung war im prR. nicht als besonderer Güterstand ausgebildet und fiel mit unter den gesetzlichen Rahmen der allerdings dabei auf null eingeschränkten Verwaltungsgemeinschaft; RG. 70, 105.

2. Beruht der **Güterstand des Dotalrechts** auf einem Vertrage, so tritt entgegen der Vorschrift des Art. 49 nicht Verwaltungsgemeinschaft, sondern — dem mutmaßlichen Willen der Eheleute entsprechend — Gütertrennung an dessen Stelle.

Artikel 59.

Vorbemerkung. Art. 59 faßt die zur Durchführung der Überleitung erforderlichen allgemeinen Vorschriften zusammen.

Die **Grundgedanken des Artikel 59** sind folgende:

a) Die Haftung für die bereits entstandenen Verbindlichkeiten bestimmt sich nach bisherigem Rechte, sowohl die Haftung der einzelnen in Betracht kommenden Vermögensmassen (Vorbehaltsgut, Gesamtgut, Eingebrachtes, Privatvermögen des Mannes) den Gläubigern gegenüber, wie auch die endgültige Verrechnung einer solchen Verbindlichkeit im Verhältnisse der Ehegatten untereinander, d. h. in Ansehung des materiellen Inhalts der Ersatzansprüche, die einem der Gatten gegen den anderen oder gegen das Gesamtgut, oder die dem Gesamtgute gegen das Sondervermögen eines Gatten zustehen.

b) Die Art und Zeit der Geltendmachung dieser Ersatzansprüche, d. h. deren formelle Seite, bestimmt sich jedoch nach neuem Rechte.

c) Die erbrechtlichen Wirkungen des bisherigen Güterstandes treten, auch insoweit sie aufrechterhalten sind, in zweifacher Hinsicht unter die **Vorschriften des BGB.**: sie fallen fort, wenn das Gattenerbrecht des BGB. wegen eines dem Überlebenden zur Last fallenden Scheidungsgrundes ausgeschlossen sein würde, und sie können, wenn sie die Natur eines Pflichtteils haben, aus den gleichen Gründen durch eine Verfügung von

Todes wegen entzogen werden, aus denen nach dem BGB. der Pflichtteil entzogen werden kann.

d) Die Wirksamkeit des Güterstandes gutgläubigen Dritten gegenüber bestimmt sich, soweit lediglich die gesetzlich eintretenden Änderungen in Betracht kommen, nach dem bisherigen Rechte; die Eintragung in ein gerichtliches Register und die öffentliche Bekanntmachung ist mithin für die unmittelbar kraft Gesetzes eintretenden Änderungen nicht erforderlich. Für jede spätere Änderung des Güterstandes gelten aber die Vorschriften des BGB. über das Güterrechtsregister und den Schutz gutgläubiger Dritter. S. auch N. 1 zu § 9.

Für die nach den Artikeln 45 bis 58 eintretende Änderung des Güterstandes gelten folgende Vorschriften:

§ 1. Das zur Zeit der Änderung des Güterstandes vorhandene Vermögen der Ehegatten wird, unbeschadet der Vorschriften des Artikel 49 § 2, des Artikel 53 § 2 und des Artikel 54 § 2, eingebrachtes Gut, Vorbehaltsgut oder Gesamtgut, soweit es nach den bisherigen Gesetzen zu einer dem eingebrachten Gute, dem Vorbehaltsgut oder dem Gesamtgut entsprechenden Vermögensmasse gehört.

Bei der allgemeinen Gütergemeinschaft findet auf Gegenstände, die nur der Nutzung nach zum gemeinschaftlichen Vermögen gehören, die Vorschrift des § 1439 Satz 2 des Bürgerlichen Gesetzbuchs Anwendung.

1. Gegenstände, die nur der Nutzung nach zum gemeinschaftlichen Vermögen gehören, werden wie das **Eingebrachte bei der Errungenschaftsgemeinschaft** behandelt.

§ 2. Wird infolge der Änderung des Güterstandes das Grundbuch unrichtig, so werden für die Berichtigung des Grundbuchs Gerichtsgebühren und Stempel nicht erhoben.

1. Es ist Sache der Ehegatten, die eingetretenen Rechtsänderungen im Grundbuche nachtragen zu lassen. Eine bestimmte Frist ist ihnen dazu nicht gestellt.

§ 3. In Ansehung der vor der Änderung des Güterstandes entstandenen Verbindlichkeiten der Ehegatten bestimmen sich die Haftung des eingebrachten Gutes, des Vorbehaltsguts und des Gesamtguts sowie die persönliche Haftung der Ehegatten nach den bisherigen Gesetzen. Dies gilt auch für das Verhältnis der Ehegatten untereinander.

Soweit sich bei der allgemeinen Gütergemeinschaft die Frau nach den bisherigen Gesetzen durch die Ausschlagung ihres Anteils von der persönlichen Haftung befreien kann, erlischt die Haftung mit der Beendigung der Gemeinschaft.

1. Die Vorschrift des § 3 dient dem Schutze erworbener Rechte und sie erweitert nicht die Rechte der Gläubiger, ergänzt vielmehr nur den Art. 170 EG.BGB. dahin, daß die früheren Gesetze auch für das Verhältnis unter den Gatten selbst fortgelten RG. 79, 350. Das Recht der Frau oder ihrer Erben, auf die Gütergemeinschaft zu verzichten, ist dagegen für die Zukunft beseitigt RG. a. a. O., vgl. Art. 56 § 1 N. 1.

§ 4. Die Geltendmachung der Ersatzansprüche, welche den Ehegatten auf Grund des Güterstandes gegen einander zustehen, bestimmt sich nach den Vorschriften des Bürgerlichen Gesetzbuchs.

§ 5. Vereinbarungen, welche die Ehegatten in Abänderung oder Ergänzung einzelner Vorschriften des gesetzlichen Güterrechts getroffen haben, werden von der Änderung des Güterstandes nicht berührt.

Das gleiche gilt von einer seitens eines Dritten getroffenen Anordnung der im Abs. 1 bezeichneten Art.

§ 6. Auf einen zur Zeit der Änderung des Güterstandes anhängigen Rechtsstreit und auf die Wirkung der Entscheidung ist die Änderung des Güterstandes ohne Einfluß.

Das gleiche gilt von der Vermögensauseinandersetzung der Ehegatten, wenn die Ehe auf Grund einer vor der Änderung des Güterstandes erhobenen Klage geschieden wird.

§ 7. Auf die dem überlebenden Ehegatten nach den bisherigen Gesetzen zustehenden Rechte, die durch dieses Gesetz aufrecht erhalten werden, finden die Vorschriften des § 1933 und der §§ 2335 bis 2337 des Bürgerlichen Gesetzbuchs entsprechende Anwendung.

1. Ausschluß des gesetzlichen Erbrechts wegen eines Scheidungsgrundes; Entziehung des Pflichtteils aus demselben Anlasse. Vgl. Bay. ObLG. Rsp. 21, 298.

§ 8. Soweit nach diesem Gesetze für den Güterstand die Vorschriften des Bürgerlichen Gesetzbuchs maßgebend sind, finden auch die für den Güterstand geltenden Vorschriften der Zivilprozeßordnung und der Konkursordnung Anwendung.

§ 9. Die Wirksamkeit des nach diesem Gesetz eintretenden Güterstandes gegenüber Dritten bestimmt sich nach den für die Wirksamkeit des bisherigen Güterstandes geltenden Vorschriften. Die Bestimmungen des Allgemeinen Landrechts Teil II Titel 1 §§ 352, 353, 425 treten jedoch außer Kraft.

Eine spätere Änderung des Güterstandes ist Dritten gegenüber nur nach Maßgabe des § 1435 Abs. 1 des Bürgerlichen Gesetzbuchs wirksam. Das gleiche gilt von einem nach dem Inkrafttreten des Bürgerlichen Gesetzbuchs erhobenen Einspruche des Mannes gegen den selbständigen Betrieb eines Erwerbsgeschäfts durch die Frau und von einem nach der bezeichneten Zeit erklärten Widerrufe der Einwilligung des Mannes zu dem Betriebe.

1. Bestehen der Gütergemeinschaft wird nicht mehr vermutet; der Ausschluß der Gütergemeinschaft nach Verlegung des Wohnsitzes braucht nicht mehr an dem früheren Wohnsitze bekanntgemacht zu werden. Einer Eintragung im Güterrechtsregister bedarf es nur, wenn der übergeleitete Güterstand von dem gesetzlichen Güterstande des BGB. abweicht; KGJ. 24 A 79. Man hat davon abgesehen, einen allgemeinen Registerzwang für das Güterrechtsregister hinsichtlich der altrechtlichen Ehen einzuführen. Auch das Handelsregister des neuen Rechtes ist nicht mehr geeignet, güterrechtliche Vermerke aufzunehmen. Daher keine Eintragung, wenn jemand, der die Gütergemeinschaft vor 1900 vertraglich ausgeschlossen hatte, nachträglich die Eigenschaft als Vollkaufmann erlangt RG. 63, 249.

2. Die **Änderung des Güterstandes** und der **Einspruch des Mannes** bedürfen zur Wirksamkeit gegen gutgläubige Dritte der Eintragung im Güterrechtsregister.

Artikel 60.

Für einen Ehevertrag, durch den an die Stelle des nach diesem Gesetz eintretenden Güterstandes eine andere nach den Vorschriften des Bürgerlichen Gesetzbuchs zulässige Regelung des Güterstandes gesetzt oder der bezeichnete Güterstand in einzelnen Beziehungen geändert wird, für die Eintragung des Ehevertrags in das Güterrechtsregister und für den Antrag auf die Eintragung werden Gerichtsgebühren und Stempel nicht erhoben, wenn der Vertrag vor dem Ablauf eines Jahres nach der Änderung des Güterstandes geschlossen wird.

Das gleiche gilt für die Aufnahme von Vermögensverzeichnissen und Auseinandersetzungsurkunden, wenn

sie wegen der Änderung des bisherigen Güterstandes von den Ehegatten vor dem im Abs. 1 bezeichneten Zeitpunkte beantragt wird.

1. Einseitiger Widerspruch eines Gatten vermag die gesetzliche Überleitung des Güterrechts nicht zu hindern, wohl aber sollen Änderungen durch Ehevertrag erleichtert und begünstigt werden. Das Jahr rechnet entweder vom 1. 1. 1900 oder, wenn die Änderung erst später eintritt, z. B. infolge Verlegung des Wohnsitzes nach Preußen, erst von diesem Zeitpunkt ab.

Artikel 61.

§ 1. Bestimmt sich der Güterstand einer Ehe nach dem Bürgerlichen Gesetzbuche für das Königreich Sachsen, so treten an die Stelle der bisherigen Vorschriften:

1. **wenn die Ehegatten nach dem gesetzlichen Güterrechte leben, die Vorschriften des Bürgerlichen Gesetzbuchs über das gesetzliche Güterrecht;**
2. **wenn der Frau die freie Verfügung über ihr Vermögen durch Ehevertrag vorbehalten ist, die für die Gütertrennung geltenden Vorschriften der §§ 1427 bis 1430 des Bürgerlichen Gesetzbuchs;**
3. **wenn zwischen den Ehegatten allgemeine Gütergemeinschaft vereinbart ist, die Vorschriften des Bürgerlichen Gesetzbuchs über die allgemeine Gütergemeinschaft; fortgesetzte Gütergemeinschaft tritt nur ein, wenn sie durch Ehevertrag vereinbart wird.**

1. Vgl. § 34 des Kgl. Sächsischen AusführungsG. vom 18. 6. 1898.

§ 2. Für Ehen, deren Güterstand sich außer den Fällen des § 1 kraft Gesetzes oder Ehevertrags nach einem in einem anderen Bundesstaate geltenden Güter-

rechte bestimmt, kann, wenn nach den Gesetzen des anderen Bundesstaats an die Stelle des bisherigen Güterrechts ein im Bürgerlichen Gesetzbuche geregelter Güterstand tritt, dieser Güterstand, unbeschadet der Vorschriften der Artikel 57, 58, von dem Inkrafttreten des Bürgerlichen Gesetzbuchs oder einem späteren Zeitpunkt an durch Königliche Verordnung eingeführt werden.

1. Die AusfG. der anderen Länder lagen bei Verkündung des AG. noch nicht vor. Es sollten aber tunlichst die in jenen erlassenen Überleitungsvorschriften für die dem Rechte jener Staaten unterliegenden Ehen auch in Preußen zur Durchführung gebracht werden. Dies ist geschehen durch die Kgl. Verordnung betr. den Güterstand bestehender Ehen vom 20. 12. 1899 (GS. 607). Diese V. ist als Bestandteil des AG.BGB. anzusehen. Gleichwohl kann sie aus räumlichen Gründen hier nicht mit abgedruckt werden. Ihr sachliches Anwendungsgebiet ist im Vergleiche zu ihrem Umfang sehr beschränkt und eine Erläuterung ihrer sehr ausführlichen Vorschriften ist nicht erforderlich. Sie behandelt die Güterrechte von Bayern (Art. 2 bis 6), Hessen (Art. 7 bis 9), Oldenburg (Art. 10), Sachsen-Meiningen (Art. 11 bis 13), Sachsen-Koburg (Art. 14), Schwarzburg-Rudolstadt (Art. 15), Lübeck (Art. 16), Bremen (Art. 17), Hamburg (Art. 18). Die Verordnung bezieht sich nur auf solche Ehen, deren Wohnsitz am 1. 1. 1900 in Preußen war und für die an diesem Tage einer der behandelten außerpreußischen Güterstände galt.

§ 3. Auf die nach Maßgabe der §§ 1, 2 eintretende Änderung des Güterstandes finden die Vorschriften der Artikel 59, 60 entsprechende Anwendung.

Artikel 62.

Ein Güterstand, für den die bisherigen Gesetze in Kraft bleiben, kann durch Ehevertrag nur nach Maß-

gabe der Vorschriften des Bürgerlichen Gesetzbuchs aufgehoben oder geändert werden.

Auf einen solchen Ehevertrag findet die Vorschrift des Artikel 60 Abs. 1 Anwendung, wenn er vor dem Ablauf eines Jahres nach dem Inkrafttreten des Bürgerlichen Gesetzbuchs geschlossen wird.

1. Auch bei solchen Ehen, welche von der Überleitung ausgeschlossen bleiben (vgl. Art. 44 N. 1), soll eine Anpassung des Güterstandes an das neue Recht mittels Ehevertrages begünstigt werden. Die Kosten- und Stempelfreiheit gilt hier nur für das Jahr 1900; vgl. jedoch Art. 65 Abs. 1.

Artikel 63.

Wird der Wohnsitz des Mannes nach dem Inkrafttreten des Bürgerlichen Gesetzbuchs verlegt, so finden die Vorschriften des § 1435 des Bürgerlichen Gesetzbuchs entsprechende Anwendung; ein von dem gesetzlichen Güterrechte des Bürgerlichen Gesetzbuchs abweichender Güterstand steht einem vertragsmäßigen gleich.

1. Die Eintragung des von dem gesetzlichen Güterstande des BGB. abweichenden Güterrechtsverhältnisses ist erforderlich, sobald der Wohnsitz in einen anderen Amtsgerichtsbezirk verlegt wird. Dies gilt auch für solche Ehen, die von der Überleitung nicht betroffen werden.

Artikel 64.

Für die nach diesem Gesetz erforderlichen Eintragungen in das Güterrechtsregister gelten die Vorschriften der §§ 1558 bis 1563 des Bürgerlichen Gesetzbuchs.

Artikel 65.

Begründen Ehegatten nach dem Inkrafttreten des Bürgerlichen Gesetzbuchs in Preußen einen Wohnsitz, so gelten die Vorschriften der Artikel 45 bis 60, 62 bis 64 von der Zeit der Begründung des Wohnsitzes an; diese Zeit tritt an die Stelle der Zeit des Inkrafttretens des Bürgerlichen Gesetzbuchs.

Ist jedoch der Güterstand der Ehe schon durch die Gesetze eines anderen Bundesstaats geändert worden, so finden nur die Vorschriften der Artikel 63, 64 Anwendung.

1. Die Überleitung trifft auch solche Ehen, die erst nach Inkrafttreten des BGB. nach Preußen verlegt werden; vorausgesetzt, daß sie unter irgendeinem der auch in Preußen geltenden Güterrechtssysteme stehen. Ist dies nicht der Fall, so behalten sie nach den Grundsätzen des internationalen Privatrechts ihr bisheriges Güterrecht ohne Änderung: EG. BGB. Art. 15, 16.

2. Ein schon in dem anderen Lande durch Überleitung geänderter Güterstand soll nicht in Preußen nochmals geändert werden, wohl aber ist er in das Güterrechtsregister einzutragen.

Artikel 66.

Bei einer fortgesetzten Gütergemeinschaft, für welche die bisherigen Gesetze maßgebend bleiben, finden auf die Erteilung eines Zeugnisses über die Fortsetzung der Gütergemeinschaft die Vorschriften des § 1507 des Bürgerlichen Gesetzbuchs Anwendung.

1. **Zeugnis über die fortgesetzte Gütergemeinschaft.** Das dem Erbschein ähnliche Zeugnis über die fortgesetzte Gütergemeinschaft wird auch dann erteilt, wenn die fortgesetzte Gütergemeinschaft im übrigen dem bisherigen Recht unterliegt.. Wichtig für den Grundbuchverkehr GBO. § 36 Abs. 2. Die Kosten sind aber zu berechnen nach § 49 Nr. 1 Pr.GKG. ältester Fassung KGJ. 25 B 39 und § 138 Abs. 2 Pr.GKG.

2. Rechtsgrundsätze für Zeugnisse über fortgesetzte

Gütergemeinschaft, für welche die bisherigen Gesetze maßgebend bleiben (KGJ. 44, 108):

a) die unabgefundenen eigenen Kinder des überlebenden Ehegatten, mit denen dieser die Gütergemeinschaft nach westfälischem Rechte (s. Art. 48) fortsetzt, sind in Ansehung des auf sie übergegangenen Anteils des verstorbenen Ehegatten nicht dessen Erben, sondern Gütergemeinschaftsgenossen des überlebenden Teiles. Es ist daher hinsichtlich jenes Anteils nicht den Kindern ein Erbschein, vielmehr dem überlebenden Ehegatten ein Zeugnis über die Fortsetzung der Gütergemeinschaft zu erteilen;

b) der kraft Gesetzes eintretende Übergang des Anteils eines während der fortgesetzten Gütergemeinschaft ohne Hinterlassung von Abkömmlingen oder eines Ehegatten versterbenden Kindes an die übrigen anteilsberechtigten Kinder beruht nicht auf Erbfolge, sondern auf Anwachsung kraft Güterrechts;

c) ist nur ein Kind (Abkömmling) vorhanden und stirbt dieses ohne Hinterlassung von Abkömmlingen oder eines Ehegatten, so wächst auch schon nach westfälischem Rechte der Anteil des Kindes dem überlebenden Ehegatten (Elternteile) kraft Güterrechts an;

d) in den Fällen zu b und c kann die sich aus dem Tode eines Kindes ergebende veränderte Anteilsberechtigung nicht durch einen Erbschein nachgewiesen werden, vielmehr ist — wie in den entsprechenden Fällen nach dem BGB. — dem überlebenden Ehegatten ein Zeugnis über die mit den nunmehr vorhandenen Teilhabern fortgesetzte Gütergemeinschaft zu erteilen oder, falls bereits früher ein Zeugnis ausgestellt ist, dieses entsprechend zu ergänzen.

Artikel 67.

§ 1. Ist eine Ehe, für welche allgemeine Gütergemeinschaft nach Fuldischem Rechte bestanden hat, vor dem Inkrafttreten des Bürgerlichen Gesetzbuchs durch den Tod eines der Ehegatten aufgelöst, so tritt im Falle der Wiederverheiratung des überlebenden Ehegatten Einkindschaft nicht ein. Der Ehegatte ist zur Abschichtung seiner Abkömmlinge aus früheren Ehen verpflichtet.

Den Abkömmlingen gebührt die Hälfte des Wertes des Gesamtguts zur Zeit der Wiederverheiratung; die Forderung wird zur Hälfte sofort, bei minderjährigen Abkömmlingen mit dem Eintritte der Großjährigkeit, zur Hälfte mit dem Tode des überlebenden Ehegatten fällig. Die Abkömmlinge können für ihre Forderung die Bestellung einer Sicherungshypothek verlangen. Auf das Verhältnis der Abkömmlinge untereinander finden die Vorschriften des § 1503 des Bürgerlichen Gesetzbuchs entsprechende Anwendung.

Eine Vereinbarung, durch welche die Abschichtung abweichend von den Vorschriften des Abs. 2 geregelt wird, bedarf, wenn ein Abkömmling unter elterlicher Gewalt oder Vormundschaft steht, der Genehmigung des Vormundschaftsgerichts.

1. Die **Einkindschaft** ist vom BGB. ganz beseitigt. Vgl. Rsp. 21, 280.

2. Für die **Teilung der Abkömmlinge unter sich** gelten die Vorschriften des § 1503 BGB.

§ 2. Ist eine Ehe mit dem Güterstande der allgemeinen Gütergemeinschaft nach Verdener Rechte vor dem Inkrafttreten des Bürgerlichen Gesetzbuchs durch den Tod der Frau aufgelöst, so ist der Mann im Falle der Wiederverheiratung zur Abschichtung seiner Abkömmlinge aus früheren Ehen nach Maßgabe der Vorschriften des bisherigen Rechtes verpflichtet.

§ 3. In den Fällen der §§ 1, 2 finden die Vorschriften des § 1314 Abs. 2 und des § 1493 Abs. 2 des Bürgerlichen Gesetzbuchs entsprechende Anwendung.

1. Wiederverheiratung erst nach der Auseinandersetzung mit den Vorkindern auf Grund eines vom Vormundschaftsgericht erteilten Zeugnisses.

Erklärungen über den Familiennamen.

(BGB. §§ 1577, 1706.)

Artikel 68.

§ 1. Für die Entgegennahme und die öffentliche Beglaubigung der im § 1577 Abs. 2, 3 des Bürgerlichen Gesetzbuchs bezeichneten Erklärungen über den Namen einer geschiedenen Frau ist, wenn die geschiedene Ehe vor einem Preußischen Standesbeamten geschlossen war, dieser zuständig. Anderenfalls ist für die Entgegennahme das Amtsgericht zuständig, in dessen Bezirke der Erklärende seinen Wohnsitz oder seinen gewöhnlichen Aufenthalt hat; das Gericht soll die Erklärung dem Standesbeamten, vor welchem die Ehe geschlossen war, mitteilen.

Die Erklärung ist am Rande der über die Eheschließung bewirkten Eintragung zu vermerken.

1. Die Frau kann ihren Familiennamen oder, sofern sie nicht für allein schuldig erklärt ist, den Namen ihrer früheren Ehe wieder annehmen. Der Mann kann der für allein schuldig erklärten Frau die Führung seines Namens untersagen. Die Erklärung ist in öffentlich beglaubigter Form gegenüber dem Standesbeamten, unter Umständen gegenüber dem Amtsgericht abzugeben. Die Beglaubigung der Erklärung kann bei deren Abgabe durch die bezeichnete Behörde selbst erfolgen. Die Beglaubigung eines Handzeichens kann jedoch nur durch ein Gericht oder einen Notar, nicht durch den Standesbeamten bewirkt werden; § 3.

Der Scheidung steht auch hier die Aufhebung der ehelichen Gemeinschaft gleich (BGB. § 1586).

§ 2. Für die Entgegennahme und die öffentliche Beglaubigung der Erklärung, durch welche der Ehemann der Mutter eines unehelichen Kindes diesem seinen Namen erteilt, sowie der Einwilligungserklärungen des Kindes und der Mutter ist, wenn die Geburt des Kindes im Geburtsregister eines Preußischen Standesbeamten eingetragen ist oder wenn die Erklärung bei der Eheschließung vor einem Preußischen Standesbeamten erfolgt, der Standesbeamte zuständig. Anderenfalls ist für die Entgegennahme das Amtsgericht zuständig, in dessen Bezirke der Ehemann seinen Wohnsitz oder seinen gewöhnlichen Aufenthalt hat.

Erfolgt die Erklärung über die Erteilung des Namens nicht gegenüber dem Standesbeamten, in dessen Geburtsregister der Geburtsfall eingetragen ist, so soll die zuständige Behörde sie dem Standesbeamten mitteilen.

Die Erklärung ist am Rande der über den Geburtsfall bewirkten Eintragung zu vermerken.

1. Einbenennung: BGB. § 1706 Abs. 2.

2. Der Standesbeamte der Eheschließung ist nur zuständig, wenn die Erklärung bei der Eheschließung erfolgt KGJ. 20 A 148. Für die Entgegennahme der Erklärung, die nach BGB. § 1706 gegenüber der zuständigen Behörde abgegeben werden muß, ist der Standesbeamte allein zuständig, für die Beglaubigung der Erklärung teilt er aber seine Zuständigkeit mit den übrigen Urkundsbeamten, z. B. dem Richter und dem Notar RVfg. vom 2. 2. 1901 (Müller 6. A. 1184), so auch KG. vom 6. 6. 1913 1a X 653/13.

Über die Zuständigkeit von Mitgliedern oder Beamten des Jugendamts vgl. JWG. § 43 Abs. 2.

Nach dem Entwurf eines Gesetzes über die unehelichen

Kinder und die Annahme an Kindes Statt hat die Erklärung des Ehemannes der Mutter in Zukunft gegenüber dem Vormundschaftsgerichte zu erfolgen (§ 1706a Abs. 1).

3. Das Vaterschaftsanerkenntnis begründet nur eine widerlegbare Vermutung (vgl. Art. 70 N. 1). Ist ein solches Anerkenntnis unrichtigerweise statt einer in Wahrheit gewollten Namenerteilung im Standesregister vermerkt, so ist es zwar ausgeschlossen, das Vaterschaftsanerkenntnis als inhaltlich unrichtig zu berichtigen, nicht aber auch, es ganz zu beseitigen. Ferner ist es zulässig, auch wenn der inhaltlich unrichtige Randvermerk aus BGB. § 1720 Abs. 2 mit Rücksicht auf RG. 68, 61 unberichtigt bestehen bleibt, dennoch in einem zweiten Vermerke gemäß AG.BGB. Art. 68 § 2 Abs. 3 die Tatsache der Namenerteilung nach BGB. § 1706 Abs. 2 noch nachzutragen (KGJ. 42, 81).

§ 3. Die Befugnis des Standesbeamten erstreckt sich nicht auf die Beglaubigung eines Handzeichens.

Elterliche Gewalt.

(BGB. §§ 1626ff.)

Artikel 69.

Vorbemerkung. An Stelle der väterlichen Gewalt und Nutznießung tritt überall, auch in Ansehung der landesrechtlichen Vorschriften, die elterliche Gewalt und die elterliche Nutznießung, da das BGB. der Mutter, wenn der Vater weggefallen ist oder seine Gewalt verwirkt hat, die bisher nur dem Vater zustehenden Rechte in weitem Umfange überträgt. Dies gilt auch von der gesetzlichen Vertretung des Kindes, und zwar nach § 4 sogar für Angelegenheiten des öffentlichen Rechtes, z. B. für das Patronatrecht, für die Wahlen und die Mitgliedschaft bei gewissen kommunalen Körperschaften. Bei Fideikommissen wird das Recht des BGB. durch § 2 durchbrochen, der Mutter kann danach ein „Beistand“ (BGB. § 1693) sogar wider ihren Willen zur Seite gestellt werden.

§ 1. Soweit in privatrechtlichen Vorschriften, die neben dem Bürgerlichen Gesetzbuch in Kraft bleiben, auf die väterliche Gewalt oder den väterlichen Nießbrauch Bezug genommen ist, tritt an die Stelle der väterlichen Gewalt die elterliche Gewalt, an die Stelle des väterlichen Nießbrauchs die elterliche Nutznießung.

Ist in privatrechtlichen Angelegenheiten eines Minderjährigen die Zustimmung des Vaters oder des Vormundes oder die Vertretung durch den Vater oder den Vormund vorgeschrieben, so steht die Zustimmung oder die Vertretung der Mutter zu, wenn sie kraft elterlicher Gewalt die Vertretung des Minderjährigen hat.

§ 2. Der Mutter steht die Nutznießung an dem Fideikommißvermögen des Kindes kraft der elterlichen Gewalt nur insoweit zu, als ihr nach dem bisherigen Rechte der Nießbrauch zustehen würde. Die im § 1693 des Bürgerlichen Gesetzbuchs vorgesehene Übertragung der Vermögensverwaltung auf einen der Mutter bestellten Beistand kann auch ohne Antrag der Mutter erfolgen; sie hat zu erfolgen, wenn sie vom Vater nach Maßgabe des § 1777 des Bürgerlichen Gesetzbuchs angeordnet worden ist.

§ 3. Hat die Mutter eines Minderjährigen dessen Vermögen bis zum Inkrafttreten des Bürgerlichen Gesetzbuchs als Vormünderin, von dieser Zeit an kraft elterlicher Gewalt zu verwalten, so findet die Legung einer Schlußrechnung nach § 67 der Vormundschaftsordnung vom 5. Juli 1875 nicht statt. Die Mutter hat erst nach dem Aufhören ihrer Vermögensverwaltung auch für die Zeit der vormundschaftlichen Verwaltung dem Kinde Rechenschaft abzulegen.

§ 4. Soweit in öffentlichrechtlichen Vorschriften

der bestehenden Landesgesetze auf die väterliche Gewalt Bezug genommen ist, tritt an die Stelle der väterlichen Gewalt die elterliche Gewalt des Vaters.

Steht die elterliche Gewalt nach dem Bürgerlichen Gesetzbuche der Mutter zu oder wird sie von ihr ausgeübt, so liegt der Mutter auch die Vertretung des Minderjährigen in öffentlichrechtlichen Angelegenheiten insoweit ob, als sie nach dem bisherigen Rechte dem Vater, Vormund oder Pfleger oblag. Ist in einer Angelegenheit die Mitwirkung weiblicher Personen ausgeschlossen, so kann sich die Mutter nach den für die Vertretung solcher Personen geltenden Vorschriften vertreten lassen.

Anerkennung der Vaterschaft.

(BGB. §§ 1718, 1720.)

Artikel 70.

Für die Aufnahme der im § 1718 und im § 1720 Abs. 2 des Bürgerlichen Gesetzbuchs vorgesehenen öffentlichen Urkunden über die Anerkennung der Vaterschaft ist der Standesbeamte, welcher die Geburt des Kindes oder die Eheschließung seiner Eltern beurkundet hat, auch dann zuständig, wenn die Anerkennung der Vaterschaft nicht bei der Anzeige der Geburt oder bei der Eheschließung erfolgt.

Beantragt bei einer vor dem Gericht oder einem Notar erfolgenden Anerkennung der Erklärende die Beischreibung eines Vermerkes im Geburtsregister, so hat das Gericht oder der Notar die Erklärung und den Antrag dem zuständigen Standesbeamten mitzuteilen.

1. BGB. § 1718 regelt die Anerkennung der Vaterschaft als solche, § 1720 Abs. 2 die Wirkung der Anerkennung für den Fall, daß der Erzeuger die Mutter des Kindes heiratet.

Die Anerkennung zu beurkunden, ist der Standesbeamte reichsgesetzlich nur zuständig, wenn sie bei der Anzeige der Geburt oder bei der Eheschließung der Eltern erklärt wird (FGG. § 167 Abs. 2). Das AG. gibt ihm die Zuständigkeit allgemein. Über die eventuelle Zuständigkeit von Mitgliedern oder Beamten des Jugendamts zufolge Ermächtigung des Landesjugendamts vgl. JWG. § 43 Abs. 2.

2. Die Mitteilung geschieht also nicht von Amts wegen.

Artikel 71.

Vorbemerkung. Die Bedeutung des Art. 71 beschränkte sich auf die Zeit bis zum Inkrafttreten des BGB. Jetzt kann die Legitimation nur nach den reichsrechtlichen Vorschriften durch nachfolgende Ehe oder durch Ehelichkeitserklärung (BGB. §§ 1719 ff., 1723 ff.) geschehen.

§ 1. Sind für die persönlichen Verhältnisse eines unehelichen Kindes die Vorschriften des Rheinischen Rechtes maßgebend, so erlangt das Kind die rechtliche Stellung eines ehelichen Kindes, wenn der Vater die Mutter geheiratet und das Kind vor dem Inkrafttreten des Bürgerlichen Gesetzbuchs in einer öffentlichen Urkunde anerkannt hat. Dies gilt für ein Kind, das zur Zeit der Anerkennung volljährig ist, nur dann, wenn das Kind vor dem Inkrafttreten des Bürgerlichen Gesetzbuchs in einer öffentlichen Urkunde seine Zustimmung zu der Anerkennung erklärt.

§ 2. Eine nach § 1 erfolgte Anerkennung gilt als von der Zeit der Eheschließung an wirksam. Erworbene Rechte Dritter bleiben unberührt.

Beamte und Geistliche als Vormünder.

(BGB. §§ 1784, 1888.)

Artikel 72.

Wer ein Staatsamt oder ein besoldetes Amt in der Kommunal- oder Kirchenverwaltung bekleidet, bedarf

zur Übernahme einer Vormundschaft oder zur Fortführung einer vor dem Eintritt in das Amt übernommenen Vormundschaft der Erlaubnis der zunächst vorgesetzten Behörde. Das gleiche gilt für die Übernahme oder die Fortführung des Amtes eines Gegenvormundes, Pflegers oder Beistandes.

Die Erlaubnis kann zurückgenommen werden.

Notare bedürfen der Erlaubnis nicht.

1. Art. 72 ersetzt den § 22 der Preuß. VormO. Eine sachliche Änderung tritt nur insofern ein, als die Notare einer Erlaubnis nicht mehr bedürfen.

Wegen der Reichsbeamten s. § 19 des RBeamtenG. vom 18. 5. 1907; wegen der Angehörigen der Wehrmacht § 33 WehrG. vom 23. 3. 1921 (RGBl. 329).

Anlegung von Mündelgeld.

(BGB. §§ 1806 bis 1811.)

Vorbemerkung zu Art. 73, 74. Die Vorschriften der Art. 73, 74 über die Anlegung von Mündelgeld sind bereits mit der Verkündung in Kraft getreten (Art. 90). Ihre rechtliche Bedeutung reicht über den Rahmen des Vormundschaftsrechts weit hinaus, denn die „mündelsichere" Anlegung von Geldern ist außerdem noch in sehr vielen anderen Fällen durch reichs- und landesgesetzliche oder statutarische Vorschriften angeordnet. Wesentliche Änderungen gegenüber dem bisherigen preußischen Rechte sind nicht eingetreten. Den Pfandbriefen der Hypothekenbanken ist die Mündelsicherheit nach hartnäckigem Streite darüber schließlich versagt worden, dagegen hat man wenigstens die Kommunalobligationen der Hypothekenbanken unter die Zahl der mündelsicheren Papiere aufgenommen.

Artikel 73.

§ 1. Eine Hypothek, eine Grundschuld oder eine Rentenschuld an einem in Preußen belegenen Grund-

stück ist für die Anlegung von Mündelgeld als sicher anzusehen, wenn sie innerhalb des Fünfzehnfachen oder, sofern ihr kein anderes der Eintragung bedürfendes Recht im Range vorgeht oder gleichsteht, innerhalb des Zwanzigfachen des staatlich ermittelten Grundsteuerreinertrags oder bei einem ländlichen Grundstück innerhalb der ersten zwei Drittel, bei einem städtischen Grundstück innerhalb der ersten Hälfte des Wertes zu stehen kommt.

Der Wert ist bei ländlichen Grundstücken durch Taxe einer Preußischen öffentlichen Kreditanstalt, die durch Vereinigung von Grundbesitzern gebildet ist und durch staatliche Verleihung Rechtsfähigkeit erlangt hat, oder durch Taxe einer Preußischen provinzial- (kommunal-) ständischen öffentlichen Grundkreditanstalt oder durch gerichtliche Taxe, bei städtischen Grundstücken in gleicher Weise oder durch Taxe einer öffentlichen Feuerversicherungsanstalt festzustellen.

1. Art. 73 gibt die **landesgesetzlichen Grundsätze**, nach denen die **Sicherheit einer Hypothek, Grundschuld oder Rentenschuld** zu beurteilen ist, vgl. BGB. § 1807 Abs. 2. Die Grundsätze stehen zwar im ganzen auf dem Boden der Pr. VormO., weichen aber im einzelnen doch sehr von ihr ab und berücksichtigen namentlich mehr die örtlichen Verschiedenheiten in der Wertbemessung der Grundstücke. Aus besonderen Gründen kann überdies das Vormundschaftsgericht eine Beleihung unter anderen als den gesetzlichen Voraussetzungen gestatten BGB. § 1811.

Das **Schätzungsamtsgesetz** vom 8. 6. 1918 (GS. 83) sieht an Stelle des Art. 73 § 1 folgende Bestimmung vor:

„Eine Hypothek, eine Grundschuld oder eine Rentenschuld an einem in Preußen belegenen Grundstück ist für die Anlegung von Mündelgeld als sicher anzusehen, wenn sie innerhalb des Betrags zu stehen kommt, der durch eine Schätzung eines öffentlichen Schätzungsamts (Ortsgerichts) als mündelsicher festgestellt ist, oder wenn sie bei städtischen Grundstücken hinsichtlich der Gebäude innerhalb der ersten Hälfte des durch Schätzung einer öffentlichen Feuerversicherungsanstalt festgestellten Wertes oder bei ländlichen Grundstücken innerhalb der Beleihungsgrenze einer öffentlichen landschaftlichen (ritterschaftlichen) Kreditanstalt zu stehen kommt. Der vom Schätzungsamte (Ortsgerichte) festzustellende Betrag darf jedoch bei städtischen Grundstücken die ersten sechs Zehntel, bei ländlichen Grundstücken die ersten zwei Drittel des Grundstückswerts nicht übersteigen."

Das Gesetz ist aber bisher nur für den Stadtkreis Köln (StMinV. vom 10. 3. 1923 — GS. 70) und den Stadtkreis Kassel (StMinV. vom 4. 4. 1927 — GS. 46) in Kraft gesetzt. Die Bestimmung, nach welcher eine Hypothek, Grundschuld oder Rentenschuld an einem in Preußen belegenen Grundstücke als mündelsicher anzusehen ist, wenn sie bei ländlichen Grundstücken innerhalb der Beleihungsgrenze einer öffentlichen landschaftlichen (ritterschaftlichen) Kreditanstalt zu stehen kommt, ist bereits mit der Verkündung des Gesetzes an Stelle der die Beleihung innerhalb der ersten zwei Drittel einer Taxe der Anstalt vorsehenden Bestimmung im Art. 73 § 1 getreten.

2. Was unter **gerichtlichen Taxen** zu verstehen ist, ergibt sich aus der Allgem. Gerichtsordnung II 6: es muß eine besonders sorgsame Schätzungsaufnahme durch sachverständige Schätzer unter Leitung des Richters erfolgen. Dieser hat ein Protokoll aufzunehmen und die Schätzungsurkunde wird unter Gerichtssiegel ausgefertigt RG. 84, 92.

Das Schätzungsamtsgesetz (über sein Inkrafttreten vgl. N. 1) setzt an Stelle einer gerichtlichen Taxe für Grundstücke im Sinne des ALR. und der Allgemeinen Gerichtsordnung eine Schätzung des Schätzungsamts.

§ 2. Statt des Zwanzigfachen des Grundsteuerreinertrags ist bei Grundstücken, die von einer Kreditanstalt der im § 1 Abs. 2 bezeichneten Art satzungsgemäß ohne besondere Ermittelungen bis zu einem

größeren Vielfachen beliehen werden können, das größere Vielfache, sofern es jedoch den dreißigfachen Betrag übersteigt, dieser Betrag maßgebend.

Für einzelne Bezirke kann durch Königliche Verordnung statt des Zwanzigfachen des Grundsteuerreinertrags ein das Vierzigfache nicht übersteigendes größeres Vielfaches bestimmt werden.

1. Eine solche Kgl. V. ist nicht ergangen.

Das **Schätzungsamtsgesetz** (über sein Inkrafttreten vgl. Art. 73 § 1 N. 1) sieht an Stelle des § 2 folgende Bestimmung vor:

„Eine Hypothek, eine Grundschuld oder eine Rentenschuld an einem in Preußen belegenen Grundstück ist für die Anlegung von Mündelgeld ferner als sicher anzusehen, wenn sie innerhalb des fünfzehnfachen oder, sofern ihr kein anderes der Eintragung bedürfendes Recht im Range vorgeht oder gleichsteht, innerhalb des zwanzigfachen des staatlich ermittelten Grundsteuerreinertrags zu stehen kommt. Statt des zwanzigfachen Grundsteuerreinertrags ist bei Grundstücken, die von einer preußischen öffentlichen Kreditanstalt, die durch Vereinigung von Grundbesitzern gebildet ist und durch staatliche Verleihung Rechtsfähigkeit erlangt hat, oder von einer preußischen provinzial- (kommunal-) ständischen öffentlichen Grundkreditanstalt satzungsgemäß ohne besondere Ermittlungen bis zu einem größeren Vielfachen beliehen werden können, das größere Vielfache, sofern es jedoch den dreißigfachen Betrag übersteigt, dieser Betrag maßgebend.

Für einzelne Bezirke kann durch Königliche Verordnung statt des zwanzigfachen Grundsteuerreinertrags ein das Vierzigfache nicht übersteigendes größeres Vielfaches bestimmt werden."

Artikel 74.

Zur Anlegung von Mündelgeld sind außer den im § 1807 des Bürgerlichen Gesetzbuchs bezeichneten Forderungen und Wertpapieren geeignet:

1. die Rentenbriefe der zur Vermittelung der Ablösung von Renten in Preußen bestehenden Rentenbanken;
2. die Schuldverschreibungen, welche von einer Deutschen kommunalen Körperschaft oder von der Kreditanstalt einer solchen Körperschaft oder mit Genehmigung der staatlichen Aufsichtsbehörde von einer Kirchengemeinde oder einem kirchlichen Verband ausgestellt und entweder von seiten der Inhaber kündbar sind oder einer regelmäßigen Tilgung unterliegen;
3. die mit staatlicher Genehmigung ausgegebenen Pfandbriefe und gleichartigen Schuldverschreibungen einer Kreditanstalt der im Artikel 73 § 1 Abs. 2 bezeichneten Art;
4. die auf den Inhaber lautenden Schuldverschreibungen, welche von einer Preußischen Hypotheken-Aktien-Bank auf Grund von Darlehen an Preußische Körperschaften des öffentlichen Rechtes oder von Darlehen, für welche eine solche Körperschaft die Gewährleistung übernommen hat, ausgegeben sind.

1. **Allgemeines.** Nach BGB. § 1807 sind mündelsichere Papiere die Schuldverschreibungen des Reichs oder eines Landes und die vom Reich oder einem Lande garantierten Schuldverschreibungen, ferner die vom Bundesrat (jetzt Reichsrat) für mündelsicher erklärten Pfandbriefe, Schuldverschreibungen kommunaler Körperschaften und Kreditanstalten und sonstigen Wertpapiere. Durch Bekm. vom 7. 7. 1901 sind insbesondere für geeignet erklärt verbriefte Forderungen gegen eine inländische kommunale Körperschaft oder die Kreditanstalt einer solchen, wenn die Forderungen von seiten des Gläubigers kündbar sind oder einer regelmäßigen Tilgung unterliegen. Nach Art. 212 EG.BGB. bleiben die landes-

gesetzlichen Vorschriften, nach denen gewisse Wertpapiere für mündelsicher erklärt sind, in Kraft. Nach dem RG. vom 29. 10. 1927 (RGBl. I 325) steht der Mündelsicherheit nicht entgegen, daß die Höhe der geschuldeten Leistung neben oder an Stelle der Angabe eines festen Betrages durch den amtlich festgestellten Preis einer bestimmten Menge von Feingold oder einer anderen nach dem Gesetze über die Ausgabe wertbeständiger Schuldverschreibungen auf den Inhaber und über wertbeständige Hypotheken vom 23. 6. 1923 zulässigen Weise bestimmt ist. Die entsprechende Bestimmung ist für die im Art. 74 bezeichneten Vermögensgegenstände durch StMinV. vom 12. 12. 1927 (GS. 296) getroffen.

2. Unter Nr. 3 fallen Pfandbriefe und Schuldverschreibungen einer öffentlichen, durch Vereinigung von Grundbesitzern gebildeten Kreditanstalt, die die Rechtsfähigkeit durch staatliche Verleihung erlangt hat. Dazu gehören die landschaftlichen (ritterschaftlichen) Pfandbriefanstalten und die auf Grund des G. vom 8. 6. 1918 (GS. 97) gebildeten Stadtschaften.

Das Schätzungsamtsgesetz (über sein Inkrafttreten vgl. Art. 73 § 1 N. 1) setzt an Stelle der Ziffer „73 § 1 Abs. 2" die Ziffer „73 § 2 Abs. 1".

3. Unter Nr. 4 fallen die sogen. Kommunalobligationen der Hypothekenbanken; sie geben ein Recht nur gegen die Hypothekenbank, während diese allein in der Lage ist, sich an die kommunale Körperschaft zu halten, die das Darlehn aufgenommen hat.

Artikel 75.

§ 1. Eine in Preußen bestehende öffentliche Sparkasse kann durch den Regierungspräsidenten im Einvernehmen mit dem Landgerichtspräsidenten zur Anlegung von Mündelgeld für geeignet erklärt werden. Die Erklärung kann zurückgenommen werden.

Die Erklärung und die Rücknahme sind durch das Amtsblatt bekanntzumachen.

1. Vgl. BGB. § 1807 Ziff. 5. Die Anlegung ist ferner nur als „Sperranlage" zulässig (BGB. § 1809), also nur, wenn die Statuten der Sparkasse eine dem § 1809 BGB. entsprechende Vorschrift enthalten. Die Wirksamkeit der Erklärung und der Rücknahme ist von der amtlichen Bekanntmachung abhängig KG. 1. 11. 1929 1a 391/29.

§ 2. Ist vor dem Inkrafttreten des Bürgerlichen Gesetzbuchs ein Sparkassenbuch außer Kurs gesetzt, so ist zur Erhebung des Geldes die Genehmigung des Gegenvormundes oder des Vormundschaftsgerichts erforderlich.

1. Die **Außerkurssetzung** verliert also bei den Sparkassenbüchern trotz EG.BGB. Art. 176 nicht alle Wirkung, sie hat zur Folge, daß das Sparkassenbuch wie eine Sperranlage nach BGB. § 1809 behandelt wird.

Bei Wertpapieren verliert die Außerkurssetzung schlechthin ihre Wirkung; der Vormund hat solche Papiere nach dem Inkrafttreten des BGB. in ein gesperrtes Depot bei der Reichsbank usw. zu legen oder, soweit es zulässig ist (oben Art. 18), auf den Namen des Mündels umschreiben zu lassen BGB. §§ 1814, 1815, 1817.

Artikel 76.

Im Falle des § 1808 des Bürgerlichen Gesetzbuchs kann die Anlegung von Mündelgeld bei der Preußischen Central-Genossenschafts-Kasse oder einer sonstigen Preußischen öffentlichen Bankanstalt (Landesbank, landschaftlichen, ritterschaftlichen Darlehnskasse usw.) und, wenn die von einer Preußischen Privatbank ausgestellten Wertpapiere durch den Bundesrat zur Anlegung von Mündelgeld für geeignet erklärt sind oder eine Preußische Privatbank nach Maßgabe des Artikel 85 für die Hinterlegung von Wertpapieren als Hinterlegungsstelle bestimmt ist, bei einer solchen Privatbank erfolgen.

Die Anlegung bei den ordentlichen Hinterlegungsstellen (Hinterlegungsordnung vom 14. März 1879, Gesetz-Samml. S. 249) findet nicht statt.

1. „Preußische öffentliche Bankanstalt" ist eine solche, deren Verfassung auf dem öffentlichen Rechte Preußens beruht, z. B. die Preuß. Staatsbank (Seehandlung), die Hannoversche Landeskreditanstalt, Landesbank der Rheinprovinz u. a., ferner die bei den einzelnen Landschaften bestehenden Darlehnskassen und die kommunalständischen oder städtischen Banken (vgl. Art. 85 N. 1).

2. Über Bestimmung preußischer Privatbanken als Hinterlegungsstellen vgl. Art. 85.

3. An Stelle der HO. vom 14. 3. 1879 ist die HO. vom 21. 4. 1913 getreten.

Gemeindewaisenrat.

Artikel 77.

Vorbemerkung. Die **Aufgaben des Gemeindewaisenrats** als Hilfsorgans des Vormundschaftsgerichts sind reichsrechtlich geordnet: BGB. §§ 1675, 1779, 1792 Abs. 4, 1849 bis 1851, 1862, 1915; FGG. § 49. Die Einrichtung des Gemeindewaisenrats war bisher Sache der Landesgesetzgebung. Nach § 42 JWG. ist das **Jugendamt** Gemeindewaisenrat. Das Jugendamt kann die Erledigung einzelner Geschäfte oder Gruppen von Geschäften besonderen Ausschüssen übertragen. Die Landesgesetzgebung kann örtliche Einrichtungen zur Unterstützung des Jugendamts in den Geschäften des Gemeindewaisenrats treffen.

§ 1. Für jede Gemeinde oder für örtlich abzugrenzende Gemeindeteile sind ein oder mehrere Gemeindeglieder als Gemeindewaisenrat zu bestellen. Für benachbarte Gemeindebezirke können dieselben Personen bestellt werden.

Das Amt eines Waisenrats ist ein unentgeltliches Gemeindeamt.

Durch Beschluß der Gemeindebehörde können die dem Gemeindewaisenrat obliegenden Verrichtungen besonderen Abteilungen oder schon bestehenden Organen der Gemeindeverwaltung übertragen werden.

Auf selbständige Gutsbezirke finden diese Vorschriften mit der Maßgabe entsprechende Anwendung, daß der Waisenrat von dem Gutsvorsteher ernannt wird.

Die bisherigen Waisenräte bleiben im Amte.

§ 2. Zur Unterstützung des Gemeindewaisenrats können Frauen, die hierzu bereit sind, als Waisenpflegerinnen widerruflich bestellt werden. Die Zuständigkeit für die Bestellung bestimmt sich nach den für die Bestellung der Waisenräte maßgebenden Vorschriften.

Die Waisenpflegerinnen haben unter der Leitung des Gemeindewaisenrats bei der Beaufsichtigung der im Kindesalter stehenden Mündel und bei der Überwachung weiblicher Mündel mitzuwirken.

Bevormundung durch einen Anstaltsvorstand oder durch Beamte der Armenverwaltung.

(EG.BGB. Art. 136.)

Artikel 78.

Vorbemerkung. Art. 78 ist durch § 35 AG. z. JWG. vom 29. 3. 1924 (GS. 180) aufgehoben. Materiell sind seine Vorschriften durch § 47 JWG. ersetzt. Die nötigen Übergangsvorschriften bezüglich der durch Anstaltsvorstände oder Beamte der Gemeindeverwaltung geführten Vormundschaften enthalten §§ 27 ff. AG. hierzu.

§ 1. Der Vorstand einer unter der Verwaltung des Staates oder einer Gemeindebehörde stehenden Erziehungs- oder Verpflegungsanstalt hat für die in der Anstalt untergebrachten Minderjährigen die Rechte und Pflichten eines Vormundes.

Die Rechte und Pflichten des Anstaltsvorstandes bestehen nur, solange das Vormundschaftsgericht nicht einen anderen Vormund bestellt hat. Der Vorstand behält die Rechte und Pflichten des Vormundes auch nach der Beendigung der Erziehung oder Verpflegung bis zur Volljährigkeit des Mündels.

§ 2. Die Aufnahme des Minderjährigen in die Anstalt ist von dem Vorstande dem Vormundschaftsgericht und dem Gemeindewaisenrate des Bezirkes, in dem die Anstalt liegt, anzuzeigen.

Mit der Aufnahme in die Anstalt endigt das Amt des bisherigen Vormundes.

§ 3. Neben dem Vorstand ist ein Gegenvormund nicht zu bestellen.

Dem Vorstande stehen die nach § 1852 Abs. 2 des Bürgerlichen Gesetzbuchs zulässigen Befreiungen zu.

§ 4. Auf Grund ortsstatutarischer Bestimmung können Beamten der Gemeindearmenverwaltung alle oder einzelne Rechte und Pflichten eines Vormundes für diejenigen Minderjährigen übertragen werden, welche im Wege der öffentlichen Armenpflege unterstützt und unter Aufsicht der Beamten entweder in einer von diesen ausgewählten Familie oder Anstalt oder, sofern es sich um uneheliche Minderjährige handelt, in der mütterlichen Familie erzogen oder verpflegt werden.

Wird von dieser Befugnis Gebrauch gemacht, so finden die Vorschriften des § 1 Abs. 2, des § 2 Abs. 1 und, wenn dem Beamten alle Rechte und Pflichten eines Vormundes übertragen werden, auch die Vorschriften des § 2 Abs. 2 und des § 3 entsprechende Anwendung.

Fürsorge des Nachlaßgerichts.

(EG.BGB. Art. 140.)

Artikel 79.

Die Vorschriften, nach welchen das Nachlaßgericht auch unter anderen als den im § 1960 Abs. 1 des Bürgerlichen Gesetzbuchs bezeichneten Voraussetzungen die Anfertigung eines Nachlaßverzeichnisses sowie bis zu dessen Vollendung die erforderlichen Sicherungsmaßregeln, insbesondere die Anlegung von Siegeln, von Amts wegen anordnen kann oder soll, treten außer Kraft.

1. Die **Fürsorge des Nachlaßgerichts** (Siegelung, Inventarerrichtung, Bestellung eines Nachlaßpflegers) tritt ein, wenn ein Bedürfnis dazu besteht und die Erbschaft noch nicht angenommen oder die Annahme ungewiß, ingleichen, wenn die Person des Erben unbekannt ist. Sie tritt künftig nicht mehr ein, wenn ein der Person nach bestimmter Erbe minderjährig, geschäftsunfähig oder abwesend ist; in diesen Fällen hilft das Vormundschaftsgericht BGB. §§ 1846, 1911.

Nottestament.

(EG.BGB. Art. 150.)

Artikel 80.

Für die Errichtung eines Testaments in der durch den § 2249 Abs. 1 des Bürgerlichen Gesetzbuchs bestimmten Form stehen die selbständigen Gutsbezirke den Gemeinden gleich.

An Stelle des Vorstehers oder neben dem Vorsteher

einer Gemeinde kann von dem Justizminister eine andere Person bestellt werden, vor welcher die Errichtung des Testaments zu erfolgen hat. In diesem Falle werden die Gebühren für die Errichtung des Testaments durch den Justizminister bestimmt.

Ist ein Dolmetscher zuzuziehen, so kann die Beeidigung des Dolmetschers durch die Person, vor welcher die Errichtung des Testaments stattfindet, erfolgen.

1. **Nottestament** vor dem Gemeindevorsteher (auch in Städten mit Magistratsverfassung KGJ. 29 A 49) oder Gutsvorsteher. Das G. vom 27. 12. 1927 (GS. 211) schreibt die Auflösung der bestehenden selbständigen Gutsbezirke vor.

Die Dorfgerichte sind zur Aufnahme von Testamenten nicht zuständig.

Über das **Verfahren** ist die Anweisung des M. d. J. und des JM. vom 4. 4. 1928 erlassen, die im Bedarfsfalle vom M. d. J. angefordert werden kann (AVfg. vom 24. 5. 1928 JMBl. 285).

2. Für die gemäß Art. 80 Abs. 2 bestellten besonderen Urkundspersonen ist die **Anweisung für die zur Aufnahme von Nottestamenten bestellten besonderen Urkundspersonen** vom 15. 3. 1904 (JMBl. 91) erlassen. Diese ist laut AVfg. vom 6. 4. 1929 (JMBl. 117) einer Durchsicht unterzogen, der heutigen Rechtslage entsprechend abgeändert und neu gedruckt worden; sie kann im Bedarfsfalle von der Verwaltung I des JM. angefordert werden.

In den OLG.Bezirken Frankfurt a. M. und Kassel sind zur Aufnahme der Nottestamente auch die Ortsgerichtsvorsteher zuständig AVfg. vom 1. 7. 1902 (JMBl. 141); in den Kreisen Husum, Norder- und Süderdithmarschen auch die Dorfschafts- oder Bauerschaftsvorsteher AVfg. vom 7. 7. 1900 (JMBl. 504).

Über die Bestellung von Urkundspersonen zur Aufnahme von Nottestamenten für den Gemeindebezirk Berlin vgl. AVfg. vom 27. 7. 1927 (JMBl. 233).

Amtliche Verwahrung von Testamenten und Erbverträgen.

(BGB. §§ 2246, 2248, 2249, 2277.)

Artikel 81.

§ 1. Die besondere amtliche Verwahrung der Testamente und der Erbverträge erfolgt bei den Amtsgerichten.

1. Nähere Vorschriften über diese Verwahrung enthält § 53 der GeschäftsO. f. d. Geschäftsstellen der Amtsgerichte vom 18. 2. 1914 (JMBl. 197). Die Verhandlungen über Annahme und Rückgabe von Verfügungen von Todes wegen sind zur selbständigen Wahrnehmung durch den Rechtspfleger geeignet (EntlVfg. vom 1. 3. 1928 JMBl. 140).

Einen Zuständigkeitsstreit zwischen mehreren Gerichten verschiedener Oberlandesgerichtsbezirke Preußens entscheidet nach AG.GVG. § 20 der Justizminister, weil die amtliche Verwahrung der Testamente nicht durch Reichsgesetz den Gerichten übertragen ist; handelt es sich aber um weitere Verwahrung eines schon eröffneten Testaments, so ist das Kammergericht zur Entscheidung des Zuständigkeitsstreits berufen KGJ. 21 A 225.

Auch der Notar ist verpflichtet, ein vor ihm errichtetes Testament an das zuständige Amtsgericht zur Verwahrung abzuliefern; gegen die Ablehnung der Annahme steht ihm das Beschwerderecht zu KGJ. 23 A 195, JFG. 8, 257.

§ 2. Zuständig ist bei Testamenten:

1. wenn das Testament vor einem Amtsgericht errichtet ist, dieses Gericht;
2. wenn das Testament vor einem Notar errichtet ist, das Gericht, in dessen Bezirke der Notar seinen Amtssitz hat;
3. wenn das Testament vor dem Vorsteher einer Gemeinde oder eines Gutsbezirkes errichtet ist, das

Gericht, zu dessen Bezirke die Gemeinde oder der Gutsbezirk gehört;

4. wenn das Testament nach § 2231 Nr. 2 des Bürgerlichen Gesetzbuchs errichtet ist, jedes Gericht.

Der Erblasser kann jederzeit die Verwahrung bei einem anderen Gerichte verlangen.

Das Gericht, welches das Testament in Verwahrung nimmt, hat, wenn der Erblasser seinen Wohnsitz in dem Bezirk eines anderen Gerichts hat, diesem von der Verwahrung Nachricht zu geben.

Die Vorschriften des Abs. 1 Nr. 1, 2 und der Abs. 2, 3 finden auch auf die Verwahrung eines Erbvertrags Anwendung.

1. Nr. 4 betrifft das **eigenhändige Testament;** ein solches kann in beliebiger Form, z. B. auch mittels Einschreibebriefs, zur Verwahrung eingereicht werden. In dem Begleitschreiben ist zweckmäßig hervorzuheben, daß das Testament eigenhändig geschrieben und unterschrieben sei. Das Gericht kann, wenn nicht der Verdacht der Unterschiebung obwaltet, einen besonderen Nachweis der Identität nicht verlangen KGJ. 20 A 259.

2. **Verwahrung bei einem anderen Gericht.** Der Erblasser kann z. B., wenn er in einen anderen Gerichtsbezirk verzieht, die weitere Verwahrung bei dem Amtsgerichte seines neuen Wohnsitzes stattfinden lassen. Es kann auch Verwahrung bei einem nichtpreußischen Gerichte, wenn es nach dem für dieses geltenden Rechte zur Übernahme der Verwahrung zuständig ist, verlangt werden, dagegen keinesfalls Verwahrung bei einem Notar.

3. Das Gericht des Wohnsitzes kann somit beim Tode des Erblassers feststellen, ob überhaupt und bei welchem Gericht ein Testament sich in amtlicher Verwahrung befindet.

4. **Erbverträge,** die mit einem anderen Vertrage, z. B. einem Ehevertrage, verbunden sind, werden regelmäßig nicht amtlich verwahrt BGB. § 2277 Abs. 1 Satz 2. Über die

Frage, ob der eröffnete Erbvertrag, der nicht in der gerichtlichen Verwahrung sich befand, wieder dem Notar, der ihn zur Eröffnung abgeliefert hatte, zurückzugeben ist, vgl. KGJ. 27 A 41; 46, 136.

§ 3. Die Annahme zur Verwahrung sowie die Herausgabe ist von dem Amtsgericht anzuordnen und von dem Amtsrichter und dem Urkundsbeamten der Geschäftsstelle gemeinschaftlich zu bewirken.

Bei der Buchführung sind die Vermerke über die Annahme und die Herausgabe von dem Amtsrichter und dem Urkundsbeamten zu unterschreiben.

Die Verwahrung erfolgt unter gemeinschaftlichem Verschlusse des Amtsrichters und des Urkundsbeamten. Der Hinterlegungsschein ist von ihnen zu unterschreiben und mit dem Gerichtssiegel zu versehen.

1. § 3 stimmt sachlich mit dem schon im Jahre 1899 durch Art. 84 AG.BGB. gestrichenen § 89 Abs. 2 der früheren Pr. HinterlegungsO. vom 14. 3. 1879 überein. Hinterlegungsschein BGB. §§ 2246 Abs. 2, 2277 Abs. 2. Beim Erbvertrage erhält jeder Vertragsteil einen besonderen Hinterlegungsschein.

Ein in besonderer Verwahrung befindlicher Erbvertrag wird auf Antrag der Beteiligten nicht an diese herausgegeben, sondern nur in die gewöhnliche Verwahrung des Notars oder des Gerichts (d. h. bei den Urkundakten) zurückgebracht KGJ. 29 A 79.

Eröffnung von Testamenten und Erbverträgen.

(BGB. §§ 2260 ff.)

Artikel 82.

Befindet sich ein Testament oder ein Erbvertrag seit mehr als vierundfünfzig Jahren in amtlicher Verwahrung, so ist mit der Eröffnung vorzugehen, sofern nicht bekannt ist, daß der Erblasser noch lebt. Die

Vorschriften der §§ 2260 bis 2262 des Bürgerlichen Gesetzbuchs finden entsprechende Anwendung.

1. Die Vorschrift entspricht dem für Frankfurt a. M. erlassenen G. vom 28. 6. 1886. Die 54 Jahre sind die Zeit, die von dem Beginne der Testierfähigkeit (16 Jahre BGB. § 2229 Abs. 2) bis zur Vollendung des 70. Lebensjahrs verstrichen sein muß. Gegenüber dem ALR. und den ihm folgenden Vorschriften verkürzt sich die Frist um zwei Jahre, weil die Testierfähigkeit nach BGB. auch erst zwei Jahre später eintritt.

An besondere Voraussetzungen ist die von Amts wegen stattfindende Eröffnung sonst nicht geknüpft, insbesondere bedarf es nicht, wie im bisherigen Pr.R. einer vorgängigen Bekanntmachung oder eines Aufgebots. Wohl aber ist sie gebührenpflichtig und dies selbst dann, wenn das Testament bereits widerrufen sein sollte und die Erben daher an der Eröffnung kein Interesse haben KGJ. 43, 331.

2. Die angeführten Bestimmungen des BGB. betreffen Terminsbestimmung, Ladung der Beteiligten, Hergang bei der Eröffnung, Mitteilung des Inhalts an die Beteiligten.

Feststellung des Ertragswerts eines Landguts.

(EG.BGB. Art. 137.)

Vorbemerkung. Das **Schätzungsamtsgesetz** vom 8. 6. 1918 (vgl. über sein Inkrafttreten Art. 73 § 1 N. 1) sieht an Stelle des zweiten Absatzes und Art. 83 folgende Bestimmung vor: „Der Reinertrag ist nach den Schätzungsgrundsätzen zu ermitteln, die für das zur Schätzung des Landguts zuständige öffentliche Schätzungsamt (Ortsgericht) maßgebend sind."

Artikel 83.

Soweit in Fällen der Erbfolge oder der Aufhebung einer fortgesetzten Gütergemeinschaft der Ertragswert eines Landguts zu ermitteln ist, gilt als solcher der fünfundzwanzigfache Betrag des jährlichen Reinertrags.

Durch Königliche Verordnung kann eine andere Verhältniszahl bestimmt werden.

Die Grundsätze, nach welchen der Reinertrag festzustellen ist, können durch allgemeine Anordnung des Justizministers und des Ministers für Landwirtschaft, Domänen und Forsten bestimmt werden.

1. Fälle der Erbfolge oder Aufhebung einer fortgesetzten Gütergemeinschaft, in denen der Ertragswert eines Landguts zu ermitteln ist, werden behandelt in § 1515 Abs. 2, 3, § 2049 Abs. 1, § 2312 BGB.

Das Reichsrecht hat diese Angelegenheit nicht geregelt. EG.BGB. Art. 137 verweist wegen der Grundsätze, nach denen der Ertragswert eines „Landguts" festzustellen ist, ausdrücklich auf Landesrecht.

Soweit das SchätzungsamtsG. vom 8. 6. 1918 in Kraft getreten ist (vgl. Art. 73 § 1 N. 1) tritt an die Stelle einer gerichtlichen Taxe die Taxe des Schätzungsamts, im übrigen sind die besonderen Vorschriften des preußischen Rechts über die gerichtliche Aufnahme von Taxen bestehen geblieben.

a) Im früheren Geltungsbereiche des ALR. gelten die Allgem. Gerichtsordnung II 6 und die ergänzenden G. vom 15. 6. 1840 (GS. 131) und 4. 5. 1857 (GS. 445) in der Fassung der V. vom 28. 12. 1923 (GS. 247). Zur Erläuterung sind ergangen AVfg. vom 27. 7. 1857 (JMBl. 282), bezüglich der Grundstücke von geringerem Wert die AVfg. vom 14. 4. 1841 (JMBl. 152) und 29. 6. 1857 (JMBl. 246); bezüglich der städtischen Grundstücke die AVfg. vom 9. 9. 1841 (JMBl. 303) und die AVfg. vom 11. 2. 1904 (JMBl. 42), durch welche die AVfg. vom 17. 8. 1841 und 19. 1. 1842 aufgehoben worden sind. Auf die Beachtung dieser Vorschriften ist besonders hingewiesen durch die RVfg. vom 19. 12. 1889, 29. 3. 1894 und 29. 2. 1896 (Müller S. 1147). Vgl. auch PrFGG. Art. 119 Abs. 2, 127, 144 Nr. 1.

Zuständig ist das Amtsgericht des dinglichen Gerichtsstandes. Die Beeidigung der Sachverständigen (Taxatoren), sofern sie nicht ein für alle Male vereidigt sind, richtet sich nach § 2 der V. vom 28. 6. 1844. Gegenstand der Schätzung ist im allgemeinen der sog. Ertragswert; die AGO. verweist aber wieder auf die Schätzungsgrundsätze der landschaftlichen Kreditinstitute in den einzelnen Provinzen und gibt besondere Vorschriften für Landgüter, städtische Hausgrundstücke, andere Grundstücke und Gerechtigkeiten. Besondere Grundsätze gelten nach den Anerbenrechtsgesetzen für die Ermittlung des Schätzungswerts, zu dem der Anerbe das Landgut übernehmen soll. Diese gesetzlichen Schätzungsgrundsätze sind auch dann für die Gerichte bindend, wenn ihr Ergebnis dem von den Beteiligten verfolgten Zwecke nicht entspricht (KGJ. 38 A 304). Über Schätzung von (baureifen) „Baustellen" und „Baugelände" s. KGJ. 35 A 330. Die Taxe wird in einem förmlichen Abschätzungsverfahren unter Zuziehung der Taxatoren von dem Richter aufgenommen, der dabei für die Feststellung der tatsächlichen Unterlagen Sorge zu tragen und die Tätigkeit der Sachverständigen zu leiten hat. Das Ergebnis wird schließlich von dem Richter in einem sog. Taxationsinstrumente zusammengefaßt. Bei Grundstücken von nicht mehr als 5000 Talern Wert genügt an Stelle des förmlichen Verfahrens eine Schätzung der Taxatoren zu Protokoll und wenn diese ein für alle Male vereidigt sind, Vorlegung einer schriftlichen Taxe (Gesetz vom 4. 5. 1857). Im Rahmen dieser Vorschriften kann das Amtsgericht auch das Dorfgericht mit der Taxe beauftragen, während die Ausfertigung auch einer solchen dorfgerichtlichen Taxe dem Gerichte vorbehalten ist. KGJ. 29 A 191.

b) In den übrigen Landesteilen Preußens fehlt es an allgemeinen Vorschriften über das gerichtliche Taxwesen. Hier kann durch Kgl. Verordnung die Aufnahme von Taxen „einer Behörde" übertragen, für die Abschätzung von Grundstücken auch bestimmt werden, daß sie durch staatlich angestellte Sachverständige zu erfolgen hat; eine solche Taxe steht alsdann einer gerichtlichen Taxe gleich (PrFGG. Art. 127). Bisher ist nur die KglV. vom 8. 4. 1903 über die Aufnahme von Taxen durch die Ortsgerichte in den

Oberlandesgerichtsbezirken Frankfurt und Kassel ergangen. Sie ist teilweise geändert durch die KglV. vom 10. 6. 1907, die an den Amtsgerichtssitzen jener Bezirke außer Wiesbaden und Frankfurt a. M. besondere Schätzungsämter errichtet hat. Vgl. auch §§ 24, 20, 27 d. SchätzungsamtsG. vom 8. 6. 1918.

Hinterlegung.

Artikel 84.

Vorbemerkung. Die alte PrHO. blieb in ihren Grundlagen unberührt und wurde durch Art. 84 nur in Einzelheiten dem neuen Rechte angepaßt. Sie ist aber nunmehr aufgehoben durch die HO. vom 21. 4. 1913, die das Hinterlegungswesen wieder dem ordentlichen Gericht überträgt.

(Text nicht abgedruckt.)

Artikel 85.

Für die Hinterlegung von Wertpapieren in den Fällen der §§ 1082, 1392, 1667, 1814, 1818, 2116 des Bürgerlichen Gesetzbuchs können durch Anordnung der zuständigen Minister auch die Seehandlung, die Preußische Central-Genossenschafts-Kasse oder eine sonstige Preußische öffentliche Bankanstalt (Landesbank, landschaftliche, ritterschaftliche Darlehnskasse usw.) sowie die preußischen öffentlichen Sparkassen, die von Kreditanstalten der im Artikel 17 § 2 Abs. 2 bezeichneten Art eingerichteten Verwahrungs- oder Verwaltungsstellen und im Falle des Bedürfnisses geeignete Preußische Privatbanken als Hinterlegungsstellen bestimmt werden.

1. Für die Hinterlegung von Geld und Kostbarkeiten sind stets die ordentlichen Hinterlegungsstellen ausschließlich zuständig (HO. vom 21. 4. 1913). Die HO. läßt den Art. 85 unberührt und ist auf die Hinterlegung bei der hier bezeichneten Stelle nicht anzuwenden (§ 44 HO.). Art. 85

macht von der Ermächtigung des Art. 144 EG.BGB. nur bei der Hinterlegung von Wertpapieren und nur in den Fällen Gebrauch, wo auch das BGB. die Niederlegung bei der Reichsbank wahlweise zuläßt: beim Nießbrauch und bei der Sicherstellung von Frauengut, Kindes- oder Mündelvermögen sowie bei der Hinterlegung der zu einer Vorerbschaft gehörenden Wertpapiere. Vgl. RG. 79, 15. Auch Fideikommiß- und Lehenskapitalien können bei diesen Hinterlegungsstellen niedergelegt werden.

Durch den Ministerialerlaß vom 17. 12. 1899 (JMBl. 805) sind als außerordentliche Hinterlegungsstellen folgende Anstalten bestimmt worden:

1. die Seehandlung in Berlin (jetzt Preußische Staatsbank),
2. die Pr. Zentralgenossenschaftskasse in Berlin,
3. die Ostpr. landschaftl. Darlehnskasse in Königsberg,
4. die Westpr. landschaftl. Darlehnskasse in Danzig,
5. die Kur- und Neumärkische Ritterschaftl. Darlehnskasse in Berlin,
6. die Pommersche landschaftl. Darlehnskasse in Stettin,
7. die Posener landschaftl. Bank in Posen,
8. die Schlesische landschaftl. Bank in Breslau,
9. die Städtische Bank in Breslau,
10. die Kommunalständische Bank für die Pr. Oberlausitz in Görlitz,
11. die Landschaftl. Bank der Provinz Sachsen in Halle a. S.,
12. die Nassauische Bank in Wiesbaden,
13. die Landeskreditkasse in Wiesbaden,
14. die Landesbank der Rheinprovinz in Düsseldorf,
15. die Spar- und Leihkasse für die Hohenzollernschen Lande.

Durch gemeinschaftlichen Erl. d. FM., JM. und HM. vom 18. 12. 1899 (JMBl. 805) ist als einzige Privatbank die Frankfurter Bank in Frankfurt a. M. als Hinterlegungsstelle bestimmt.

Die Möglichkeit, **Sparkassen als Hinterlegungsstellen** zu bestimmen, ist durch G. vom 2. 3. 1918 (GS. 17) geschaffen. In Ausführung dieses Gesetzes ist durch die AVfg. d. JM. und d. M. d. J. vom 22. 4. 1918 (JMBl. 156) — geändert durch

AVfg. vom 13. 4. 1920 (JMBl. 152) — das Bestimmungsrecht hinsichtlich der Sparkassen den Regierungspräsidenten im Einvernehmen mit den LGPr. übertragen worden. Derartige Bestimmungen bedürfen zu ihrer Wirksamkeit der Bekanntmachung im Regierungsamtsblatt RG. 1. 11. 1929 1a X 391/29.

Gerichtskosten.

Artikel 86.

Vorbemerkung. Die in Art. 86 vorgesehenen Änderungen des PrGKG. sind ebenso wie die auf Grund des § 2 am 6. 10. 1899 bekanntgemachte Textfassung inzwischen überholt durch das neue PrGKG. (über neueste Fassung vgl. meine erläuterte Ausgabe 8. Aufl. 1928).

(Text nicht abgedruckt.)

Schlußbestimmungen.

Artikel 87.

Soweit in Gesetzen auf Vorschriften verwiesen ist, welche durch dieses Gesetz außer Kraft gesetzt werden, treten an deren Stelle die entsprechenden neuen Vorschriften.

Artikel 88.

Vorbemerkung. Art. 88 (Vorbehalt zugunsten der landesherrlichen und der ihnen gleichgestellten Familien sowie der Standesherrn und des vormaligen Reichsadels) ist aufgehoben durch § 41 Ziff. 76 d. G. über Aufhebung der Standesvorrechte des Adels und Auflösung der Hausvermögen vom 23. 6. 1920 (GS. 367).

(Text nicht abgedruckt.)

Artikel 89.

Die nachstehenden Vorschriften werden, soweit sie nicht schon infolge Reichsgesetzes außer Kraft treten, unbeschadet der Übergangsvorschriften, aufgehoben:

1. folgende Vorschriften des Allgemeinen Landrechts, soweit sie sich nicht auf öffentliches Recht beziehen:
   a) die Einleitung mit Ausnahme der §§ 74, 75;
   b) der erste Teil mit Ausnahme
      des § 24 des 1. Titels,
      der §§ 29 bis 69, 71 bis 82, 96 bis 117, 125 bis 131, 133, 137 bis 140, 142 bis 144, 146 bis 148, 152, 153, 155, 156, 162 bis 167, 169 bis 174, 185, 186 des 8. Titels,
      der §§ 94 bis 96, 111 bis 120, 126, 128, 129, 139, 140, 152, 153, 155 bis 157, 170 bis 208, 210 bis 219, 223 bis 258, 261 bis 274, 348, 655 bis 659 des 9. Titels sowie der sonstigen Vorschriften des neunten Abschnitts dieses Titels, soweit sie auf Grund der im Einführungsgesetze zum Bürgerlichen Gesetzbuche gemachten Vorbehalte in Kraft bleiben,
      der §§ 4 bis 11, 651, 652, 676, 677, 996 bis 1019, 1021 bis 1023 des 11. Titels,
      der §§ 176, 475, 476 des 12. Titels,
      der §§ 41 bis 45 des 13. Titels,
      der §§ 362 bis 371 des 17. Titels,
      der §§ 1 bis 679 des 18. Titels,
      der §§ 458 bis 465 des 20. Titels,
      der §§ 45, 46 des 21. Titels und
      der §§ 55 bis 242 des 22. Titels;
   c) aus dem zweiten Teile:
      der 1. Titel mit Ausnahme der §§ 34, 35, des Anhangs-§ 65, der §§ 193, 738 bis 740 und des neunten Abschnitts, soweit dieser auf Grund einer nach den Artikeln 57, 58 des Einführungsgesetzes zum Bürgerlichen Gesetz-

buch in Kraft bleibenden Vorschrift der Hausverfassung gilt;

der 2. Titel mit Ausnahme der §§ 17, 18, 59, 77, 78, 81 bis 84, 150, 603, 641, 642, 683 bis 685;

der 3. Titel;

die §§ 1 bis 22, 27 bis 47, 227 bis 250 des 4. Titels, soweit sie nicht für Familienfideikommisse gelten;

der 5. Titel;

der 6. Titel, soweit er sich auf die Verfassung rechtsfähiger Vereine bezieht, für Vereine, die nach dem Inkrafttreten des Bürgerlichen Gesetzbuchs Rechtsfähigkeit erlangen;

die §§ 80 bis 85 des 7. Titels;

die §§ 444 bis 455 des 8. Titels;

die §§ 1199 bis 1209 des 11. Titels;

die §§ 1 bis 4, 7 bis 18, 21, 23 bis 29 des 16. Titels;

die §§ 48 bis 52, 54, 56 bis 60 des 17. Titels;

der 18. Titel mit Ausnahme der §§ 344, 810, 996 bis 1002;

die §§ 45 bis 48 des 19. Titels;

die §§ 1271, 1272 des 20. Titels;

2. das Rheinische Bürgerliche Gesetzbuch mit Ausnahme der Artikel 538, 556 bis 563, 640 bis 643, 645, des Artikel 648, soweit er sich auf das Weiderecht innerhalb der Gemeinde bezieht, des Artikel 671, des Artikel 672 Abs. 1 und der Artikel 674 bis 681, 714 und des Artikel 1384, soweit er auf die Haftung des Staates, der Gemeinden und anderer Kommunalverbände für den von ihren Beamten in Ausübung der diesen anver-

trauten öffentlichen Gewalt zugefügten Schaden Anwendung findet;

3. die Vorschriften des gemeinen Rechtes über die Wiedereinsetzung in den vorigen Stand und über die Privatpfändung;
4. die Vorschrift des revidierten Statuts der Stadt Lübeck Buch 2 Titel 2 Artikel 10;
5. die Vorschriften der bisherigen Gesetze über das Schuldverhältnis aus einem mit der Überlassung eines Grundstücks verbundenen Leibgedingsvertrag und die Fuldische Verordnung vom Auszug oder der Leibzucht usw. vom 16. Februar 1773;
6. das Rheinische Gesetz über die Führung der Namen und Vornamen vom 23. August 1794 (6. Fructidor II);
7. die Verordnung wider die Veräußerung unbeweglicher Güter in die tote Hand vom 17. Mai 1799 (Chronologische Sammlung der Verordnungen usw. für die Herzogtümer Schleswig und Holstein S. 27);
8. das Ausschreiben, die Auf- und Annahme von Testamenten auf den Inseln der Provinz Ostfriesland betreffend, vom 24. November 1817 (Samml. der Hannoverschen Landesverordnungen usw. des Jahres 1817 II S. 521);
9. das Gesetz wegen Einführung kürzerer Verjährungsfristen vom 31. März 1838 (Gesetz-Samml. S. 249);
10. das Gesetz über Familienschlüsse bei Familien-Fideikommissen, Familienstiftungen und Lehnen vom 15. Februar 1840 (Gesetz-Samml. S. 20), soweit es sich auf Familienstiftungen bezieht;
11. das Gesetz, betreffend die Familien-Fideikommisse, fideikommissarischen Substitutionen und Familien-

stiftungen im Herzogtum Schlesien und in der Grafschaft Glatz, vom 15. Februar 1840 (Gesetz-Samml. 1840 S. 25), soweit es sich auf Familienstiftungen bezieht;

12. die Verordnung wegen Einführung kürzerer Verjährungsfristen für die Landesteile, in welchen noch gemeines Recht gilt, vom 6. Juli 1845 (Gesetz-Samml. S. 483);

13. das Gesetz über die Erwerbung von Grundeigentum für Korporationen und andere juristische Personen des Auslandes vom 4. Mai 1846 (Gesetz-Samml. S. 235);

14. das Nassauische Gesetz, betreffend die Abkürzung der Verjährungsfristen für gewisse Arten von Forderungen, vom 5. April 1849 (Nass. Verordnungs-Blatt S. 75);

15. der § 92 des Gesetzes, betreffend die Ablösung der Reallasten und die Regulierung der gutsherrlichen und bäuerlichen Verhältnisse, vom 2. März 1850 (Gesetz-Samml. S. 77);

16. das Hannoversche Gesetz, die Verjährung persönlicher Klagen und die Einführung kurzer Verjährungsfristen für dieselben betreffend, vom 22. September 1850 (Hannov. Gesetz-Samml. Abt. I S. 187);

17. das Großherzoglich Hessische Gesetz, betreffend die Verjährung der persönlichen Klagen in den Provinzen Starkenburg und Oberhessen, vom 19. März 1853 (Großherzogl. Hess. Reg.-Blatt S. 117);

18. das Kurhessische Gesetz wegen Einführung kürzerer Verjährungsfristen bei Klagen aus Schuldverhältnissen vom 14. Juli 1853 (Kurhess. Gesetz-Samml. S. 99);

19. das Landgräflich Hessische Gesetz, die Verjährung der persönlichen Klagen betreffend, vom 15. August 1854 (Reg.-Blatt f. d. ehemal. Landgrafschaft Hessen-Homburg S. 748);
20. das Gesetz, betreffend die Abschätzung der Landgüter zum Behufe der Pflichtteilsberechnung in der Provinz Westfalen, vom 4. Juni 1856 (Gesetz-Samml. S. 550);
21. das Bayerische Gesetz, betreffend die Verjährungsfristen, vom 26. März 1859 (Bayer. Gesetzbl. S. 26);
22. der § 19 des Gesetzes, betreffend die Ablösung der Reallasten in den Hohenzollernschen Landen, vom 28. Mai 1860 (Gesetz-Samml. S. 221);
23. der § 3 des Frankfurter Gesetzes, die Erwerbung von Grundeigentum und Insätzen durch Nichtverbürgerte betreffend, vom 29. September 1863 (Frankf. Gesetz- und Statuten-Sammlung Bd. XVI S. 55);
24. das Gesetz, betreffend die den gemeinnützigen Aktiengesellschaften bewilligte Sportel- und Stempelfreiheit, vom 2. März 1867 (Gesetz-Samml. S. 385);
25. das Gesetz wegen Einführung kürzerer Verjährungsfristen für die Provinz Schleswig-Holstein vom 9. Februar 1869 (Gesetz-Samml. S. 341);
26. das Gesetz, betreffend die Genehmigung zu Schenkungen und letztwilligen Zuwendungen, sowie zur Übertragung von unbeweglichen Gegenständen an Korporationen und andere juristische Personen, vom 23. Februar 1870 (Gesetz-Samml. S. 118);
27. der § 14 des Gesetzes, betreffend die Ablösung der Reallasten im Gebiete des Regierungsbezirks Wiesbaden und in den zum Regierungsbezirk Kassel ge-

hörigen vormals Großherzoglich Hessischen Gebietsteilen, vom 15. Februar 1872 (Gesetz-Samml. S. 165);

28. das Gesetz über den Eigentumserwerb und die dingliche Belastung der Grundstücke, Bergwerke und selbständigen Gerechtigkeiten vom 5. Mai 1872 (Gesetz-Samml. S. 433);

29. der § 55 des Gesetzes, betreffend die Ablösung der Reallasten in der Provinz Schleswig-Holstein, vom 3. Januar 1873 (Gesetz-Samml. S. 3);

30. die Vormundschaftsordnung vom 5. Juli 1875 (Gesetz-Samml. S. 431);

31. der § 26 des Gesetzes, betreffend die Ablösung der Reallasten im Gebiete des Regierungsbezirks Kassel ausschließlich der zu demselben gehörigen vormals Großherzoglich Hessischen Gebietsteile, vom 23. Juli 1876 (Gesetz-Samml. S. 357).

1. Als **Übergangsvorschriften** kommen die in Art. 153 ff. EG.BGB. und die im AG. selbst enthaltenen Vorschriften in Betracht. Die aufgehobenen Vorschriften gelten daher gleichwohl weiter für die nach altem Rechte zu beurteilenden Rechtsverhältnisse RG. 63, 131.

2. Die **Vorschriften des ALR. „soweit sie sich auf öffentliches Recht beziehen"** sind nicht aufgehoben. Die Haftung eines Beamten für Amtspflichtverletzungen aus dem Amts- oder Dienstverhältnis richtet sich gemäß Art. 80 EG.BGB. nach den Vorschriften des ALR. II 10 §§ 88 bis 91; Inhalt und Umfang der Haftung und der Einfluß eines mitwirkenden Verschuldens bestimmt sich aber nicht nach den Vorschriften I 6 ALR., sondern nach den im BGB. niedergelegten Grundsätzen RG. 92, 236.

3. Zu Ziffer 1b: Infolge der Aufrechterhaltung der „sonstigen Vorschriften des neunten Abschnitts I 9 ALR., soweit sie auf Grund der im EG.BGB. gemachten Vorbehalte in Kraft bleiben" war die Bestimmung des ALR. über die **Verjährung durch Besitz**, insbesondere § 649 I 9, auf wasserrecht-

lichem Gebiet auch noch in der Zeit vom 1. 1. 1900 ab bis zum Inkrafttreten des Wassergesetzes vom 7. 4. 1913 (1. 5. 1914) in Geltung RG. 111, 90.

4. Zu Ziff. 1c. Die Aufhebung des früheren privaten Vereinsrechts (ALR. II 6) beschränkt sich auf solche Vereine, die erst künftig die Rechtsfähigkeit erwerben. Für die schon vor 1900 bestehenden Vereine mit verliehener Rechtsfähigkeit bleiben dagegen die Vorschriften des genannten Landrechtstitels über die Vereinsverfassung in Kraft RG. 81, 244.

Das Aneignungsrecht des Fiskus an herrenlosen Grundstücken besteht fort, sofern es vor 1900 entstanden war RG. 80, 24; 71, 66.

5. Zu Ziff. 2: Die Haftung des Staats, der Gemeinden und anderer Kommunalverbände für den von ihren Beamten in Ausübung der diesen anvertrauten öffentlichen Gewalt verursachten Schaden ist neu geregelt durch G. vom 1. 8. 1909 (GS. 691), ergänzt durch G. vom 14. 5. 1914 (GS. 117). Über Haftung des Beamten gegenüber dem Staat im rheinischen Rechtsgebiet vgl. RG. 63, 430.

Artikel 90.

Dieses Gesetz tritt gleichzeitig mit dem Bürgerlichen Gesetzbuch in Kraft.

Die Vorschriften des Artikel 33 § 2 Abs. 2, § 3 Nr. 1, der Artikel 34, 71, 73, 74 und des Artikel 86 § 2 treten mit der Verkündung in Kraft.

Urkundlich unter Unserer Höchsteigenhändigen Unterschrift und beigedrucktem Königlichen Insiegel.

Gegeben Snogeholm, den 20. Septmber 1899.

(L. S.) Wilhelm.

Fürst zu Hohenlohe. v. Miquel. Thielen.
Frhr. v. Hammerstein.
Schönstedt. Brefeld. v. Goßler. Gr. v. Posadowsky.
Gr. v. Bülow. Tirpitz. Studt. Frhr. v. Rheinbaben.

Anhang.

Verordnung zur Ausführung des Bürgerlichen Gesetzbuchs.

Vom 16. November 1899 (GS. 562).

Wir Wilhelm, von Gottes Gnaden König von Preußen usw. verordnen zur Ausführung des Bürgerlichen Gesetzbuchs vom 18. August 1896, des zugehörigen Einführungsgesetzes und des Ausführungsgesetzes vom 20. September 1899 (Gesetz-Samml. S. 177), was folgt:

Artikel 1.

Vorbemerkung. Art. 1 ist durch die V. vom 29. 12. 1920 (GS. 1921, 115) geändert, welche bestimmt: „Vereinen, die durch staatliche Verleihung Rechtsfähigkeit erlangt haben, wird die staatliche Genehmigung zur Änderung ihrer Satzungen durch die Aufsichtsbehörde erteilt, soweit nicht die Änderung den Zweck des Vereins oder die staatliche Genehmigung künftiger Satzungsänderungen betrifft. Als Aufsichtsbehörde gilt, wenn Gesetz oder Satzung nichts anderes bestimmt, der Regierungspräsident, in dessen Bezirk der Verein seinen Sitz hat, für Vereine mit dem Sitze in Berlin der Polizeipräsident. Soll der Sitz an einen außerhalb des Bezirks der bisherigen Aufsichtsbehörde liegenden Ort verlegt werden, so bedarf es dazu derselben Genehmigung wie zu einer Änderung des Zwecks. Ist eine Behörde für Genehmigung einer Satzungsänderung zuständig, so kann sie andere gleichzeitig beschlossene Änderungen derselben Satzung auch dann genehmigen, wenn eine ihr unterstellte Behörde dafür zuständig ist."

Die Verleihung der Rechtsfähigkeit an einen Verein, dessen Zweck auf einen wirtschaftlichen Geschäftsbetrieb gerichtet ist, sowie die Erteilung der zu einer Änderung der Satzung eines solchen Vereins erforderlichen Genehmigung (Bürgerliches Gesetzbuch §§ 22, 33) erfolgt durch die zuständigen Minister.

1. Ein **wirtschaftlicher Geschäftsbetrieb** wird bezweckt, wenn die Produktion oder der Umsatz wirtschaftlicher Güter geschäftsmäßig betrieben wird. Vereine, deren Zweck nicht auf einen wirtschaftlichen Geschäftsbetrieb gerichtet ist, sogenannte Vereine mit idealen Tendenzen, erlangen Rechtsfähigkeit durch Eintragung in das Vereinsregister des zuständigen AG. (§ 21 BGB.). Die Verleihung der Rechtsfähigkeit nach Art. 1 setzt voraus, daß die Rechtsfähigkeit auf anderem Wege nicht zu erlangen ist; sie kann auch an Bedingungen geknüpft oder auf Zeit erteilt werden.

Artikel 2.

In den Fällen des § 43 des Bürgerlichen Gesetzbuchs entscheidet über die Entziehung der Rechtsfähigkeit eines Vereins im Verwaltungsstreitverfahren der Bezirksausschuß. Für die Erhebung der Klage ist der Landrat, in Stadtkreisen die Ortspolizeibehörde zuständig.

1. **Entziehung der Rechtsfähigkeit.** Nach § 43 BGB. kann einem Verein die Rechtsfähigkeit entzogen werden, wenn er durch einen gesetzwidrigen Beschluß der Mitgliederversammlung oder durch gesetzwidriges Verhalten des Vorstandes das Gemeinwohl gefährdet. Einem Verein, dessen Zweck nach der Satzung nicht auf einen wirtschaftlichen Geschäftsbetrieb gerichtet ist, kann die Rechtsfähigkeit entzogen werden, wenn er einen solchen Zweck verfolgt. Einem Verein, dessen Rechtsfähigkeit auf Verleihung beruht (vgl. Art. 1), kann die Rechtsfähigkeit entzogen werden, wenn er einen anderen als den in der Satzung bestimmten Zweck verfolgt. Die früher durch § 43 Abs. 3 BGB. gegebene Möglichkeit, einen Verein, der nach der Satzung einen politischen, sozialpolitischen oder

religiösen Zweck nicht hat, die Rechtsfähigkeit zu entziehen, wenn er einen solchen Zweck verfolgt, ist durch Art. 124 RV. beseitigt.

Artikel 3.

Für die Erhebung des Einspruchs gegen die Eintragung eines Vereins in das Vereinsregister oder gegen die Eintragung einer Änderung der Satzung eines eingetragenen Vereins (Bürgerliches Gesetzbuch §§ 61, 71) ist der Landrat, in Stadtkreisen die Ortspolizeibehörde zuständig.

Über die Rechtmäßigkeit des Einspruchs entscheidet im Verwaltungsstreitverfahren der Bezirksausschuß.

1. **Einspruch der Verwaltungsbehörde** gegen Eintragung eines Vereins in das Vereinsregister oder gegen Eintragung einer Satzungsänderung eines bereits eingetragenen Vereins ist zulässig, wenn der Verein nach dem öffentlichen Vereinsrecht unerlaubt ist oder verboten werden kann. Die früher gegebene Möglichkeit, Einspruch zu erheben, weil der Verein einen politischen, sozialpolitischen oder religiösen Zweck verfolge, ist durch Art. 124 RV. beseitigt.

Artikel 4.

Zur Entstehung einer rechtsfähigen Stiftung (Bürgerliches Gesetzbuch § 80) ist, unbeschadet der für Familienstiftungen geltenden Vorschriften des Artikel 1 § 1 des Ausführungsgesetzes zum Bürgerlichen Gesetzbuche, die Genehmigung des Königs erforderlich.

Das Gesuch um die Genehmigung ist bei dem Regierungspräsidenten einzureichen, in dessen Bezirke die Stiftung ihren Sitz haben soll.

1. Zur **Entstehung einer rechtsfähigen Stiftung** ist nach § 80 BGB. außer dem Stiftungsgeschäft die Genehmigung des Landes erforderlich, in dessen Gebiete die Stiftung ihren Sitz haben soll. Soll die Stiftung ihren Sitz nicht in einem deutschen Lande haben, so ist die Genehmigung des Reichsrats erforderlich. Als Sitz der Stiftung gilt, wenn nicht ein an-

deres bestimmt ist, der Ort, an welchem die Verwaltung geführt wird. An die Stelle der Genehmigung des Königs ist die Genehmigung des StM. getreten.

Artikel 5.

In den Fällen des Artikel 4 des Ausführungsgesetzes zum Bürgerlichen Gesetzbuch ist die Genehmigung des Königs erforderlich, wenn durch den Beschluß des Vorstandes der Stiftung die Verfassung in Ansehung des Zweckes geändert oder die Stiftung aufgehoben werden soll. Sonstige Änderungen der Verfassung bedürfen der Genehmigung der Aufsichtsbehörde.

In den Fällen des § 87 des Bürgerlichen Gesetzbuchs entscheidet über die Umwandlung des Zweckes, die Änderung der Verfassung und die Aufhebung der Stiftung der König, bei Familienstiftungen der Justizminister.

1. Vgl. N. 1 zu Art. 4 AG.; bezüglich der Familienstiftungen Art. 2 § 1 N. 1.

Artikel 6.

Vorbemerkung. Die Fassung des Art. 6 beruht auf der V. vom 25. 3. 1920 (GS. 85).

Die zum Erwerbe von Grundstücken nach Artikel 7 § 2 Abs. 1 des Ausführungsgesetzes zum Bürgerlichen Gesetzbuch erforderliche Genehmigung wird juristischen Personen, die in einem anderen Bundesstaat ihren Sitz haben, vom Regierungspräsidenten, in Berlin vom Polizeipräsidenten erteilt. Würde die juristische Person, wenn sie am Orte des zu erwerbenden Grundstücks ihren Sitz hätte, nach den bestehenden allgemeinen Bestimmungen einer anderen staatlichen Aufsichtsbehörde als dem Regierungs- (Polizei-) Präsidenten unterstehen, so ist diese andere Behörde für die Genehmigung zuständig. In allen Fällen ist für die örtliche Zuständigkeit die Lage des Grundstücks maßgebend.

1. Vgl. Art. 7 § 2 AG. N. 1.

Artikel 7.

In den Fällen des § 525 Abs. 2 und des § 2194 Satz 2 des Bürgerlichen Gesetzbuchs ist für die Geltendmachung des Anspruchs auf Vollziehung der Auflage, wenn die Wahrnehmung des öffentlichen Interesses einer preußischen Behörde obliegt, der Minister zuständig, dessen Geschäftsbereich nach dem Zwecke der Auflage betroffen wird. Er kann mit der Geltendmachung des Anspruchs eine nachgeordnete Behörde beauftragen.

1. Bei einer **Schenkung unter einer Auflage** oder einer durch **Testament bestimmten Auflage** kann, wenn die Vollziehung der Auflage im öffentlichen Interesse liegt, die zuständige Behörde die Vollziehung verlangen. Die behördliche Zuständigkeit wird durch Art. 7 für Preußen näher geregelt.

Artikel 8.

Die nach § 795 des Bürgerlichen Gesetzbuchs zur Ausgabe von Schuldverschreibungen auf den Inhaber erforderliche Genehmigung wird auf Grund eingeholter Königlicher Ermächtigung von den zuständigen Ministern erteilt.

Der Ermächtigung bedarf es nicht für die Genehmigung von Änderungen der Höhe des Zinssatzes und von sonstigen Änderungen der Ausgabebedingungen.

1. Die Ausgabe von im Inland ausgestellten **Schuldverschreibungen auf den Inhaber**, in denen die Zahlung einer bestimmten Geldsumme versprochen wird, ist nur mit staatlicher Genehmigung zulässig. Sie wird in Preußen von den

nach den Geschäftsgrundsätzen des StM. zuständigen Ministern mit dessen Ermächtigung erteilt.

Artikel 9.

Nicht eingetragene Miet- und Pachtrechte, die zu der Zeit, zu welcher das Grundbuch als angelegt anzusehen ist, als Rechte an einem Grundstücke bestehen (Einführungsgesetz zum Bürgerlichen Gesetzbuch Artikel 188 Abs. 2) bedürfen zur Erhaltung der Wirksamkeit gegenüber dem öffentlichen Glauben des Grundbuchs nicht der Eintragung.

1. Nach dem Rechte des BGB. sind **Miete und Pacht** nur persönliche Rechte, sie können nicht ins Grundbuch eingetragen werden. Durch Art. 9 wird auch für diejenigen Miet- und Pachtrechte, die nach bisherigem Recht durch Besitzübergabe dinglich geworden waren, bestimmt, daß sie zur Erhaltung ihrer Wirksamkeit gegenüber dem öffentlichen Glauben des Grundbuchs nicht der Eintragung bedürfen.

Artikel 10.

Die Befreiung von der Vorschrift, daß eine Frau nicht vor der Vollendung des sechzehnten Lebensjahrs eine Ehe eingehen darf, sowie von dem Verbote der Eheschließung zwischen einem wegen Ehebruchs geschiedenen Ehegatten und demjenigen, mit welchem er den Ehebruch begangen hat (Bürgerliches Gesetzbuch §§ 1303, 1312, 1322), erteilt der Justizminister.

1. **Befreiung vom Erfordernis der Ehemündigkeit.** Nach der V. vom 16. 8. 1915 (GS. 124) kann der Justizminister die Zuständigkeit zur Erteilung der Befreiung von der Vorschrift, daß eine Frau nicht vor der Vollendung des 16. Lebensjahrs eine Ehe eingehen darf, den Amtsgerichten übertragen. Dies ist geschehen durch die AVfg. vom 24. 8. 1915 (JMBl. 193). Es entscheidet das AG., in dessen Bezirk die

Gesuchstellerin ihren Wohnsitz und in Ermangelung eines Wohnsitzes in Preußen ihren Aufenthalt hat; hat die Gesuchstellerin in Preußen weder Wohnsitz noch Aufenthalt, so bestimmt der JM. das zuständige AG. Der JM. hat sich vorbehalten, in geeigneten Fällen selbst zu entscheiden; er entscheidet auch, falls die Abänderung eines die Befreiung ablehnenden Beschlusses des AG. verlangt wird.

2. **Befreiung vom Ehehindernis des Ehebruchs.** Nach der V. vom 29. 12. 1920 (GS. 1921, 99) kann der JM. die Zuständigkeit zur Erteilung der Befreiung vom Ehehindernis des Ehebruchs dem LGPr. übertragen. Dies ist geschehen durch AVfg. vom 24. 1. 1921 (JMBl. 76), abgeändert durch AVfg. vom 24. 5. 1921 (JMBl. 319), 7. 1. 1924 (JMBl. 14) und 27. 11. 1928 (JMBl. 449). Der JM. bleibt zuständig in den in § 5 der AVfg. vom 24. 1. 1921 bezeichneten Fällen; er hat sich vorbehalten, auch in anderen geeigneten Fällen selbst zu entscheiden; er entscheidet ferner, falls die Abänderung einer die Befreiung ablehnenden Entscheidung des LGPr. verlangt wird. Grundsätze für die Behandlung der Befreiungsgesuche enthält die RVfg. vom 24. 6. 1929 — I 146.

Artikel 11.

Die Befreiung von der Vorschrift, daß eine Frau erst zehn Monate nach der Auflösung oder Nichtigkeitserklärung ihrer früheren Ehe eine neue Ehe eingehen darf (Bürgerliches Gesetzbuch §§ 1313, 1322) erteilt das Amtsgericht, in dessen Bezirke die Frau ihren Wohnsitz oder in Ermangelung eines in Preußen begründeten Wohnsitzes ihren Aufenthalt hat.

In Ermangelung eines nach Abs. 1 zuständigen Gerichts erteilt das Amtsgericht, in dessen Bezirke die Eheschließung erfolgen soll, und, wenn die Ehe nicht in Preußen geschlossen werden soll, das Amtsgericht I Berlin die Befreiung.

1. Bei Befreiung vom aufschiebenden Ehehindernis der

Wartezeit handelt es sich um eine durch Landesgesetz den Gerichten übertragene Angelegenheit der freiwilligen Gerichtsbarkeit RG. 24. 10. 1904 Zeitschr. f. Zivilpr. 34, 353. Über Beschwerden entscheidet das LG.

Artikel 12.

Vorbemerkung. Die Fassung des Art. 12 Abs. 1 ist geändert durch V. vom 12. 7. 1910 (GS. 111) und V. vom 18. 10. 1921 (GS. 547).

Die Befreiung von dem vor der Eheschließung erforderlichen Aufgebot (Bürgerliches Gesetzbuch §§ 1316, 1322) erteilt der Regierungspräsident, in dessen Bezirk die Ehe geschlossen werden soll, für Berlin der Oberpräsident von Berlin.

Die Aufsichtsbehörde kann in dringenden Fällen eine Abkürzung der für die Bekanntmachung des Aufgebots bestimmten Fristen (Reichsgesetz vom 6. Februar 1875 §§ 46, 47) gestatten.

1. Im Falle dringenden Bedürfnisses kann der M. d. J. die **Befreiung vom Aufgebot,** soweit beide Verlobte Reichsinländer sind, dem Standesbeamten übertragen, vor dem die Ehe geschlossen werden soll (V. vom 16. 12. 1912 GS. 229).

Artikel 13.

Die Ehelichkeitserklärung wird von dem Justizminister erteilt, welcher diese Zuständigkeit auf nachgeordnete Behörden übertragen kann.

1. Die jetzige Fassung des Art. 13 beruht auf V. d. StM. vom 20. 2. 1922 (GS. 53). Durch AVfg. vom 4. 4. 1922 (JMBl. 114) ist die Entscheidung den LGPr. übertragen; jedoch entscheidet der JM., wenn der Vater außer der preußischen noch eine andere Staatsangehörigkeit oder das Kind nicht die deutsche Reichsangehörigkeit besitzt, ferner in anderen

von ihm für geeignet gehaltenen Fällen und über Beschwerden gegen ablehnende Entscheidungen der LGPr.

Artikel 14.

Die Befreiung von dem für die Annahme an Kindes Statt erforderlichen Alter des Annehmenden (Bürgerliches Gesetzbuch §§ 1744, 1745) wird von dem Justizminister erteilt.

1. Nach der V. vom 16. 8. 1915 (GS. 124) kann der JM. die Zuständigkeit zur Erteilung der **Befreiung vom Alterserfordernisse** den Amtsgerichten übertragen. Dies ist geschehen durch die AVfg. vom 24. 8. 1915 (JMBl. 193), vgl. hierzu AVfg. vom 13. 5. 1916 (GS. 113) und 27. 8. 1925 (JMBl. 337).

Artikel 15.

Diese Verordnung tritt gleichzeitig mit dem Bürgerlichen Gesetzbuch in Kraft.

Urkundlich unter Unserer Höchsteigenhändigen Unterschrift und beigedrucktem Königlichen Insiegel.

Gegeben Neues Palais, den 16. November 1899.

(L. S.) Wilhelm.

Sachregister.

Die größeren arabischen Ziffern ohne Zusatz bezeichnen die Artikel des Ausführungsgesetzes, mit dem Zusatz Anh. die Artikel der Ausführungsverordnung; die Ziffern mit dem Zusatze § bezeichnen die Paragraphen (Unterabteilungen der Artikel); die kleinen arabischen Ziffern bezeichnen die Absätze oder die Ziffern innerhalb des Artikels oder des Paragraphen; die kleinen Ziffern mit dem Zusatze N. bezeichnen die Noten. Beispiel: 2 § 8¹, 7 § 1 N. 1.

A.

B.

F.

G.

N.

O.

P.

R.

W.

Z.

Gedruckt bei A. W. Hayn's Erben, Potsdam.

Nachweis wichtiger Gesetzesausgaben

nit und ohne Erläuterungen, größere und kleinere Kommentare, Lehrbücher, Sammelwerke, Entscheidungssammlungen, Zeitschriften

Kusammengestellt vom Verlage Walter de Gruyter & Co., Berlin W 10
Februar 1930

Inhaltsübersicht

I. Allgemeines, Sammelwerke.

Handwörterbuch der Rechtswissenschaft. Unter Mitberatung von Reichsgerichtspräsident Dr. E. Bumke, L. Busch, Oberreichsanwalt Dr. L. Ebermayer, Geh. Justizrat Professor Dr. Fr. Endemann, Geh. Justizrat Professor Dr. E. Heymann, Senatspräsident am Reichsgericht Dr. O. Strecker, Präsident des Bayrischen Obersten Landesgerichts Staatsrat Dr. K. v. Unzner herausgegeben von Dr. jur. **Fritz Stier-Somlo**, o. Professor an der Universität Köln, und Dr. jur **Alex. Elster**, Berlin. 6 Bände. Lexikon-Oktav. 1926/29.
In Halbleder geb. RM. 304.—

„Es zeigt sich doch jetzt immer mehr, daß Ihr Handwörterbuch ein ganz großer Wurf war. Wie ich höre, wird es auch in der Praxis in steigendem Maße benutzt." Professor Dr. Nipperdey, Köln.

Bürgerliches Rechtslexikon. (Nach dem Bürgerlichen Gesetzbuch, dem Handelsgesetzbuch und sonstigen Reichs- und Landesgesetzen.) Von E. **Christiani**, weil. Amtsgerichtsrat. Vierte, durchgearbeitete und verbesserte Auflage von Dr. Alexander **Elster**, Rechtsanwalt Dr. Hugo Hoormann, Amtsgerichtsrat Georg Krause, Lexikon-Oktav. IV, 474 Seiten. 1930 . . . . Geb. RM. 15.—

Christianis „Bürgerliches Rechtslexikon" erscheint nach seinen großen Erfolgen vor dem Kriege nunmehr in vierter Auflage. Die besondere Art der Stichwortaufteilung und die verständliche Darstellung haben es in alle Kreise gelangen lassen, die stets eine Gelegenheit zu zuverlässiger Rechtsbelehrung haben müssen.

Hedemann, J. W., **Einführung in die Rechtswissenschaft.** Zweite, erweiterte und umgestaltete Auflage. Oktav. XXII, 566 Seiten. 1927. (Lehrbücher und Grundrisse der Rechtswissenschaft Bd. IX.)
. . . . RM. 14.—, geb. RM. 16.—

„. . . Das Buch Hedemanns, welches die Aufgabe einer Einführung am reichsten und umfassendsten auffaßt und löst . . ."
Juristische Wochenschrift.

Sternberg, Theodor, **Einführung in die Rechtswissenschaft.**
I. Teil: Methoden- und Quellenlehre. Zweite, neugestaltete Auflage. Verbesserter Neudruck. 190 Seiten. 1927. (Sammlung Göschen Bd. 169.)
Geb. RM. 1.80
II. Teil: Das Rechtssystem. Erste Hälfte: Grundbegriffe und Privatrecht. Zweite, vermehrte Auflage. 133 Seiten. 1922. (Sammlung Göschen Bd. 170.) . . . . Geb. RM. 1.80

Eine in ihrer Knappheit ganz ausgezeichnete Darstellung der juristischen Begriffe und Probleme.

Schröder, Richard, und **Glitsch,** Heinrich, **Deutsche Rechtsgeschichte. schichte.** Sechste, verbesserte Auflage. Groß-Oktav. Mit einer Abbildung im Text, fünf Tafeln und einem Bildnis. 1124 Seiten. 1922.
RM. 26.—, in Halbleder geb. RM. 30.—

Dieses bekannte Lehrbuch hat sich seit langen Jahren bestens bewährt. . . . .

Fehr, Hans, **Deutsche Rechtsgeschichte.** Zweite, verbesserte und ergänzte Auflage. Oktav. 416 Seiten. 1925. (Lehrbücher und Grundrisse der Rechtswissenschaft Bd. X.) RM. 13.—, geb. RM. 14.50

Das Buch gibt eine plastische Darstellung der deutschen Rechtsgeschichte, die eine Anhäufung von Stoff ausdrücklich vermeidet, vielmehr das Schwergewicht auf eine mehr ideengeschichtliche Behandlung des Gegenstandes legt.

Schröder, Richard, und **Glitsch,** Heinrich, **Deutsche Rechtsgeschichte.** Zweite Auflage. Neudruck.
I. Bis zum Ende des Mittelalters. 160 Seiten. 1929. (Sammlung Göschen Bd. 621.) . . . . Geb. RM. 1.80

II. Die Neuzeit. 90 Seiten. 1929. (Sammlung Göschen Bd. 664.) Geb. RM. 1.80

Eine gemeinverständliche kurze Darstellung der deutschen Rechtsgeschichte.

Giese, Friedrich, **Preußische Rechtsgeschichte.** Übersicht über die Rechtsentwicklung der preußischen Monarchie und ihrer Landesteile. Ein Lehrbuch für Studierende. Groß-Oktav. 256 Seiten. 1920. RM. 5.—, geb. RM. 6.50

„Das Buch ist nicht ein, sondern das (bisher fehlende) Lehrbuch der preußischen Rechtsgeschichte.“
Dr. Karl Strupp im „Verwaltungsarchiv“.

von Mayr, Robert, **Römische Rechtsgeschichte.** I. Buch. Die Zeit des Volksrechtes. 1. Hälfte: Das öffentliche Recht. 150 Seiten. 1912. (Sammlung Göschen Bd. 577.) . . . . Geb. RM. 1.80
2. Hälfte: Das Privatrecht. 117 Seiten. 1912. (Sammlung Göschen Bd. 578.) . . . . Geb. RM. 1.80
II. Buch: Die Zeit des Amts- und Verkehrsrechtes. 1. Hälfte: Das öffentliche Recht. 158 Seiten. 1912. (Sammlung Göschen Bd. 645.) Geb. RM. 1.80
2. Hälfte: Das Privatrecht I. 122 Seiten. 1913. (Sammlung Göschen Bd. 646.) . . . . Geb. RM. 1.80
Das Privatrecht II. 150 Seiten. 1913. (Sammlung Göschen Bd. 647.) Geb. RM. 1.80
III. Buch. Die Zeit des Reichs- und Volksrechtes. 111 Seiten. 1913. (Sammlung Göschen Bd. 648.) . . . . Geb. RM. 1.80
IV. Buch. Die Zeit der Orientalisierung des römischen Rechtes. 155 Seiten. 1913. (Sammlung Göschen Bd. 697.) . . . . Geb. RM. 1.80

Stammler, Rudolf, **Lehrbuch der Rechtsphilosophie.** Dritte, vermehrte Auflage. Groß-Oktav. XVI, 396 Seiten. 1928. RM. 13.—, geb. RM. 15.—

„. . . Ein Werk aus einem Gusse, ein herbes Werk von größter wissenschaftlicher Strenge, eine Schule, durch die jeder gehen muß, der mit den rechtsphilosophischen Problemen der Gegenwart ringt.“
Schweizerische Juristenzeitung.

Stammler, Rudolf, **Rechts- und Staatstheorien der Neuzeit.** Leitsätze zu Vorlesungen. Zweite, vermehrte und verbesserte Auflage. Oktav. IV, 116 Seiten. 1925. . . . . RM. 3.50, geb. RM. 4.50

Ein unentbehrlicher Führer durch die Rechts- und Staatstheorien der Neuzeit.

Stammler, Rudolf, **Wirtschaft und Recht** nach der materialistischen Geschichtsauffassung. Eine sozialphilosophische Untersuchung. Fünfte, durch einen Nachtrag ergänzte Auflage. Oktav. VIII, 704 Seiten. 1924. . . . . RM. 14.—, geb. RM. 16.—

„Das Werk Stammlers darf den Ruhm in Anspruch nehmen, unter allen Büchern, die in der letzten Zeit auf dem hier in Betracht kommenden Gebiet erschienen sind, die stärkste Wirkung hervorgebracht zu haben.“ *Historische Zeitschrift.*

Friedrichs, Karl, **Der Allgemeine Teil des Rechts.** Eine Darstellung der gemeinsamen Lehren des öffentlichen und des privaten Rechts. Groß-Oktav. X, 306 Seiten. 1927. . . . . . RM. 12.—, geb. RM. 13.50

„Eine solche Arbeit fehlte bisher in der juristischen Literatur. Friedrichs ist wie kein anderer berufen, eine grundlegende Arbeit über dieses Gebiet zu schreiben.“ *Mitteilungen des Preuß. Richtervereins.*

Maas, Georg, und **Magnus,** Julius, **Abkürzungsverzeichnis der Rechtssprache.** Abkürzungen der Bezeichnungen von Rechtsquellen, Behörden, Entscheidungen usw. des deutschen und österreichischen Rechts. Oktav. IV, 140 Seiten. 1929. . . . . RM. 4.—

„Bis jetzt fehlte eine Zusammenstellung, die in zuverlässiger Weise die gebräuchlichsten Abkürzungen wiedergab. Diese Lücke füllt das neue Buch in glücklicher Weise aus." Der junge Rechtsgelehrte.

Endemann, Friedrich, **Grundriß des römischen Privatrechts.** Oktav. X, 256 und 30 Seiten. 1925. (Lehrbücher und Grundrisse der Rechtswissenschaft Bd. XII.) . . . . RM. 9.—, geb. RM. 10.50

„. . . ein nach jeder Richtung hochstehendes Werk."
Der junge Rechtsgelehrte.

Stammler, Rudolf, **Aufgaben aus dem römischen Recht.** Der „Institutionenübungen für Anfänger" vierte Auflage. Oktav. IV, 92 Seiten. 1919. Mit Figuren im Text . . . . Geb. RM. 5.—

Zum selbständigen Einarbeiten in das System des römischen Privatrechts.

II. Bürgerliches Recht

1. Bürgerliches Gesetzbuch

Lehmann, Heinrich, **Allgemeiner Teil des Bürgerlichen Gesetzbuches.** Dritte, vermehrte und verbesserte Auflage (9. bis 12. Tausend). Oktav. XIV, 439 Seiten. 1928. (Lehrbücher und Grundrisse der Rechtswissenschaft Bd. I.) . . . . RM. 12.—, geb. RM. 13.50

„Es liegt ein großer pädagogischer Wert in diesem Buch. Es wird sich unter den Studenten rasch großer Beliebtheit erfreuen."
Das Recht.

Leonhard, R., **Der Allgemeine Teil des Bürgerlichen Gesetzbuches** in seinem Einflusse auf die Fortentwicklung der Rechtswissenschaft. Groß-Oktav. XVI, 537 Seiten. 1900. (Recht des Bürgerlichen Gesetzbuches in Einzeldarstellungen Nr. X.) . . . . RM. 10.—

Die Sammlung „Recht des Bürgerlichen Gesetzbuches" umfaßt systematische Darstellungen des BGB. aus der Feder erster Juristen der Wissenschaft und Praxis.

Oertmann, Paul, **Allgemeiner Teil des Bürgerlichen Gesetzbuches.**
I. Einleitung. Lehre von den Personen und von den Sachen. Dritte, verbesserte Auflage. 136 Seiten. 1926. (Sammlung Göschen Bd. 447.) Geb. RM. 1.80
II. Erwerb und Verlust, Geltendmachung und Schutz der Rechte. Dritte, verbesserte Auflage. 147 Seiten. 1928. (Sammlung Göschen Bd. 448.) . . . . Geb. RM. 1.80

Nach der die Vorgeschichte des BGB. und einzelne für seine Bedeutung und Anwendung wichtige Hauptfragen behandelnden Einleitung bespricht der Verfasser die Lehre von den Personen und von den Sachen. Er verarbeitet den Inhalt der einzelnen Gesetzesparagraphen wissenschaftlich und erörtert dabei auch mehrfach Fragen, die im BGB. selbst nicht geregelt, höchstens gestreift werden.

Plancks Kommentar zum Bürgerlichen Gesetzbuch nebst Einführungsgesetz. Bisher herausgegeben von E. Strohal. Bearbeitet von E. Brodmann, L. Busch, J. Ebbecke, F. Flad, M. Greiff, K. Gunkel, P. Knoke, M. Landois, A. Lobe, Fr. Oegg, H. Siber, O. Strecker, K. von Unzner. Vierte, völlig neubearbeitete Auflage. Lexikon-Oktav. Bisher sind erschienen:
I. Band: Allgemeiner Teil. 606 Seiten. 1913. RM. 15.—, geb. RM. 17.—
II. Band, 1. Hälfte: Recht der Schuldverhältnisse. (Allgemeiner Teil.) 640 Seiten. 1914 . . . . RM. 15.—, geb. RM. 17.—

II. Band, 2. Hälfte: Recht der Schuldverhältnisse. (Besonderer Teil.) 1296 Seiten. 1928 . . . . RM. 49.—, geb. RM. 52.—
III. Band: Sachenrecht. 1464 Seiten. 1920. RM. 30.—, geb. RM. 33.—
IV. Band: Familienrecht. 1. Hälfte §§ 1297—1588. 701 Seiten. 1928. RM. 26.—, geb. RM. 28.—
V. Band: Erbrecht.
Erste Lieferung: §§ 1922—1984. 192 Seiten. 1924 . . RM. 6.—
Zweite Lieferung: §§ 1985—2063. 160 Seiten. 1926 . . RM. 7.—
Dritte Lieferung: §§ 2064—2196. 256 Seiten. 1929 . . RM. 12.—

„Für jeden Praktiker, der tiefer in den Rechtsstoff eindringen muß, um die zur Entscheidung stehende Frage zu prüfen, ist Plancks Kommentar immer ein zuverlässiger Ratgeber und seine Erläuterung und Meinung von hohem Wert und Gewicht, stets sorgfältiger Beachtung wert.“ Zentralblatt für freiwillige Gerichtsbarkeit.

Das Bürgerliche Gesetzbuch mit besonderer Berücksichtigung der Rechtsprechung des Reichsgerichts. Erläutert von Dr. Busch, Erler, Dr. Lobe, Michaelis, Oegg, Schliewen und Seyffarth, Reichsgerichtsräten und Senatspräsidenten am Reichsgericht. Sechste, neubearbeitete Auflage. 5 Bände. §§ 1—2385. Lexikon-Oktav. 3182 Seiten. 1928 . . . . RM. 125.—, in Halbleder geb. RM. 150.—
I. Band: Allgemeiner Teil. Recht der Schuldverhältnisse I. (Allgemeiner Teil.) — II. Band: Recht der Schuldverhältnisse II. (Einzelne Schuldverhältnisse.) — III. Band: Sachenrecht. — IV. Band: Familienrecht. — V. Band: Erbrecht. Alphabetisches Sachverzeichnis.
(Das Werk wird nur komplett abgegeben.)

„Eine neue Auflage dieses für die Praxis wertvollsten Kommentars ist ein Ereignis für die Juristenwelt.“ Blätter für Rechtspflege im Bezirk des Kammergerichts.

Achilles-Greiff, Bürgerliches Gesetzbuch nebst Einführungsgesetz. In Verbindung mit André, Meyer, Strecker, v. Unzner. Zwölfte, vermehrte und verbesserte Auflage, mit Erläuterungen der Verordnung über das Erbbaurecht, des Gesetzes über die religiöse Kindererziehung und des Gesetzes für Jugendwohlfahrt. Groß-Oktav. XVI, 1247 Seiten. 1927. (Guttentagsche Sammlung Deutscher Reichsgesetze Bd. 38/39.) . . . . Geb. RM. 24.—

„Das ausgezeichnete Buch, das einer weiteren Empfehlung kaum bedarf, wird seine führende Stellung unter den Handausgaben ohne Zweifel behaupten.“ Juristische Rundschau.

Bürgerliches Gesetzbuch nebst Einführungsgesetz. Vom 18. August 1896 mit Berücksichtigung der bis zum 1. Januar 1928 ergangenen Abänderungen. Textausgabe mit ausführlichem Sachregister. Sechzehnte Auflage. (61. bis 66. Tausend). Taschenformat. 758 Seiten. 1928. (Guttentagsche Sammlung von Textausgaben ohne Anmerkungen mit Sachregister.) . . . . Geb. RM. 5.—

Die vorliegende Ausgabe zeichnet sich durch Vollständigkeit und besondere Ausführlichkeit des Sachregisters aus.

Lindemann, Otto, Ausführungsgesetz zum Bürgerlichen Gesetzbuche vom 20. September 1899 nebst einem Anhang: Verordnung zur Ausführung des Bürgerlichen Gesetzbuchs vom 16. November 1899. Nach dem Tode des früheren Herausgebers Kammergerichtsrat Dr. P. Siméon, erläutert von Geh. Oberjustizrat Otto Lindemann, Ministerialdirektor im Pr. Justizministerium. Vierte Auflage. Etwa 220 Seiten. 1930. (Guttentagsche Sammlung Preußischer Gesetze Bd. 23.) Geb. RM. 5.—

Die neue Auflage kommt im richtigen Augenblick, um dem fühlbaren Mangel an neuen Bearbeitungen der Ausführungsgesetze zum Bürgerlichen Gesetzbuch abzuhelfen. Sie ist völlig neu bearbeitet und nach den Ergebnissen von Gesetzgebung und Rechtsprechung bis in die jüngste Zeit ergänzt.

v. **Schwerin,** Cl., Frhr., **Grundzüge des deutschen Privatrechts.** Zweite Auflage. Oktav. XII, 342 Seiten. 1928. (Lehrbücher und Grundrisse der Rechtswissenschaft Bd. XIII.) RM. 9.50, geb. RM. 11.—

„Was dem Studenten not tut, ist ein kurzgefaßtes Handbuch. ... Ein ausgezeichnetes Hilfsmittel dieser Art ist das vorliegende Buch."
Zeitschrift für Rechtspflege in Bayern.

Wegner, Arthur, **Jugendrecht.** Ein Lehrbuch zur Einführung. Oktav. IX, 219 Seiten. 1929 . . . . RM. 6.—, geb. RM. 7.50

„Ein gleichartiges und gleichwertiges Werk über das Jugendgericht gibt es noch nicht." *Breslauer Zeitung.*

Schuldverhältnisse insbesondere

Hedemann, Justus Wilh., **Schuldrecht des Bürgerlichen Gesetzbuches.** Oktav. Zweite Auflage in Bearbeitung. (Lehrbücher und Grundrisse der Rechtswissenschaft Bd. II.)

„Die Schrift bietet die beste mir bekannte Einführung in das schwierige Recht der Schuldverhältnisse." *Staats- und Selbstverwaltung.*

Oertmann, Paul, **Schuldrecht.** (BGB. II.)
I. Allgemeine Lehren. Dritte, verbesserte Auflage. 142 Seiten. 1927. (Sammlung Göschen Bd. 323.) . . . . Geb. RM. 1.80
II. Die einzelnen Schuldverhältnisse. Dritte, verbesserte Auflage. 159 Seiten. 1929. (Sammlung Göschen Bd. 324.) . . Geb. RM. 1.80

„In knapper Form und gemeinverständlicher Ausdrucksweise ist ein vorzüglicher Überblick über den Stoff gegeben."
Leipziger Zeitschrift für deutsches Recht.

Meyer, Georg, **Das Recht der Beschlagnahme von Lohn- und Gehaltsforderungen.** Sechste Auflage. Taschenformat. 1927. Mit Nachtrag 1928. (Guttentagsche Sammlung Deutscher Reichsgesetze Bd. 55.) Geb. RM. 4.50

„Das Buch ist in flüssiger, übersichtlicher Form geschrieben und schöpft aus der Praxis für die Praxis; ein Handbuch nicht nur für den Juristen, sondern ebenso für das kaufmännische Büro, die Fabrik und das Handelsgeschäft." *Württembg. Wirtschafts-Zeitung.*

Seligsohn, Franz, **Haftpflichtgesetz.** Groß-Oktav. 349 Seiten. 1920. RM. 8.—, geb. RM. 9.50

„Das reiche Material hat der Verfasser mit logischer Schärfe und in knapper Form bearbeitet und damit ein mustergültiges Werk geschaffen, das für die meist veralteten Kommentare zum Reichshaftpflichtgesetz einen wertvollen Ersatz bietet."
Blätter für Rechtspflege im Bezirk des Kammergerichts.

Krieg, O., **Mietrecht und Wohnungsmangelgesetzgebung** im Reiche, in Preußen und in Berlin, einschließlich Hauszinssteuer, Kostenwesen und Rechtsentscheiden des Kammergerichts und des Obersten Landesgerichts. Zusammengestellt und mit ausführlichem Schlagwortregister versehen. Vierte Auflage. Taschenformat. XII, 594 Seiten. 1928. (Guttentagsche Sammlung Deutscher Reichsgesetze Bd. 156.) Geb. RM. 10.—

„Eine solche Ausgabe zu besitzen, ist wertvoll. Diese Ausgabe verdient schon wegen ihrer Vollständigkeit besondere Beachtung. Ein vortreffliches Sachregister ist beigegeben." *Juristische Wochenschrift*

Stölzle, Hans, **Viehkauf** nach Bürgerlichem Gesetzbuch und ausländischem Recht. Verordnung, betreffend die Hauptmängel und Gewährfristen beim Viehhandel. Von Eugen Fröhner. Sechste, vermehrte und wesentlich verbesserte Auflage. Taschenformat. 699 Seiten. 1926. (Guttentagsche Sammlung Deutscher Reichsgesetze Bd. 50.) Geb. RM. 15.—

„Das Buch ist Juristen wie Laien als lichtvoller Ratgeber in allen Fragen nur auf das wärmste zu empfehlen."
Deutsche Juristen-Zeitung.

Hoffmann, J., **Abzahlungsgeschäfte.** Vierte Auflage, besorgt von K.-A. Crisolli. Taschenformat. Im Druck. (Guttentagsche Sammlung Deutscher Reichsgesetze Bd. 34.)

„Jeder, der mit Abzahlungsgeschäften zu tun hat, kann sich bestens aus dem Büchlein informieren. Der Kommentar ermöglicht es auch dem Laien, sich mit allen einschlägigen Fragen vertraut zu machen."
Berliner Intelligenz-Blatt.

Harnier, Ed., **Sicherung der Bauforderungen.** Dritte Auflage. Taschenformat. 122 Seiten. 1912. (Guttentagsche Sammlung Deutscher Reichsgesetze Bd. 93.) . . . . Geb. RM. 1.80

„Die vorliegende Neubearbeitung der kleinen Ausgabe des äußerst schwierigen Gesetzes findet einen weiterstreckten Interessenkreis. Nach einer äußerst klaren Einleitung werden seine Bestimmungen an der Hand der Gesetzesmaterialien und auf dem Boden des geltenden Rechts, unter Herstellung des Zusammenhanges mit ihm, in knappen Anmerkungen erläutert." *Mitteilungen der Handelskammer Breslau.*

Göppert, H., **Gesetz, betreffend die gemeinsamen Rechte der Besitzer von Schuldverschreibungen.** Zweite Auflage, bearbeitet von E. Trendelenburg. Taschenformat. 156 Seiten. 1915. (Guttentagsche Sammlung Deutscher Reichsgesetze Bd. 52.) . . . . . Geb. RM. 1.50

Dungs, H., **Sechs Haager Abkommen über internationales Privatrecht.** Taschenformat. 116 Seiten. 1910. (Guttentagsche Sammlung Deutscher Reichsgesetze Bd. 98.) . . . . Geb. RM. 1.50

„Die diesen Abkommen vom Verfasser beigefügten Erläuterungen sind kurz und klar gefaßt und entsprechen den allgemeingültigen Anschauungen. Der Kommentar von Dungs kann nur angelegentlichst empfohlen werden." *Juristisches Literaturblatt.*

Bogeng, G., **Die Haager Abkommen über das internationale Privatrecht.** Taschenformat. 173 Seiten. 1908. (Guttentagsche Sammlung Deutscher Reichsgesetze Bd. 90.) . . . . Geb. RM. 2.—

Sachenrecht insbesondere

Hedemann, Justus Wilh., **Sachenrecht des Bürgerlichen Gesetzbuches.** Oktav. XXXII, 507 Seiten. 1924. (Lehrbücher und Grundrisse der Rechtswissenschaft Bd. III.) . . . . . RM. 12.—, geb. RM. 13.50

„Ein trotz seiner Kürze ausgezeichnetes und inhaltreiches Lehrbuch, nicht nur für den Studierenden, sondern auch für ältere Juristen. Die Arbeit ist wissenschaftlich tiefgründig und doch gemeinverständlich geschrieben." *Zeitschrift des Deutschen Notarvereins.*

Kretschmar, F., **Sachenrecht.**

I. Allgemeine Lehren. Besitz und Eigentum. Zweite, verbesserte Auflage. 142 Seiten. 1922. (Sammlung Göschen Bd. 480.) Geb. RM. 1.80

II. Begrenzte Rechte. 144 Seiten. 1923. (Sammlung Göschen Bd. 481.) Geb. RM. 1.80

Diese Bändchen bieten die Grundzüge des Sachenrechts in gedrängter und klarer Form.

Lenzen, Georg, **Das Deutsche Pfandleihrecht.** Kommentar zum preußischen Pfandleihgesetz unter Berücksichtigung der außerpreußischen Gesetze. Oktav. XXVI, 266 Seiten. 1929 . . . . Geb. RM. 20.—

„Diese zusammenfassende Darstellung ist die erste ihrer Art und sehr verdienstlich. Das Buch regt zu allerhand Fragen an."
Juristische Wochenschrift.

Blume, Wilh. von, **Erbrecht.** (BGB. V.)

I. Einleitung. Die Grundlagen des Erbrechts. 75 Seiten. 1913. (Sammlung Göschen Bd. 659.) . . . . Geb. RM. 1.80

II. Die Nachlaßbeteiligten. Mit 23 Figuren. 131 Seiten. 1913. (Sammlung Göschen Bd. 660.) . . . . Geb. RM. 1.80

Riesenfeld, S., **Die Erbenhaftung nach dem Bürgerlichen Gesetzbuch.** Groß-Oktav. 2 Bände. 1916 . . . . . RM. 15.—, geb. RM. 18.—
I. Band: Die Grundsätze der Haftung. XII, 461 Seiten.
II. Band: Das Inventar und die Mittel der Haftungsbeschränkung. VIII, 455 Seiten.

„Ein hervorragendes Werk, das in allen Teilen die vollständige Beherrschung des schwierigen Stoffes erkennen läßt und sich dabei durch klare und gemeinverständliche Darstellung auszeichnet."
Sächsisches Archiv für Rechtspflege.

Aufwertung

Michaelis, Richard, **Das Aufwertungsrecht** nach den Aufwertungsgesetzen und nach allgemeinem bürgerlichem Rechte. Kommentar zu den Gesetzen vom 16. Juli 1925 über die Aufwertung von Hypotheken und anderen Ansprüchen und über die Ablösung öffentlicher Anleihen sowie systematische Darstellung des Aufwertungsrechts außerhalb dieser Gesetze. Zweite, gänzlich umgearbeitete Auflage des Kommentars zur Dritten Steuernotverordnung vom 14. Februar 1924 (Aufwertung). Mit einer Fristentabelle von H. Hoormann. Groß-Oktav. X, 516 Seiten. 1926. Mit Nachtrag 1927. (de Gruytersche Sammlung Deutscher Gesetze. Handkommentare.) . . . . Geb. RM. 16.—

„Es handelt sich um ein ganz erstklassiges Werk, das sich für jeden Aufwertungsinteressenten als unentbehrlich erweisen wird."
Deutsche Allgemeine Zeitung.

Berliner, Ludwig, und **Pfaffenberger,** Ernst, **Aufwertung von Versicherungsansprüchen** mit Durchführungsbestimmungen.

I. Teil. Oktav. 235 Seiten. 1925. (Guttentagsche Sammlung Deutscher Reichsgesetze Bd. 164.) . . . . Geb. RM. 6.50

II. Teil: Sach- und Transportversicherung; Unfall- und Haftpflichtversicherung. Oktav. 112 Seiten. 1926. Mit Nachtrag. (Guttentagsche Sammlung Deutscher Reichsgesetze Bd. 164a.) . . Geb. RM. 3.50

„Eine ganz ausgezeichnete, wohldurchdachte Darstellung und Erläuterung des Aufwertungsrechtes des gesamten Versicherungswesens, eine unentbehrliche Ergänzung zu jedem Gesamtkommentar über das Aufwertungsgesetz." *Zentralblatt für Handelsrecht.*

2. Handelsrecht

v. Gierke, Jul., **Handelsrecht und Schiffahrtsrecht.** Dritte, ergänzte Auflage. Groß-Oktav. XIV, 744 Seiten. 1929. (Lehrbücher und Grundrisse der Rechtswissenschaft Bd. VI.) RM. 21.—, geb. RM. 22.50

„. . . ein außerordentlich hochstehendes, immer den neuesten Stand der Lehre und der Rechtsprechung widerspiegelndes Lehrbuch des Handelsrechts im weitesten Sinn." *Der junge Rechtsgelehrte.*

Lehmann, K., und **Hoeniger,** H., **Lehrbuch des Handelsrechts.** Dritte Auflage. Erster Halbband, enthaltend die Lehre vom Handelsstand und von den Handelsgesellschaften. Groß-Oktav. 432 Seiten. 1921. RM. 10.—

Ein großangelegtes Lehrbuch des Handels- und Schiffahrtsrechts.

Lehmann, K., und Hoeniger, H., Deutsches Handelsrecht.

I. Einleitung. Der Kaufmann und seine Hilfspersonen. Offene Handelsgesellschaft, Kommandit- und stille Gesellschaft. 117 Seiten. 1921. (Sammlung Göschen Bd. 457.) . . . . Geb. RM. 1.80

II. Aktiengesellschaften, Gesellschaften mit beschränkter Haftung, eingetragene Genossenschaften. Handelsgeschäft, 126 Seiten. 1924. (Sammlung Göschen Bd. 458.) . . . . Geb. RM. 1.80

Eine gemeinverständliche Darstellung in gedrängter Form.

Hein, Joh., **Die Zusammenhänge zwischen Steuerrecht und Handelsrecht und ihre Entwicklung,** untersucht an dem Gewinn und an der Bewertung. Eine bilanzrechtliche und bilanzkritische Darstellung mit praktischen Beispielen. Groß-Oktav. X, 280 Seiten. 1928.
RM. 10.—, geb. RM. 12.—

„Das Buch führt in klarer Gestaltung in die Probleme des Bilanzrechts ein. Eine übersichtliche Gliederung ermöglicht eine schnelle und doch gründliche Einführung. Darüber hinaus stellt das Buch eine wesentliche Förderung für die dringend notwendige wissenschaftliche Behandlung des Steuerbilanzrechts und seiner Zusammenhänge mit den verwandten Rechtsmaterien dar." Zeitschrift für Handelsrecht.

Veröffentlichungen der Vereinigung der Handelsrechtslehrer deutscher Hochschulen.

Bericht über die erste **Tagung** der Vereinigung in Berlin am 7. und 8. März 1927 (Senatssaal der Universität). Mit Beiträgen von **Ernst Heymann, Hans Wüstendörfer, Otto Schreiber** und **Arthur Nußbaum.** Oktav 65 Seiten. 1928. . . . . RM. 5.—

Das Handelsrecht zeigt heute unter den privatrechtlichen Materien die meisten wissenschaftlichen und gesetzgeberischen Probleme und entwickelt am meisten Initiative. Unter diesen Verhältnissen werden sich die Veröffentlichungen der Vereinigung der Handelsrechtslehrer deutscher Hochschulen als besonders fruchtbar und förderlich erweisen.

Staubs Kommentar zum Handelsgesetzbuch. Zwölfte und dreizehnte Auflage. Bearbeitet von Heinrich Koenige, Albert Pinner, Felix Bondi. Vier Bände und ein Registerband. Groß-Oktav. 4000 Seiten. 1927 . . . . Zusammen RM. 157.—, in Halbleder RM. 183.60

„Der Staubsche Kommentar ist das klassische Hilfswerk zum Deutschen Handelsgesetzbuch und für die Beurteilung der zahlreichen schwierigen Fragen dieses Gesetzes maßgebend geworden; es stellt ein unentbehrliches Mittel zur Erfassung und zur Anwendung des Gesetzes dar." Frankfurter Zeitung.

Mosse, Albert, und **Heymann,** Ernst, Handelsgesetzbuch (ohne Seerecht). Mit den ergänzenden Vorschriften des Bürgerlichen Gesetzbuchs und einem Anhang, enthaltend das Einführungsgesetz, das Depotgesetz, die Bestimmungen über Börsentermin- und Differenzgeschäfte u. a. Nebst Erläuterungen. Im Anschluß an die Textausgabe von F. Litthauer. Siebzehnte Auflage. Unter Mitwirkung von Karl August Crisolli. Oktav. VIII, 693 Seiten. 1926 (Guttentagsche Sammlung Deutscher Reichsgesetze Bd. 4.) . . . . Geb. RM. 14.—

„Die Litthauer-Mossesche Ausgabe des Handelsgesetzbuches hat bei allen Praktikern seit langem den wohlbegründeten Ruf größter Zuverlässigkeit und übersichtlicher Anordnung, die mit möglichster Knappheit des Ausdrucks gepaart sind. Das Buch ist ein zuverlässiger Führer durch das immer schwieriger werdende Gebiet des Handelsrechts." Vossische Zeitung.

Handelsgesetzbuch nebst Einführungsgesetz und Seerecht. Elfte Auflage. 381 Seiten. 1924. (Guttentagsche Sammlung von Textausgaben ohne Anmerkungen.) . . . . Geb. RM. 2.60

Die handliche Ausgabe. enthält den genauen Gesetzestext mit einem das Zurechtfinden sehr erleichternden Sachregister.

Baum, G., **Das vertragliche Wettbewerbsverbot** (Konkurrenzklausel). Nebst Kommentar zum Gesetze vom 10. Juni 1914. Taschenformat. XII, 231 Seiten. 1914. (Guttentagsche Sammlung Deutscher Reichsgesetze Bd. 115.) . . . . Geb. RM. 3.—

Gesellschaften

Brodmann, Erich, **Aktienrecht.** Kommentar. Groß-Oktav. XII, 580 Seiten. 1928. (Gewerbe- und Industrie-Kommentar Bd. IV.)
RM. 28.—, geb. RM. 30.—

„Mit unvergleichlichem Geschick hat der Verfasser Großartiges geleistet — Brodmann ist Trumpf!" Zeitschrift für Aktiengesellschaften.

Solmssen, Georg, **Probleme des Aktienrechts** unter besonderer Berücksichtigung ihrer Entwicklung in den Vereinigten Staaten von Amerika. Zweite Auflage. Oktav. I, 127 Seiten. 1928 . . RM. 2.50

„Sämtliche Momente, die bei der Prüfung der Frage, ob und inwieweit das geltende deutsche Aktienrecht änderungsbedürftig ist, haben eine eingehende und umfassende Erörterung gefunden. Allen, die sich mit dieser recht heiklen Frage befassen, kann die Anschaffung des Werkes wärmstens empfohlen werden." Badische Wirtschafts-Zeitung.

Hachenburg, Max, **Kommentar zum Gesetz, betr. die Gesellschaften mit beschränkter Haftung.** (Früher **Staub-Hachenburg.**) Fünfte Auflage unter Mitarbeit von Fritz Bing und Walter Schmidt. 2 Bände . . . . RM. 43., geb. RM. 47.—
I. Band: §§ 1—34. Groß-Oktav. VI, 527 Seiten. 1926.
II. Band: §§ 35—84. Groß-Oktav. II, 452 Seiten. 1927.

„Was Hachenburg in seinen Neubearbeitungen aus diesem Buche gemacht hat, ist erstaunlich. Sein reiches juristisches Wissen, sein überlegener und kritischer Verstand, seine vorzügliche Gestaltungskraft und seine nur wenigen Juristen eigene vielseitige Auslegungskunst haben etwas Großes, Unvergleichliches geschaffen. Man findet selten ein literarisches Werk, in welchem Rechtsgelehrsamkeit und praktisches Können vereint einem Spezialgesetz so zugute kamen wie hier."
Zeitschrift für Aktiengesellschaften.

Brodmann, Erich, **Gesetz, betr. die Gesellschaften mit beschränkter Haftung.** Kommentar. Groß-Oktav. (Gewerbe- und Industrie-Kommentar Bd. I.) . . . . 2. Auflage. Im Druck.

„Übersichtliche, klare Anordnung der Erläuterungen, tiefes Eindringen in die Einzelheiten des Gesetzes unter steter Berücksichtigung des Wirtschaftslebens, erschöpfende Wiedergabe der Rechtsprechung, namentlich des Reichsgerichts, sind die besonderen Vorzüge des Werkes, das damit ein unentbehrliches Rüstzeug werden wird." Badische Rechtspraxis.

Parisius, Ludolf, und **Crüger,** Hans, **Das Reichsgesetz, betr. die Gesellschaften mit beschränkter Haftung.** Textausgabe mit Anmerkungen und Sachregister. Achtzehnte Auflage, bearbeitet von Adolf Crecelius und Fritz Citron. Taschenformat. 244 Seiten. 1929. (Guttentagsche Sammlung Deutscher Reichsgesetze Bd. 32.)
Geb. RM. 3.50

„Die äußerst sachkundig erläuterte Ausgabe wird von den interessierten Kreisen freudig begrüßt werden. Wir können das Bändchen der bekannten Sammlung bestens empfehlen."
Badische Wirtschafts-Zeitung.

Klumpp, Hermann, **Beiträge zur Rechtsstellung der Geschäftsführer einer G. m. b. H. nach deutschem und französischem Recht.** Oktav. XVI, 180 Seiten. 1928 . . . . RM. 6.—

Im G.m.b.H.-Recht hat die Stellung des Geschäftsführers besondere Bedeutung. Die vorliegende Arbeit, die unter Auswertung der umfangreichen Literatur eine eingehende Untersuchung dieser so wichtigen Frage nach deutschem und französischem Recht darstellt, wird in juristischen und geschäftlichen Kreisen Interesse finden.

Starke, Arthur, **Offene Handelsgesellschaften, Kommanditgesellschaften und stille Gesellschaften** von der Errichtung bis zur Auflösung. Nebst Vertrags- und Anmeldeformularen und mit Berücksichtigung des Steuerrechts. Oktav. XIV, 167 Seiten. 1928 . . . . RM. 5.—

Eine systematische Darstellung für Studium und Praxis.

Wechselordnung und Scheckrecht

Staubs Kommentar zur Wechselordnung. Fortgesetzt von J. Stranz und M. Stranz. Zwölfte Auflage, bearbeitet von M. Stranz und Martin Stranz. Groß-Oktav. 432 Seiten. 1929.
RM. 16.—, geb. RM. 18.—

„Staub-Stranz ist der Kommentar zur Wechselordnung. Auch die jüngste Auflage des Kommentars gibt einen echten Staub-Stranz. Weiterer Kommentar dazu ist überflüssig.“ Juristische Wochenschrift.

Stranz, J., und **Stranz,** M., **Wechselordnung** vom 3. Juni 1908. Kommentar. Zwölfte Auflage von M. und M. Stranz. Taschenformat. VIII, 396 Seiten. 1923. Mit Nachtrag 1926. (Guttentagsche Sammlung Deutscher Reichsgesetze Bd. 5.) . . . Geb. RM. 3.50

„Die Ausgabe der Wechselordnung mit ihrem äußerst nützlichen, guten Kommentar ist sehr zu empfehlen. Erfreulicherweise enthält das Bändchen auch die Bestimmungen der Zivilprozeßordnung über Urkunden- und Wechselprozesse im Anhang.“ Badische Wirtschaftszeitung.

Wechselordnung in der Fassung der Bekanntmachung vom 3. Juni 1908 (RGBl. S. 326ff.). Mit einem Anhang, enthaltend den Wechselprozeß und Nebengesetze. Textausgabe mit Einleitung und Sachregister. Taschenformat. 102 Seiten. 1928. (Guttentagsche Sammlung von Textausgaben ohne Anmerkungen.) . . . . Geb. RM. 1.50

Vorteilhafte Anordnung, ein zuverlässiges Sachregister, das das Gesetz erschließt, Handlichkeit und sauberer Druck zeichnen auch die neue Auflage der Wechselordnung aus, deren Einleitung den letzten Stand dieser Materie erfaßt und deren Anhang „Nebengesetze“ bis auf die letzte Zeit ergänzt ist.

Michaelis, Richard, **Scheckgesetz** mit allen einschlägigen Nebengesetzen, den ausländischen Gesetzen und dem Deutschen Postscheckgesetz mit Postscheckordnung. Kommentar. Groß-Oktav. VII, 339 Seiten. 1927. (Gewerbe- und Industrie-Kommentar Bd. II.) RM. 16.—, geb. RM. 18.—

„Wenn irgendein Buch, so entspricht dieses einem Bedürfnis.“ Berliner Tageblatt.

Schiffahrtsrecht

Schaps, Georg, **Das deutsche Seerecht.** Kommentar zum vierten Buche des Handelsgesetzbuches (als Ergänzung zu Staub's Kommentar nebst Erläuterungen zu den seerechtlichen Nebengesetzen. Zweite, vollständig umgearbeitete Auflage herausgegeben von Max Mittelstein † und Julius Sebba.

I. Band. (Handelsgesetzbuch: Viertes Buch.) Groß-Oktav. VIII, 1041 Seiten. 1921 . . . . RM. 25.—, geb. RM. 28.—

II. **Band.** (**Seerechtliche Nebengesetze.**) **Bearbeitet** von J. Sebba. XVI, 1108 Seiten. 1929 . . . . RM. 52.—, geb. RM. 55.—

„Die alte, auf der Staubschen Kommentierungsmethode beruhende Auflage erfreute sich mit Recht schon großen Ansehens. In diesen bewährten Bahnen leistet die zweite Auflage an Vollständigkeit, Übersichtlichkeit und Genauigkeit das Höchste, was Wissenschaft und Praxis nur wünschen können." Juristische Wochenschrift.

Brandis, Otto, **Das deutsche Seerecht** (mit Ausschluß des Seeversicherungsrechts.) I. Allgem. Lehren: Personen und Sachen des Seerechts. 130 Seiten. 1908. II. Die einzelnen seerechtlichen Schuldverhältnisse: Verträge des Seerechts und außervertragliche Haftung. 156 Seiten. 1908. (Sammlung Göschen Bd. 386/87.) . . . . . Geb. je RM. 1.80

Knitschky, W. E., **Die Seegesetzgebung.** Fünfte Auflage, bearbeitet von O. Rudorff. XXIV, 1024 Seiten. 1913. (Guttentagsche Sammlung Deutscher Reichsgesetze Bd. 19.) . . . . . . Vergriffen.

Sieveking, Gustav, **Das deutsche Seeversicherungsrecht.** Kommentar zum zehnten Abschnitt des vierten Buches des Handelsgesetzbuches. Lexikon-Oktav. 218 Seiten. 1912 . . . . RM. 5.—, geb. RM. 6.80

„Der Kommentar ruht auf einer vortrefflichen Grundlage und zeigt sich auch in seinem Inhalte dieser Grundlage durchaus würdig. Er ersetzt ein Lehrbuch und kann daher auch zur Einführung in das Seeversicherungsrecht empfohlen werden."

Leipziger Zeitschrift für deutsches Recht.

Ritter, Carl, **Das Recht der Seeversicherung.** Ein Kommentar zu den Allgemeinen Deutschen Seeversicherungsbedingungen. Groß-Oktav. 2 Bände. 1494 Seiten. 1924. (Friederichsen, de Gruyter & Co., m. b. H., Hamburg.) . . . . Geb. RM. 100.—

Allgemeine Deutsche Seeversicherungs-Bedingungen. Im Jahre 1919 herausgegeben von den deutschen Seeversicherern nach Beratung mit deutschen Handelskammern und Fachverbänden unter Vorsitz der Handelskammer Hamburg. 16.—20. Tausend. 50 Seiten. 1925. (Friederichsen, de Gruyter & Co., m. b. H., Hamburg.) . . . . RM. 2.—

General Rules of Marine. Insurance 1919 adopted by the German Underwriters. Authorind Translation by Dr. Alfred Sieveking, larger in Hamburg. 64 Seiten. 1920. (Friederichsen, de Gruyter & Co., m. b. H., Hamburg.) . . . . RM. 3.—

Materialien zu den Allgemeinen Deutschen Seeversicherungs-Bedingungen. Im Auftrag der vereinigten Handelskammern herausgegeben von Prof. Dr. E. Bruck. Groß-Oktav. 2 Bände. 678 Seiten. 1920. (Friederichsen, de Gruyter & Co., m. b. H., Hamburg.) . . . . RM. 10.—

Bene, F., **Der Begriff des Versicherungsfalles in der Seeversicherung.** (Hamburger Rechtsstudien, herausgegeben von Mitgliedern der Rechts- und Staatswissenschaftlichen Fakultät der Hamburgischen Universität, Heft 1.) Groß-Oktav. 75 Seiten. 1928. (Friederichsen, de Gruyter & Co., m. b. H., Hamburg.) . . . . RM. 4.50

Elkan, H. H., **Die Bedeutung des Interesses für die Veräußerung der versicherten Sache.** (Hamburger Rechtsstudien, herausgegeben von Mitgliedern der Rechts- und Staatswissenschaftlichen Fakultät der Hamburgischen Universität, Heft 2.) Oktav. 58 Seiten. 1928. (Friederichsen, de Gruyter & Co., m. b. H., Hamburg.) . . . . . . RM. 4.—

Makower, H., Gesetze, betreffend die privatrechtlichen Verhältnisse der Binnenschiffahrt und der Flößerei. Nach den Materialien erläutert. Sechste, vermehrte Auflage, bearbeitet von E. Loewe. Taschenformat. 458 Seiten. 1923. (Guttentagsche Sammlung Deutscher Reichsgesetze Bd. 36.) . . . . Geb. RM. 4.—

„Das vorzüglich bearbeitete Buch dürfte mit seinen klaren und verständlichen Erläuterungen für jeden, der in irgendeiner Weise mit der Binnenschiffahrt und der Flößerei zu tun hat, ein nie versagender Ratgeber sein.“ *Schiffbau.*

Sebba, Jul., Seewasserstraßenordnung. (Polizeiverordnung zur Regelung des Verkehrs auf den deutschen Seewasserstraßen vom 31. März 1927.) Taschenformat. 493 Seiten. 1928. (Guttentagsche Sammlung Deutscher Reichsgesetze Nr. 171.) . . . . Geb. RM. 8.50

Die vorliegende Ausgabe ist für die an dem neuen Gesetz interessierten beiden Fachgruppen, die der Nautiker und der Juristen, von gleich großer Bedeutung. Diese Verbindung zweier Kenntnisgebiete gibt dem vorliegenden Kommentar seine besondere Note und seinen großen Wert.

Genossenschaften

Parisius, Ludolf, **Crüger,** Hans, **Crecelius,** Adolf, und **Citron,** Fritz, **Reichsgesetz, betreffend die Erwerbs- und Wirtschaftsgenossenschaften.** Kommentar zum praktischen Gebrauch für Juristen und Genossenschaften. Elfte, neubearbeitete Auflage. Groß-Oktav. XV, 598 Seiten. 1928 . . . . RM. 28.—, geb. RM. 30.—

„Crüger beherrscht wie kein anderer Theorie und Praxis des Genossenschaftswesens, auch nach der wissenschaftlichen Seite hin.“
Juristische Wochenschrift.

Parisius, Ludolf, und **Crüger,** Hans, **Das Reichsgesetz, betreffend die Erwerbs- und Wirtschaftsgenossenschaften.** Textausgabe mit Anmerkungen und Sachregister. Zwanzigste neubearbeitete Auflage von Hans Crüger, Adolf Crecelius und Fritz Citron. Taschenformat. (Guttentagsche Sammlung Deutscher Reichsgesetze Bd. 29.) Im Druck.

„In knapper und klarer Form werden die gesetzlichen Bestimmungen abgehandelt und alles zum Verständnis unbedingt Erforderliche in den Anmerkungen beigebracht. Das Werk kann nur empfohlen werden.“ *Ministerialblatt f. d. Preuß. innere Verwaltung.*

Verschiedenes

Schreiber, Otto, **Handelsrechtliche Nebengesetze.** Taschenformat. VIII, 1002 Seiten. 1926. (Guttentagsche Sammlung Deutscher Reichsgesetze Bd. 162.) . . . . Geb. RM. 14.—

„Die Sammlung ist ein unentbehrliches Hilfsmittel für den Praktiker. Die Zusammenstellung ist sehr zuverlässig; auch das Sachregister von Kleffel verdient volle Anerkennung.“
Zentralblatt für Handelsrecht.

Staffel, W., **Verordnung gegen Mißbrauch wirtschaftlicher Machtstellungen** vom 2. November 1923. Kommentar. Oktav. 108 Seiten. 1927. (Guttentagsche Sammlung Deutscher Reichsgesetze Bd. 167.) Geb. RM. 3.50

„Die für das Wirtschaftsrecht so wichtige Kartellverordnung findet hier eine eingehende Kommentierung. Die Erläuterungen werden daher um so unentbehrlicher für die wirtschaftliche Praxis auf diesem Gebiete sein.“ *Industrie- und Handelszeitung.*

Lusensky, F., **Gesetz über die Handelskammern.** Taschenformat. (Guttentagsche Sammlung Preußischer Gesetze Bd. 21.)

Neue Auflage in Vorbereitung.

„Das Buch ist ein vortrefflicher Berater aller derer, die in der Handelskammerorganisation sind oder zu ihr in Beziehung stehen. Es kann warm empfohlen werden."

Zeitschrift für Polizei- und Verwaltungsbeamte.

Göppert-Seydel, Hypothekenbankgesetz vom 13. Juli 1899 (mit den Änderungen durch die Gesetze vom 14. Juli 1923, vom 26. Januar 1926 und 21. Dezember 1927). Textausgabe mit Einleitung, Anmerkungen und Sachregister. Dritte Auflage bearbeitet von Dr. **Martin Friedländer.** Taschenformat. VIII, 202 Seiten. 1929. (Guttentagsche Sammlung Deutscher Reichsgesetze Nr. 51.) . . . . RM. 5.—

Die vorliegende Auflage des bekannten „Göppert-Seydel" ist den veränderten Verhältnissen entsprechend vollkommen umgearbeitet worden; sie berücksichtigt sowohl die nach dem Kriege erfolgten Änderungen und Ergänzungen des Gesetzes und des Aufwertungsrechtes wie auch die Judikatur und das Schrifttum bis auf die letzte Zeit. Damit kommen die Vorzüge des „Göppert-Seydel" der Praxis und Wissenschaft wieder in ihrem ganzen Umfange zugute.

Bank und Börse

Koch, R., und **Schacht,** Hjalmar, **Die Reichsgesetzgebung über das Münz- und Notenbankwesen.** Textausgabe mit Anmerkungen und Sachregister. Siebente, völlig neubearbeitete Auflage. Taschenformat. XVIII, 617 Seiten. 1925. (Guttentagsche Sammlung Deutscher Reichsgesetze Bd. 26.) . . . . Geb. RM. 14.—

„Dieser Kommentar zeichnet sich durch Vollständigkeit und Reichhaltigkeit aus und bietet außerdem in der Einleitung einen vortrefflichen Überblick über die Entwicklung des deutschen Noten- und Geldwesens während der letzten Jahrzehnte."

Monatsschrift für Handelsrecht und Bankwesen.

Nußbaum, Arthur, **Bank- und Börsenrecht.** Eine Sammlung von Gesetzen und Geschäftsbedingungen. Taschenformat. XII, 622 Seiten. 1927. (Guttentagsche Sammlung Deutscher Reichsgesetze Bd. 169)

Geb. RM. 11.—

Die vorliegende Sammlung der verstreuten bank- und börsenrechtlichen Vorschriften fehlte bisher in der kaufmännischen und juristischen Bankpraxis ebenso wie im handelsrechtlichen und betriebswirtschaftlichen Unterricht. Ihr Erscheinen wurde daher vielseitig begrüßt. Die Sammlung berücksichtigt auch die dem freien Verkehr entstammenden Rechtsbildungen.

Kommentar zum Börsengesetz. Im Auftrage des Centralverbandes des Deutschen Bank- und Bankiergewerbes (E. V.) bearbeitet von H. Rehm, H. Trumpler, Heinrich Dove, Ernst Neukamp, R. Schmidt-Ernsthausen, James Breit. Mit einem Vorwort von J. Rießer. Lexikon-Oktav. VIII, 464 Seiten. 1909.

RM. 12.—, geb. RM. 13.50

„Einen so guten Kommentar zum Börsengesetz hat es noch nie gegeben. Wer sich darein vertieft, wird reiche Belehrung daraus schöpfen über das Börsenwesen im allgemeinen und über seine Rechtsübung und Rechtsprechung im besonderen."

Sächsisches Archiv für Rechtspflege.

Hemptenmacher, Th., **Börsengesetz.** Dritte Auflage von O. Meyer. Taschenformat. XXIII, 373 Seiten. 1915. (Guttentagsche Sammlung Deutscher Reichsgesetze Bd. 41.) . . . . Geb. RM. 3.50

„Das Bändchen bringt neben einem kurzen Überblick und einem vorteilhaft erweiterten Anhang das Börsengesetz nebst Ausführungs-

bestimmungen. Alles in allem schließt sich auch dieses Bändchen wieder den übrigen Textausgaben der wegen ihrer unbedingten und erschöpfenden Sachlichkeit bekannten Guttentagschen Sammlung Deutscher Reichsgesetze würdig an." Bayrische Handelszeitung.

Lusensky, F., Gesetz, betreffend die Pflichten der Kaufleute bei Aufbewahrung fremder Wertpapiere (Depotgesetz). Neue Auflage in Bearbeitung. (Guttentagsche Sammlung Deutscher Reichsgesetze Bd. 40.)

„Die beste Bearbeitung des sogenannten Depotgesetzes." Zeitschrift für Aktiengesellschaften.

Frohner, G., Aktiensonderdepot und Legitimationsübertragung. (Hamburger Rechtsstudien, herausgegeben von Mitgliedern der Rechts- und Staatswissenschaftlichen Fakultät der Hamburgischen Universität, Heft 3.) Groß-Oktav. VII, 114 Seiten. 1929. (Friederichsen, de Gruyter & Co., m. b. H., Hamburg.) . . . . RM. 7.—

Schwerin, Frh. Cl. von, Recht der Wertpapiere (einschließlich Wechsel- und Scheckverkehr). Oktav. X, 234 Seiten. 1924. (Lehrbücher und Grundrisse der Rechtswissenschaft Bd. 7.) RM. 7.—, geb. RM. 8.50

„Das Buch löst seine Aufgabe, den Studierenden eine Einführung in die Materie des Wertpapierrechts zu geben, ausgezeichnet, vor allem deshalb, weil es eine gute theoretische Fundierung mit einer dem Lehrzweck entsprechenden Darstellung des praktischen Rechts und der Rechtstatsachen verbindet." Deutsche Juristenzeitung.

Bank-Archiv. Zeitschrift für Bank- und Börsenwesen. Unter Mitwirkung von hervorragenden Fachmännern herausgegeben von Geh. Justizrat Prof. Dr. Rießer, Berlin. Schriftleitung: Rechtsanwalt Otto Bernstein, geschäftsführendes Mitglied des Centralverbands des Deutschen Bank- und Bankiergewerbes. Quart. Jährlich 24 Nummern. XXIX. Jahrgang. 1929/30 . . . . Pro Halbjahr RM. 12.—

„Ein von sachverständigen Mitarbeitern unterstütztes Organ, das in der glücklichen Vermischung von wissenschaftlichen Aufsätzen mit Mitteilungen aus der bankmännischen und gerichtlichen Praxis einen Berater von exzeptionellem Werte bildet." Frankfurter Zeitung.

Zeitgemäße Bankrechtsfragen. Festgabe der Rechtsabteilung der Disconto-Gesellschaft zum 70. Geburtstage des Herrn Dr. jur. Arthur Salomonsohn. Quart. 126 Seiten. 1929 . . . . RM. 8.—, geb. RM. 10.—

„Der Band enthält 8 vorzügliche Aufsätze. Die Verfasser befassen sich mit Problemen, die in der Rechtsabteilung einer Großbank oft zur Debatte stehen und deren endgültige Klärung ein praktisches Bedürfnis ist." Wirtschaftl. Nachrichten.

Verhandlungen des VII. allgemeinen deutschen Bankiertages. Köln 9.—11. September 1928 auf Grund stenographischer Berichte. Groß-Oktav. 436 Seiten . . . . RM. 10.—

III. Grenzgebiete des Bürgerlichen Rechts

1. Privat- und Sozialversicherung

Koenige, Heinrich, und **Petersen, A., Gesetz über die privaten Versicherungsunternehmungen** vom 12. Mai 1901. Textausgabe mit Anmerkungen und Sachregister. Dritte, umgearbeitete Auflage. Taschenformat. 856 Seiten. 1927. (Guttentagsche Sammlung Deutscher Reichsgesetze Bd. 62.) . . . . Geb. RM. 20.—

„Der Verfasser hat es meisterhaft verstanden, reiche Literatur und Judikatur zu dem wichtigen Grundgesetz der Privatversicherung mit seiner eigenen selbständigen Auffassung von der Bedeutung der Gesetzesbestimmungen in Verbindung zu bringen. Für Theorie und Praxis der Privatversicherung wird das Werk dadurch zu einem unentbehrlichen Hilfsmittel." Deutsche Versicherten-Zeitung.

Bruck, E., Reichsgesetz über den Versicherungsvertrag nebst dem zugehörigen Einführungsgesetz vom 30. Mai 1908. Sechste, vollkommen neubearbeitete Auflage. Taschenformat. 708 Seiten. 1929. (Guttentagsche Sammlung Deutscher Reichsgesetze Bd. 83.) Geb. RM. 14.—

„Die Vorzüge, welche die früheren Auflagen schon zeigten, die Fülle des Gebotenen, die Beherrschung des Stoffes, die anschauliche und doch knappe Sprache, und dies alles in dem engen Rahmen einer Textausgabe, kleinen Handausgabe mit Anmerkungen, sind auch dieser vierten Auflage in hohem Maße eigen."

Mitteilungen für die öffentlichen Feuerversicherungs-Anstalten.

Moldenhauer, Paul, Das Versicherungswesen.

I. Allgemeine Versicherungslehre. Vierte Auflage. 152 Seiten. 1925. (Sammlung Göschen Bd. 262.) . . . . Geb. RM. 1.80

II. Die einzelnen Versicherungszweige. Zweite Auflage. 130 Seiten. 1923. (Sammlung Göschen Bd. 636.) . . . . Geb. RM. 1.80

„Das Buch ist für jeden, der sich mit dem Versicherungswesen und seinen Zweigen vertraut machen will, ein trefflicher Führer."

Versicherungspost.

Veröffentlichungen des Reichs-Aufsichtsamts für Privatversicherung. Groß-Oktav. Jahrg. 1—2, je 2.50. Jahrg. 3—16, je 6.—. Jahrg. 17—21, je 7.50. Jahrg. 22, 15.—. Jahrg. 23, 18.—. Jahrg. 24, 21.—. Jahrg. 25, 50.—. Jahrg. 26, 51.50. Jahrg. 27, Heft 1—3, 28.—. Jahrg. 28, Heft 1, 6.—; 2, 13.—; 3, 9.—.

Versicherungsstatistik für 1902 über die unter Reichsaufsicht stehenden Unternehmungen. Herausgegeben vom Reichsaufsichtsamt für Privatversicherung. Lexikon-Oktav. LXXVII, 384 Seiten. 1905. RM. 10.—

— für 1903 bis 1917 . . . . Je Jahrgang RM. 10.—

Berliner, Ludwig, und Pfaffenberger, Ernst, Aufwertung von Versicherungsansprüchen mit Durchführungsbestimmungen.

I. Teil. Oktav. 235 Seiten. 1926. Mit Nachtrag. (Guttentagsche Sammlung Deutscher Reichsgesetze Bd. 164.) . . . . Geb. RM. 6.50

II. Teil: Sach- und Transportversicherung; Unfall- und Haftpflichtversicherung. Oktav. 112 Seiten. 1926. (Guttentagsche Sammlung Deutscher Reichsgesetze Bd. 164a.) . . . . Geb. RM. 3.50

„Ein bedeutsamer Kommentar, durch den die gesetzlichen Bestimmungen von der juristischen und versicherungstechnischen Seite aus eingehend erläutert werden. In seinem straffen, systematischen Aufbau, der Geschlossenheit der Darstellung muß man das Buch als ein Standardwerk für das gesamte versicherungsrechtliche Aufwertungsgebiet bezeichnen.

Ein unentbehrlicher Ratgeber in allen interessierten Kreisen."

Versicherungs-Post, Berlin.

Lippmann, Karl, Die Reichsversicherungsordnung in der Fassung der Bekanntmachung vom 15. Dezember 1924 und des Gesetzes über das Reichsschiedsamt vom 22. Januar 1925 nebst dem Einführungsgesetze, den wichtigsten Ausführungsvorschriften, den ergänzenden Gesetzen und Verordnungen sowie den Verordnungen über das Verfahren. Oktav. XV, 589 Seiten. 1925. (Guttentagsche Sammlung Deutscher Reichsgesetze Bd. 161.) . . . . Geb. RM. 11.—

Ergänzungsband, enthaltend den vollständigen Wortlaut der neuen Fassung des Unfallversicherungsgesetzes sowie die Ergänzungen der übrigen Bücher der RVO. Oktav. 224 Seiten. 1926. (Guttentagsche Sammlung Deutscher Reichsgesetze Bd. 161a.) . . . Geb. RM. 4.—

Zweiter Ergänzungsband, enthaltend weitere Änderungen und Ergänzungen durch die in der Zeit von Anfang 1926 bis Mitte 1928 erlassenen Gesetze und Verordnungen. Zweite, vermehrte Ausgabe, Stand vom 1. Juli 1928. Oktav. 71 Seiten. 1928. (Guttentagsche Sammlung Deutscher Reichsgesetze Bd. 161b.) . . . . . RM. —.80

Dritter Ergänzungsband, enthaltend weitere Änderungen und Ergänzungen durch die bis Mitte 1929 erlassenen Gesetze und Verordnungen. Oktav. 81 Seiten. 1929. (Guttentagsche Sammlung Deutscher Reichsgesetze Bd. 161c.) . . . . RM. 1.—

„Das Buch dürfte sich in der Bibliothek eines jeden finden, der sich mit der Reichsversicherungsordnung befaßt. Es gehört zu den praktisch wertvollsten.“ *Deutsche Allgemeine Zeitung.*

Reuß, Max, und **Hense**, Fritz. **Das Reichsknappschaftsgesetz** vom 1. Juli 1926 nebst Einführungsgesetz. 2. Aufl. Taschenformat. XVI, 640 Seiten. 1926. (Guttentagsche Sammlung Deutscher Reichsgesetze Bd. 155.) . . . . Geb. RM. 12.—

„Die Herausgabe des Gesetzes bedarf keiner besonderen Empfehlung. Das Buch kann allen, die auf dem Gebiete des Knappschaftswesens tätig sind, aufs wärmste empfohlen werden.“

Zeitschrift für Bergrecht.

Angestelltenversicherungsgesetz vom 28. Mai 1924. Zweite Auflage. Taschenformat. 143 Seiten. 1927. Mit Nachtrag. (Guttentagsche Sammlung Deutscher Reichsgesetze. Textausgaben ohne Anmerkungen.) Geb. RM. 2.50

Diese neue Ausgabe entspricht der neuesten Fassung des Gesetzes unter Berücksichtigung der letzten Änderungen und Verordnungen. Das beigefügte Sachregister erleichtert das rasche Zurechtfinden in den einzelnen Bestimmungen des Gesetzes.

Manes, Alfred, **Sozialversicherung.** 7., ergänzte Aufl. 1928. Kl.-Oktav. 139 Seiten. (Sammlung Göschen Bd. 267.) . . . . Geb. RM. 1.80

„Es gibt keine andere Darstellung der geltenden Sozialversicherung, die in solch erfreulicher Kürze und Sachlichkeit durch die annähernd 2400 Paragraphen führt.“

Hanseatische Rechts- und Gerichts-Zeitschrift.

Schmeißer, Herbert, **Handbuch der Arbeitslosenversicherung.** Mit einer Einführung und Erläuterungen. Taschenformat. 2. Aufl. im Druck. (Guttentagsche Sammlung Deutscher Reichsgesetze Bd. 165.)

„Das Buch gibt in kurzer, aber ausreichender Form eine Darstellung des gesamten Rechtsstoffes der Erwerbslosenfürsorge unter Anpassung an die praktischen Bedürfnisse.“ Kommunalpolitische Blätter.

2. Arbeitsrecht

Depéne, Hans, **Das Arbeitsgerichtsgesetz.** Taschenformat. 180 Seiten. 1927. (Guttentagsche Sammlung Deutscher Reichsgesetze Bd. 168.) Geb. RM. 3.60

„Zur Einarbeitung ist das vorliegende Buch besonders brauchbar, weil es sich nicht um einen Kommentar mit vielen Details handelt, sondern um eine Textausgabe mit einer ausführlichen, von einem hervorragenden Sachkenner verfaßten Einleitung. Daß die entsprechenden Bestimmungen anderer einschlägiger Gesetze gleich mit abgedruckt sind, ist ein großer Vorteil.“ Wirtschaftliche Rundschau

Arbeitsrechtliche Spruchsammlung. Beiträge zum Deutschen Handwerksblatt . . . . Pro Quartal RM. 0.90

Günther, Adolf, und **Schneider,** Richard, **Arbeiterschutz und Arbeitsrecht.** Zweite Auflage. Taschenformat.

I. Teil: **Arbeitszeitschutz.** Das Arbeitszeitnotgesetz und die übrige arbeitszeitrechtliche Gesetzgebung des Reichs seit dem 9. November 1918. 386 Seiten. 1927 . . . . Geb. RM. 7.50

„Der Kommentar umfaßt die gesamte arbeitszeitrechtliche Gesetzgebung von der Staatsumwälzung bis zur Gegenwart. Er ist ein Führer durch das weite und unübersichtliche Gebiet der arbeitszeitrechtlichen Gesetzgebung. Ein ausführliches Sachregister soll die praktische Benutzung erleichtern." Die Wirtschaftsgenossenschaft

II. Teil: Gesetz über die **Beschäftigung Schwerbeschädigter** nebst den einschlägigen gesetzlichen Bestimmungen. 404 Seiten. 1928. (Guttentagsche Sammlung Deutscher Reichsgesetze Bd. 138a/138c.) Geb. RM. 8.—

„Das Buch stellt nicht nur beim Studium des Gesetzes ein wertvolles Hilfsmittel dar, sondern ist auch für den Handgebrauch des Arbeitsrechtspraktikers unentbehrlich." Berliner Wohlfahrtsblatt

IV. Teil: **Betriebsstillegungsverordnung.** 240 Seiten. 1929. (Guttentagsche Sammlung Deutscher Reichsgesetze. Bd. 138 d.) Geb. RM. 6.50

Tilly, Dr. Helmuth Tczerclas von, **Internationales Arbeitsrecht.** Unter besonderer Berücksichtigung der Internationalen Arbeitsorganisation. 120 Seiten. 1924. (Sammlung Göschen Bd. 882.) Geb. RM. 1.80

Es ist das erste Werk, das in klarer, kurzer und allen leicht verständlicher Weise das gesamte grundlegende Tatsachenmaterial — und zwar nur dieses — auf dem umfassenden Gebiete des internationalen Arbeiterschutzes von dessen ersten Anfängen bis in die neueste Zeit bietet.

3. Gewerberecht

Hiller, Fr., und **Luppe,** H., **Gewerbeordnung für das Deutsche Reich nebst Kinderschutzgesetz und Hausarbeitsgesetz** sowie den für das Reich und Preußen erlassenen Ausführungsbestimmungen. Einundzwanzigste, veränderte Auflage. (143. bis 148. Tausend.) Taschenformat. 931 Seiten. 1928. Mit Nachtrag vom 11. 2. 1929. (Guttentagsche Sammlung Deutscher Reichsgesetze Bd. 6.) . . . . . . Geb. RM. 11.—

„Ein Wort der Empfehlung für dieses Buch zu sagen, erübrigt sich. Hervorgehoben sei, daß diese Auflage alle Vorzüge der früheren Auflagen in sich schließt. Die zahlreichen neuen Gesetze sind erschöpfend berücksichtigt." Zeitschrift des Deutschen Notarvereins.

Brassert, H., **Allgemeines Berggesetz** für die preußischen Staaten mit Kommentar. Zweite Auflage, bearbeitet von Hans Gottschalk. Groß-Oktav. XXIX, 1291 Seiten. 1914. RM. 27.—, geb. RM. 30.—

Sonnenfeld, Hugo, **Die reichsrechtlichen Bestimmungen, betreffend den Handel mit Drogen und Giften.** Dritte, veränderte Auflage. Taschenformat. 435 Seiten. 1926. (Guttentagsche Sammlung Deutscher Reichsgesetze Bd. 64.) . . . . Geb. RM. 12.—

„Die Arbeit gehört einem Spezialgebiet an, mit dem nicht jeder Jurist zu tun hat. Wird er einmal genötigt, sich auf dieses Gebiet zu begeben, so ist er um so dankbarer für eine Arbeit, die sofort den Eindruck größter Sachkunde und vollständiger Materialsammlung macht, und deren Führung man sich unbedenklich anvertrauen kann."

Vossische Zeitung.

Lebbin, Georg, **Nahrungsmittelgesetze** mit Erläuterungen. Zweite, stark vermehrte Auflage in zwei Bänden.

I. Band: **Das Lebensmittelgesetz vom 5. Juli 1927 mit Nebengesetzen (Margarine, Fleisch, Milch, Süßstoff, Essigsäure usw.).** Erläutert von G. Lebbin und R. Gießner. Taschenformat. XVI, 419 Seiten. 1928. Geb. RM. 8.50

II. Band: Getränkegesetze und Getränkesteuergesetze (Wein, Bier, Branntwein, Mineralwasser). Unter Mitarbeit von Rechtsanwalt Dr Kniebe. Taschenformat. XII, 400 Seiten. 1926. (Guttentagsche Sammlung Deutscher Reichsgesetze Bd. 54b.) . . . . Geb. RM. 10.—

„Das Werk ist für unsere Leser und überhaupt die ganze Fachwelt der Getränkeindustrie unentbehrlich, muß doch jedermann mit den einschlägigen Gesetzesbestimmungen sich soweit wie irgend möglich vertraut machen, wenn er nicht in Nachteile geraten will Die Anschaffung des Buches kann bestens empfohlen werden."

Branntweinmonopol.

Voß, Werner, **Die reichs- und landesrechtlichen Bestimmungen auf dem Gebiete des Gesundheitswesens. Taschenformat** 608 Seiten. 1929. (Guttentagsche Sammlung Deutscher Reichsgesetze Bd. 172.) Geb. RM. 11.—

„Das Buch wird seiner Aufgabe, fast den gesamten Gesetzesstoff in einem einzigen kleinen Bande in die Hand zu geben, gewiß gerecht und wird sich schnell als unentbehrliches Hilfsmittel für jeden erweisen, der öfter mit dem Gesundheitswesen zu tun hat." *Reichsverwaltungsblatt*

4. Geistig-gewerblicher Rechtsschutz.

Pietzcker, Eduard, **Patentgesetz und Gebrauchsmusterschutzgesetz.** Kommentar unter Berücksichtigung der vorgeschlagenen und weiter beantragten Abänderungen des Patentgesetzes. Erster Halbband §§ 1—12 PatG. Groß-Oktav. 427 Seiten. 1929. (Gewerbe- und Industrie-Kommentar Bd. V, 1.) . . . . . RM. 26.—, geb. RM. 28.—

„Die überall zutage tretende geistige Leistung macht Pietzckers Kommentar für jeden, der sich mit diesem Rechtsgebiet zu beschäftigen hat, zum unentbehrlichen Rüstzeug."

Markenschutz und Wettbewerb.

Seligsohn, Arnold, Patentgesetz und Gesetz, betr. den Schutz von Gebrauchsmustern. Siebente Auflage. Oktav. 1930. In Bearbeitung.

„Die Vorzüge des Buches sind bekannt. Klare, leichtfaßliche Sprache, wissenschaftliche Vertiefung, dabei starke Betonung der Praxis, lückenlose Behandlung aller Probleme sind die Vorzüge, die den Seligsohnschen Kommentar zum unentbehrlichen Rüstzeug jedes im gewerblichen Rechtsschutz Tätigen gemacht haben."

Mitteilungen vom Verband Deutscher Patentanwälte

Lutter, R., Patentgesetz. Nebst Ausführungsbestimmungen, völkerrechtlichen Verträgen und Patentanwaltsgesetz, unter eingehender Berücksichtigung der Rechtsprechung des Reichsgerichts und der Praxis des Reichspatentamts. Neunte Auflage. Taschenformat. XV, 467 Seiten. 1928. (Guttentagsche Sammlung Deutscher Reichsgesetze Bd. 22.) Geb. RM. 10.—

„Der jetzige Verfasser hat einen völlig neuen Kommentar geschaffen, der in seiner Knappheit und Sparsamkeit dem ursprünglichen Zweck gerecht wird, aber an wissenschaftlicher Durcharbeitung und Gründlichkeit die vorangegangenen Auflagen weit überragt."

Gewerblicher Rechtsschutz und Urheberrecht.

Elster, Alexander, **Urheber- und Erfinder-, Warenzeichen- und Wettbewerbsrecht.** (Gewerblicher Rechtsschutz.) Zweite, stark erweiterte und völlig umgearbeitete Auflage. Mit Abdruck der Gesetzestexte. Oktav. XII, 611 Seiten. 1928. (Lehrbücher und Grundrisse der Rechtswissenschaft Bd. VIII.) . . . . RM. 18.—, geb. RM. 19.50

„Seit Kohler und Osterrieth endlich wieder das lang entbehrte Lehrbuch. Hier unternimmt ein wahrhaft selbständiger und ideenreicher Kopf den Versuch, eine wirkliche Synthese zu schaffen."

Juristische Rundschau.

Neuberg, J., **Der internationale gewerbliche Rechtsschutz.** 2. Auflage. 128 Seiten. 1923. (Sammlung Göschen Bd. 271.) . . . Geb. RM. 1.80

Neuberg, Johannes, **Gesetz, betr. das Urheberrecht an Mustern und Modellen,** und Gesetz, betr. den Schutz von Gebrauchsmustern, nebst den zu beiden Gesetzen ergangenen Ausführungsverordnungen und abgeschlossenen internationalen Verträgen. Textausgabe mit Einleitung, Anmerkungen und Sachregister. Taschenformat. 192 Seiten. 1911. (Guttentagsche Sammlung Deutscher Reichsgesetze Bd. 102.) Geb. RM. 2.40

„Die Anmerkungen sind kurz, klar, treffend, mit Nachweisungen aus der Judikatur und aus der Literatur versehen. Sie ermöglichen auch dem mit der Materie nicht vertrauten Praktiker eine schnelle Orientierung über den Stand der Frage."

Zeitschrift für das gesamte Handelsrecht.

Daude, Paul, **Die Reichsgesetze über das Urheberrecht an Werken der Literatur und der Tonkunst und das Verlagsrecht** vom 19. Juni 1901 in der Fassung des Gesetzes vom 22. Mai 1910 zur Ausführung der revidierten Berner Übereinkunft. Oktav. VIII, 293 Seiten. 1910. RM. 6.—

„Der Zusammenhang der erläuterten Gesetze mit dem Strafgesetzbuch, dem Bürgerlichen Gesetzbuch und anderen Gesetzen ist in leichtverständlicher Weise praktisch dargestellt Es wird vorzügliche Dienste leisten." *Deutsche Literatur-Zeitung.*

Lindemann, O., **Gesetz, betr. das Urheberrecht** an Werken der Literatur und der Tonkunst. Vierte Auflage. Taschenformat. 171 Seiten. 1921. (Guttentagsche Sammlung Deutscher Reichsgesetze Bd. 60.) Geb. RM. 1.80

„Die Arbeit ist nicht bloß eine Gesetzesausgabe, sondern ein wertvoller Kommentar des Gesetzes. Das Werk sei jedermann auf das beste empfohlen." · *Juristische Wochenschrift.*

Fuld, Ludwig, **Gesetz, betr. das Urheberrecht an Werken der bildenden Künste und der Photographie.** Zweite Auflage. Taschenformat. 192 Seiten. 1925. (Guttentagsche Sammlung Deutscher Reichsgesetze Bd. 81.) . . . . Geb. RM. 6.—

„Der zwar kleine, aber inhaltreiche und daher sehr beliebte Kommentar von Fuld erscheint in zweiter, völlig neubearbeiteter Auflage. Überall ist dem Stande der heutigen Rechtsprechung und wissenschaftlichen Auffassungen Rechnung getragen. In einem Anhang sind die einschlägigen internationalen Übereinkommen abgedruckt. Alle Interessenten werden mit Freuden die neue Auflage begrüßen."

Danziger Juristische Monatsschrift.

Heinitz, Ernst, und **Marwitz,** Bruno, **Das Reichsgesetz über das Verlagsrecht.** Textausgabe mit Einleitung, Anmerkungen und Sachregister. Dritte Auflage. Taschenformat. 136 Seiten. 1922. (Guttentagsche Sammlung Deutscher Reichsgesetze Bd. 61.) . . . . . Geb. RM. 1.60

„Dieser kurze Kommentar ist durch seine knappen, das Wichtige klar vortragenden Darlegungen dazu berufen, eine Lücke auszufüllen, die sich für den Praktiker des Verlagsrechts seit Jahren ergab. Man darf deshalb das Erscheinen dieser neuen Auflage aus der Feder des Spezialisten des Verlagsrechts mit größter Freude begrüßen."

Börsenblatt für den Deutschen Buchhandel.

Elster, A., Das deutsche Urheber- und Verlagsrecht. 128 Seiten. 1923. (Sammlung Göschen Bd. 863.) . . . . Geb. RM. 1.80

„Erstaunlich ist, wie Elster diese beiden so viel umstrittenen Gesetze auf so engem Raum in vortrefflicher Weise zur Darstellung gebracht hat." *Deutscher Journalistenspiegel.*

Heymann, E., Die zeitliche Begrenzung des Urheberrechts. Oktav. 74 Seiten. 1927. (Sitzungsberichte der Preußischen Akademie der Wissenschaften zu Berlin.) . . . . RM. 5.—

Elster, A., Das deutsche Erfinderrecht. (Patent- und Musterschutzrecht). 118 Seiten. 1924. (Sammlung Göschen Bd. 891.) . . Geb. RM. 1.80

„Die Aufgabe, einen Überblick über das deutsche Erfinderrecht zu geben, ist im Rahmen der kurzen Erörterungen mit viel Geschick gelöst. Deshalb wird das Büchlein auch bei allen Gruppen der am Patentrecht interessierten Personen seine Freunde finden."

Gewerblicher Rechtsschutz und Urheberrecht.

Seligsohn, Jul., Geheimnis und Erfindungsbesitz. Groß-Oktav. 147 Seiten. 1921 . . . . RM. 3.—

Reininger, G., Der Schutz des Urheberrechts im deutschen Rundfunk. Oktav. 88 Seiten. 1929 . . . . RM. 4.—

„Eine interessante, zeitgemäße, namentlich auch für geistige Neuschöpfer wichtige Studie." *Badische Rechtspraxis.*

Wolff, F., und Crisolli, K.-A., Das Recht der Reklame. Lexikon-Oktav. 424 Seiten. 1929 . . . . RM. 20.—, geb. RM. 22.—

Mit diesem Buch ist erstmalig eine systematische erläuternde Zusammenstellung der hauptsächlichsten Bestimmungen gegeben, die von Reklame handeln, bzw. mit Reklame in irgendeinem Zusammenhang stehen. In der Praxis macht sich das Fehlen einer solchen Bearbeitung sehr bemerkbar, da die Reklame in der Gesetzgebung kein in sich abgeschlossenes Gebiet bildet, sondern ihre gesetzlichen Grundlagen in den mannigfachen Bestimmungen des privaten und öffentlichen Rechts findet. Die Verfasser haben die einschlägige Rechtsprechung und Literatur bis in die neueste Zeit berücksichtigt.

Pinner-Elster, Gesetz gegen den unlauteren Wettbewerb. Achte, sehr vermehrte und umgestaltete Auflage. Taschenformat. 254 Seiten. 1927. (Guttentagsche Sammlung Deutscher Reichsgesetze Bd. 37.)
Geb. RM. 5.—

„Das Buch ist mehr als eine bloße ‚Textausgabe mit Anmerkungen', nämlich ein richtiger Kommentar, und wird in der Praxis ausgezeichnete Dienste tun."

Senatspräsident am Reichsgericht Dr. Lobe, Leipzig, i. d. Jurist. Wochenschrift.

Wassermann, Martin, **Der unlautere Wettbewerb nach deutschem Recht.** I. Generalklausel, Reklameauswüchse, Ausverkaufswesen, Angestelltenbestechung. 160 Seiten. 1911. II. Kreditschädigung, Firmen- und Namenmißbrauch, Verrat von Geheimnissen, Ausländerschutz. 151 Seiten. 1911. (Sammlung Göschen Bd. 339 u. 535.) . . . Geb. je RM. 1.80

Born, A., **Reichspreßgesetz** vom 7. Mai 1874 nebst den einschlägigen Bestimmungen der Reichsverfassung, des Reichsstrafgesetzbuches, der Gewerbeordnung usw. Mit Kommentar und Sachregister. Dritte Auflage. Taschenformat. 176 Seiten. 1924. (Guttentagsche Sammlung Deutscher Reichsgesetze Bd. 53.) . . . . Geb. RM. 4.—

„Das Werk bringt eine sehr reichhaltige Kommentierung des Stoffes, die um so wertvoller ist, als den Entscheidungen der Wortlaut der Urteilsbegründungen beigefügt ist. Sämtliche einschlägigen Bestimmungen der das Pressewesen berührenden Gesetze sind aufgeführt, eingehend besprochen und in Beziehung zueinander gebracht worden. Als Nachschlagewerk in Zweifelsfällen wird das Buch von großem Nutzen sein." Ministerialblatt für die preußische innere Verwaltung.

Hagens, Alfred, **Warenzeichenrecht.** Kommentar. Groß-Oktav. VIII, 408 Seiten. 1927. (Gewerbe- und Industrie-Kommentar Bd. III.) RM. 22.—, geb. RM. 24.—

„Eine ausführliche Darstellung, die zeigt, daß der Verfasser das gesamte Fachschrifttum und die reichhaltige Rechtsprechung restlos beherrscht. Ich habe gefunden, daß nicht ein einziger Fall von Bedeutung fehlt." Markenschutz und Wettbewerb.

Seligsohn, Arnold, **Gesetz zum Schutz der Warenbezeichnungen.** Dritte Auflage, bearbeitet in Gemeinschaft mit Martin Seligsohn in Berlin. Groß-Oktav. IV, 416 Seiten. 1925. RM. 15.—, geb. RM. 16.50

„Der Kommentar zeigt alle Vorzüge des in der Wissenschaft und Praxis des gewerblichen Rechtsschutzes gleich ausgezeichneten Juristen: volle theoretische und praktische Beherrschung des Stoffes, klare Darstellungsgabe, sorgsame Behandlung und treffsicheres Urteil." Badische Rechtspraxis.

Freund, G. S., **Magnus**, Julius, und **Jüngel**, Friedrich, **Das deutsche Warenzeichenrecht.** Sechste, neubearbeitete Auflage. Teil I: Die internationalen Verträge. VI, 247 Seiten. Mit 4 Tafeln. 1924. (Guttentagsche Sammlung Deutscher Reichsgesetze Bd. 87a.) Geb. RM. 9.—

„Das ganze Werk mit seiner Fülle von Gesetzen, Verordnungen, Verträgen, Bekanntmachungen bildet eine Quellensammlung für das internationale deutsche Zeichenrecht, ohne die man fortan nicht mehr auskommen kann." Gewerblicher Rechtsschutz und Urheberrecht.

IV. Zivilprozeß

Fischer, Otto, **Lehrbuch des deutschen Zivilprozeß- und Konkursrechts.** Groß-Oktav. XII, 488 Seiten. 1918 . . . RM. 8.—, geb. RM. 10.—

Kisch, Wilh., **Deutsches Zivilprozeßrecht.**

I. Band. Vierte, verbesserte Auflage. 115 Seiten. 1929. (Sammlung Göschen Bd. 428.) . . . . Geb. RM. 1.80

II. Band. Vierte, verbesserte Auflage. 168 Seiten. 1929. (Sammlung Göschen Bd. 430.) . . . . Geb. RM. 1.80

III. Band. Vierte, verbesserte Auflage. 148 Seiten. 1929 (Sammlung Göschen Bd. 430.) . . . . Geb. RM. 1.80

Diese Auflage wird jedem, der sich auf gemeinverständliche Weise über unser geltendes Zivilgerichtswesen unterrichten will, gute Dienste leisten, und kann namentlich den Studierenden des Rechts als Einführung bestens empfohlen werden.

Sydow, R., Busch, L., und Krantz, W., Zivilprozeßordnung und Gerichtsverfassungsgesetz. Neunzehnte Auflage. Groß-Oktav. VIII, 1335 Seiten. 1926. (de Gruytersche Sammlung Deutscher Gesetze. Handkommentare.) . . . . Geb. RM. 25.—

„Der Wert des Werkes ist längst anerkannt. Es gibt wohl keinen Praktiker, der sich seiner nicht mit besonderer Vorliebe bedient. Vollständigkeit, Übersichtlichkeit, Zuverlässigkeit und Ausführlichkeit der Erläuterungen sind auch diesmal dem allgemein beliebten Buche als seine hervorstechendsten Vorzüge treugeblieben. Für die Praxis ist es unentbehrlich."

Zeitschrift des Bundes Deutscher Justizamtmänner.

Zivilprozeßordnung mit Gerichtsverfassungsgesetz und Einführungsgesetzen in der Fassung der Bekanntmachung vom 13. Mai 1924 mit den bis 1. April 1929 ergangenen Abänderungen. Textausgabe mit Sachregister. Taschenformat. 440 Seiten. 1929. (Guttentagsche Sammlung von Textausgaben ohne Anmerkungen.) . . . Geb. RM. 3.50

Die handliche Ausgabe enthält den genannten Gesetzestext mit einem das Zurechtfinden sehr erleichternden Sachregister.

Sydow, R., Busch, L., und Krantz, W., Gerichtsverfassungsgesetz mit Einführungsgesetz. Unter besonderer Berücksichtigung der Entscheidungen des Reichsgerichts. Zehnte Auflage. Taschenformat. 347 Seiten. 1925. (Guttentagsche Sammlung Deutscher Reichsgesetze Bd. 14.) Geb. RM. 6.—

„Das Buch bedarf keiner Empfehlung, es empfiehlt sich selbst durch die Fülle dessen, was es bietet. Gesetzgebung und Rechtsprechung sind bis in die neueste Zeit berücksichtigt."

Leipziger Zeitschrift für Deutsches Recht.

Rausnitz, Julius, Gebührenordnung für Notare vom 28. Oktober 1922 (GS. 404) nebst den einschlägigen Vorschriften des Preußischen Gerichtskostengesetzes vom 28. Oktober 1922 (GS. 363), beide in der Fassung der Gesetze vom 12. April 1923 (GS. 107), 18. Dezember 1923 (GS. 556) und der Verordnung vom 28. Juni 1924 (GS. 573). Sechste, umgearbeitete Auflage. Oktav. 158 Seiten. 1925. (Guttentagsche Sammlung Preußischer Gesetze Bd. 4.) . . . Geb. RM. 7.—

„Der in seiner äußeren Form sehr handlich und gut ausgestaltete Kommentar kann nur auf das wärmste empfohlen werden. Er wird sehr bald ein unentbehrlicher, weil nie versagender Ratgeber werden, der die Berufsarbeit sehr erleichtern wird." Juristische Wochenschrift.

Sydow, R., Busch, L., und Krieg, O., Die Deutsche Gebührenordnung für Rechtsanwälte, das Gesetz, betreffend die Erstattung von Rechtsanwaltsgebühren in Armensachen, und die Preußische Landesgebührenordnung mit Erläuterungen. Auf der Grundlage der Sydow-Busch'schen Textausgabe mit Anmerkungen in dreizehnter Auflage unter Mitaufnahme des Gesetzes über die Erstattung in Armensachen neubearbeitet. Taschenformat 496 Seiten. 1929. (Guttentagsche Sammlung Deutscher Reichsgesetze Bd. 17.) . . . . Geb. RM. 9.—

„Die Erläuterung der Gebührenordnung bietet besonders Wertvolles. Sie steht schon lange unter den Anmerkungsausgaben mit an erster Stelle. Und das mit Recht."

Zeitschrift des Bundes Deutscher Justizamtmänner.

Sydow, R., **Busch**, L., und **Krieg**, O., **Deutsches Gerichtskostengesetz nebst Gebührenordnung** für Gerichtsvollzieher und für Zeugen und Sachverständige in den neuesten Fassungen. Auf der Grundlage der Sydow-Busch'schen Textausgabe mit Anmerkungen neubearbeitet in elfter Auflage. Taschenformat. XI, 433 Seiten. 1928. (Guttentagsche Sammlung Deutscher Reichsgesetze Bd. 15.) . . . . . . Geb. RM. 7.50

„Die neue Auflage bietet unter gründlicher Berücksichtigung der gesamten einschlägigen Rechtsprechung eine zeitgemäße, übersichtliche und erschöpfende Erläuterung des Gesetzes. Für den täglichen Gebrauch in der Praxis erscheint diese Textausgabe mit Anmerkungen als unentbehrlich."

Dr Natter in der „Württembergischen Zeitschrift für Rechtspflege"

Lindemann, Otto, **Preußisches Gerichtskostengesetz** (neueste Fassung). Nach dem Tode des früheren Herausgebers P. Siméon erläutert. Achte, völlig umgearbeitete Auflage. Taschenformat. 439 Seiten. 1928. (Guttentagsche Sammlung Preußischer Gesetze Bd. 17.)

Geb. RM. 8.—

„Die achte Auflage dieser bekannten Ausgabe des Preußischen Gerichtskostengesetzes ist entsprechend den bedeutsamen Änderungen der letzten Jahre völlig umgearbeitet. Die gesamte Rechtsprechung wurde eingehend berücksichtigt, so daß hier eine Erläuterung vorliegt, die Zuverlässigkeit und Vollständigkeit in sich verbindet."

Mitteilungen des Preußischen Richtervereins.

Freiwillige Gerichtsbarkeit

Jastrow, Hermann, und **Günther**, Hermann, **Die Gesetze des Reiches und Preußens über die freiwillige Gerichtsbarkeit.** Textausgabe mit Einleitung, Anmerkungen und Sachregister. Siebente, vermehrte Auflage. Taschenformat. 548 Seiten. 1928. (Guttentagsche Sammlung Deutscher Reichsgesetze Bd. 46.) . . . . Geb. RM. 9.—

„Die Anmerkungen unterrichten in zuverlässiger Weise über die wichtigste Rechtsprechung des Reichsgerichts und der deutschen Oberlandesgerichte auf dem Gebiete der freiwilligen Gerichtsbarkeit. Ein ausführliches Sachregister erhöht die Brauchbarkeit des bewährten Buches, das auch in der neuen Auflage seinen Zweck auf das beste erfüllen wird." *Juristische Wochenschrift*

Die Gesetze des Reiches und Preußens über die freiwillige Gerichtsbarkeit. Textausgabe mit Sachregister. Taschenformat, 168 Seiten. 1930. (Guttentagsche Sammlung von Textausgaben ohne Anmerkungen mit Sachregister.) . . . . RM. 3.—

Das Buch enthält in der bekannten Art der Guttentagschen Gesetzesausgaben außer dem „Gesetz über die Angelegenheiten der freiwilligen Gerichtsbarkeit" alle in dieses Gebiet fallenden sonstigen Gesetze, Ausführungsbestimmungen, Abkommen, Verordnungen usw. in absolut zuverlässigem Abdruck und ein das Zurechtfinden sehr erleichterndes Sachregister.

Szkolny, Felix, und **Kober**, Leopold, **Das Notariatsrecht**, unter besonderer Berücksichtigung des materiellen Rechts und des Steuer- und Stempelrechts erläutert. Oktav. 236 Seiten. 1926. (Guttentagsche Sammlung Deutscher Reichsgesetze Bd. 163.) . . . . Geb. RM. 8.50

„Die Darlegung des materiellen Rechts, soweit es in der täglichen Anwendung den Notar hauptsächlich beschäftigt. Es wird die Beurkundung einzelner Rechtsgeschäfte und anderer Rechtsvorgänge behandelt. Die Ausführungen verwerten die neueste Lehre und Rechtsprechung eingehend, die Darstellung ist leicht faßlich und klar, einzelne Muster vervollkommnen das anschauliche Bild."

Zeitschrift des Deutschen Notarvereins.

Szkolny, Felix, **Die Belehrungspflicht des Notars.** Oktav. 52 Seiten. 1927. . . . . RM. 2.—

„Ein trotz seines geringen Umfanges sehr nützliches Buch, für das wir dem Verfasser Dank wissen müssen. Es ist zu begrüßen, daß die Beschäftigung mit dem Notariatsrecht zunimmt, und es besteht die Hoffnung daß dies eine günstige Einwirkung auf die Handhabung des Notariats nicht verfehlen wird."

Zeitschrift des Deutschen Notarvereins.

Konkursordnung und Zwangsvollstreckung

Jaeger, Ernst, **Kommentar zur Konkursordnung** und den Einführungsgesetzen. Mit einem Anhang, enthaltend das Anfechtungsgesetz, die Vergleichsordnung, Auszüge aus den Kostengesetzen, Ausführungsgesetze und Geschäftsordnungen. Sechste und siebente, neubearbeitete Auflage. Groß-Oktav. Der Umfang des Gesamtwerkes umfaßt etwa 100 Bogen. Die Ausgabe erfolgt in Lieferungen.

Gesamtpreis etwa RM. 80.—

Erster Band. Erste Lieferung (§§ 1—16). 296 Seiten. 1928. RM. 16.—

Erster Band. Zweite Lieferung (§§ 17—27). Seite 297—472. 1929. RM. 10.—

Erster Band. Dritte Lieferung. Im Druck.

„Das Jaegersche Werk ist ohne Zweifel der beste von den mehreren guten Kommentaren zur Konkursordnung, die wir besitzen."

Zeitschrift für Deutschen Zivilprozeß.

Sydow, R., **Busch**, L., und **Krieg**, O., **Konkursordnung** und Anfechtungsgesetz mit Erläuterungen. Auf der Grundlage der Sydow-Buschschen Textausgabe mit Anmerkungen in fünfzehnter Auflage unter Mitaufnahme der Vergleichsordnung neubearbeitet. Taschenformat. 816 Seiten. 1929. (Guttentagsche Sammlung Deutscher Reichsgesetze Nr. 13.) . . . . Geb. RM. 12.—

„Die Erläuterungsbücher von Sydow-Busch sind als Kommentare mittleren Umfanges seit vielen Jahren in der Juristenwelt rühmlichst bekannt." Juristische Rundschau.

Fischer, K., und **Schäfer**, L., **Die Gesetzgebung, betr. die Zwangsvollstreckung in das unbewegliche Vermögen** im Reiche und in Preußen. Bearbeitet von J. Krech und O. Fischer. Zweite Auflage. Lexikon-Oktav. XVI, 728 Seiten. 1910 . . . RM. 15.—, geb. RM. 18.—

„Unter den zahlreichen Bearbeitungen des Zwangsvollstreckungsgesetzes ist der Kommentar von Fischer und Schäfer wohl der wissenschaftlich bedeutendste. Überall sind die Erläuterungen systematisch, manchmal geradezu lehrbuchartig aufgebaut, die leitenden Gedanken treten trotz der Fülle der behandelten Einzelfragen klar und deutlich hervor."

Zeitschrift für Rechtspflege in Bayern.

Krech, J., und **Fischer**, O., **Die Gesetzgebung, betr. die Zwangsvollstreckung in das unbewegliche Vermögen** im Reiche und in Preußen. Textausgabe mit Einleitung, Anmerkungen und Sachregister. Zehnte Auflage, bearbeitet von O. Fischer. Taschenformat. 266 Seiten. 1929. (Guttentagsche Sammlung Deutscher Reichsgesetze Bd. 43.)

Geb. RM. 5.—

„Einer besonderen Empfehlung dieser handlichen Ausgabe, deren Hauptteil das Gesetz über die Zwangsversteigerung und Zwangsverwaltung bildet, bedarf es nicht, Gesetzgebung, Rechtsprechung und Rechtslehre sind bis zur Gegenwart berücksichtigt."

Sächsisches Archiv für Rechtspflege

Samter, M. K., **Handbuch zum Verfahren der Zwangsversteigerung und Zwangsverwaltung** nach dem Reichsgesetz vom 24. März 1897 (Fassung vom 20. Mai 1898). Zweite Auflage, vermehrt durch einen Nachtrag und ein Selbstexaminatorium. VIII, 400 Seiten. 1912. RM. 5.—

Im ersten Teil dieses Handbuches sind, seinem Einführungszweck entsprechend, die allgemeinen und materiellrechtlichen Grundlagen des Verfahrens kurz dargestellt, deren Aneignung jüngeren Juristen besonders schwer fällt. Im zweiten Teil ist das Verfahren in organischer Plastik zur Darstellung gelangt, um auch älteren Juristen, in strepitu fori, eine leichte und doch voll ausreichende Übersicht der in Betracht kommenden Vorschriften und Rechtsgrundsätze zu gewähren.

Kretzschmar, F., **Die Zwangsversteigerung und die Zwangsverwaltung.** 110 Seiten. 1911. (Sammlung Göschen Bd. 523.) . . Geb. RM. 1.80

V. Strafrecht und Strafprozeß

Strafgesetzbuch

Ebermayer, Ludwig, **Lobe,** Adolf und **Rosenberg,** Werner, **Das Reichsstrafgesetzbuch,** Leipziger Kommentar mit besonderer Berücksichtigung der Rechtsprechung des **Reichsgerichts.** Vierte, vermehrte und verbesserte Auflage. Lexikon-Oktav. X, 1282 Seiten. 1929. RM. 56.—, in Halbleder geb. RM. 63.—

„Zusammenfassend wird man sagen müssen, daß der Kommentar nun wohl endgültig an die Spitze der großen Kommentare zum StGB. getreten ist.“ Zeitschrift für Rechtspflege in Bayern

Kohlrausch, Eduard, **Strafgesetzbuch für das Deutsche Reich mit Nebengesetzen.** Textausgabe mit Anmerkungen und Sachregister. Früher von Dr. Fr. v. Liszt u. Dr. E. Delaquis. Neunundzwanzigste Auflage. Taschenformat. X, 562, *48 Seiten. 1930. (Guttentagsche Sammlung Deutscher Reichsgesetze Bd. 2.) . . . Geb. RM. 8.—

„Ein Buch, an Hand dessen eine schnelle und zuverlässige Orientierung über die wichtigsten Auslegungsfragen möglich ist. Es dient in gleicher Weise dem Studierenden zur Einführung in eine Lektüre des Gesetzes wie dem Praktiker zur schnellen Auffindung einer Entscheidung.“

Rechtsanwalt Dr. Max Alsberg in der „Juristischen Wochenschrift“.

Liszt, Fr. v., **Lehrbuch des deutschen Strafrechts.** Fünfundzwanzigste, vollkommen durchgearbeitete und zum Teil umgestaltete Auflage, besorgt von Dr. E. Schmidt, Professor an der Universität Breslau. Groß-Oktav. XXXIV, 976 Seiten. 1927. RM. 27.50, geb. RM. 30.—

„Das Lisztsche Lehrbuch wird auch in dieser neuen Bearbeitung seinen ersten Platz und seinen Weltruf sich bewahren.“

Zeitschrift des Deutschen Notarvereins.

Gerland, H. B., **Das deutsche Reichsstrafrecht.** Oktav. 600 Seiten. 1922. (Lehrbücher und Grundrisse der Rechtswissenschaft Bd. XVI.) RM. 10.—, geb. RM. 11.50

„Durch knappe, geradezu klassische Kürze zeigende Darstellung gelang es Gerland auf engem Raume eine ungeheure Fülle des Stoffes zu bieten und auf jede Frage Antwort zu geben.“

Juristische Wochenschrift.

Gerland, H., Der Entwurf 1925. Allgemeiner Teil. Kritische Bemerkungen. Oktav. 96 Seiten. 1925 . . . . RM. 5.—

„Eine außerordentlich interessante Abhandlung. Die Schrift stellt ein fast unentbehrliches Hilfsmittel für jeden dar, der sich mit den einschlägigen Fragen zu beschäftigen hat."

Mitteilungen des Preußischen Richtervereins.

Aschrott, P. F. u. Kohlrausch, Ed., Reform des Strafrechts. Kritische Besprechung des Amtlichen Entwurfs eines Allgemeinen Deutschen Strafgesetzbuchs. Auf Veranlassung der Deutschen Landesgruppe der Internationalen Kriminalistischen Vereinigung unter Mitwirkung erster Fachgenossen herausgegeben. Gr.-Oktav. V, 415 S. 1926. RM. 18.—

„Die gestellte Aufgabe ist glänzend gelöst. Kaum ein Punkt ist übersehen worden, der die Kritik herausfordert. — Niemand, der an der endgültigen Gestaltung unseres Strafrechts Anteil nimmt, darf an dieser Sammelkritik achtlos vorübergehen."

Geh. Hofrat Prof. Dr. v. Lilienthal in der „Deutschen Juristen-Zeitung".

Zeitschrift für die gesamte Strafrechtswissenschaft. Gegründet von **Fr. von Liszt und A. Dochow.** Unter ständiger Mitarbeiterschaft hervorragender Fachmänner herausgegeben von Dr. K. von Lilienthal, Professor in Heidelberg, Dr. Ed. Kohlrausch, Professor in Berlin, und Dr. W. Gleispach, Professor in Wien. Der Jahrgang besteht aus 8—9 Heften. Quart.

Bd. 1—43. 1881—1922. Je RM. 15.—. Bd. 44. 1922. RM. 25.—. Bd. 45. 1924. RM. 21.—. Bd. 46—49. 1925—1929. Je RM. 30.—.

Sammlung außerdeutscher Strafgesetzbücher in deutscher Übersetzung. Herausgegeben von den Schriftleitungen der Zeitschrift für die ges. Strafrechtswissenschaft u. d. Mitteilungen der Internationalen Kriminalistischen Vereinigung. Nr. 1—43. 1881—1914 . . Preise auf Anfrage.

Nr. 44:

Japanische Strafgesetze. I. Schwurgerichtsordnung vom 18. April 1923 und strafrechtliche Nebengesetze. Übersetzt von Hyoichiro Kusano, Reichsgerichtsrat in Tokio, Tadao Sugiura, Oberlandesgerichtsrat in Sapporo, und Dr. jur. Fritz Bartelt in Berlin. II. Strafvollzugsgesetz vom 28. März 1908 nebst Ausführungsverordnung vom 16. Juni 1908. Übersetzt von Dr. jur. Toshita Tokiwa, Gerichtsassessor in Tokio, und Dr. jur. Werner Gentz, Justizrat beim Strafvollzugsamt in Kiel. Oktav. 55 Seiten. 1927. RM. 3.—

Nr. 45:

Die Auslieferungsgesetze Norwegens, Schwedens und Finnlands. Mit einer systematischen Darstellung der Grundzüge des nordischen Auslieferungsrechts im Hinblick auf den Erlaß eines deutschen Auslieferungsgesetzes Von Dr. jur. Ernst Wolgast, Privatdozent in Königsberg i. Pr. Groß-Oktav. VIII, 487 Seiten. 1928. . . RM. 20.—

Nr. 46:

Das Türkische Strafgesetzbuch vom 1. März 1926. Gesetz Nr. 765. (Türkisches Gesetzblatt Nr. 320 vom 13. März 1926.) Das Ausführungsgesetz zum Türkischen Strafgesetzbuch vom 26. April 1926. Deutsche Übersetzung von Dr. K. Ziemke. Oktav. 138 S. 1927. RM. 5.—

Nr. 47:

Entwurf eines griechischen Strafgesetzbuches. Übersetzt und eingeleitet von Demetrius G. Venturas, Rechtsanwalt in Korfu, Griechenland. Oktav. 123 Seiten. 1928 . . . . RM. 7.—

Nr. 48:

Italienischer Vorentwurf zu einem neuen Strafgesetzbuch. (Progetto di un nuovo codice penale.) In deutscher Übersetzung von Dr. K. Bunge, Landgerichtsrat in Berlin. Oktav. XXXII, 244 Seiten. 1928. RM. 10.—

Nebengesetze

Lindemann, Otto, **Sammlung der wichtigsten preußischen Strafgesetze.** Zweite Auflage. Taschenformat. 372 Seiten. 1912. (Guttentagsche Sammlung Preußischer Gesetze Bd. 34.) . . . . . . Geb. RM. 3.50

„Die durch mehrere wichtige Gesetze erweiterte zweite Auflage dieses unentbehrlichen Ergänzungsbandes zu den in Einzelausgaben erschienenen Preußischen Gesetzen ist durch die Wiedergabe der noch geltenden vereinzelten alten Strafvorschriften nebst trefflich unterrichtenden Vorbemerkungen und Erläuterungen besonders wertvoll. Nur mittels einer solchen ausgezeichneten Sammlung ist es möglich, auch die zerstreuten Gebiete des Strafrechts völlig zu beherrschen." Deutsche Juristen-Zeitung.

Fraustädter, Werner, **Deutsches Auslieferungsgesetz** vom 23. Dezember 1929 und andere neuere Vorschriften der Rechtshilfe in Strafsachen, einschließlich der Auslieferung. Textausgabe mit Einleitung, Erläuterungen und Sachregister. Etwa 150 Seiten. 1930. (Guttentagsche Sammlung Deutscher Reichsgesetze Bd. 86.) . . . . Geb. RM. 4.—

Das Auslieferungsgesetz hat durch die Neufassung vom 25. 12. 1929 eine starke Umgestaltung erfahren, die zur Hearusgabe der vorliegenden Neubearbeitung geführt hat. Diese enthält eine ausführliche Erläuterung der neuen Bestimmungen sowie einen Abdruck der wichtigsten Verträge und Vorschriften und ermöglicht einen vollständigen Überblick über den gegenwärtigen Stand des deutschen Auslieferungsrechtes.

Kirchner, Rudolf, **Gesetz über den Verkehr mit Kraftfahrzeugen.** Vierte Auflage. (Guttentagsche Sammlung Deutscher Reichsgesetze Bd. 92.) In Vorbereitung.

„Ein sehr wertvolles Hilfsmittel für Anwendung und Auslegung des wichtigen Gesetzes." Leipziger Zeitschrift für deutsches Recht.

Lindemann, Otto, **Polizeiverordnungen in Preußen.** Zweite Auflage. Taschenformat. 189 Seiten. 1912. (Guttentagsche Sammlung Preußischer Gesetze Bd. 36.) . . . . Geb. RM. 2.50

Abhandlungen des Kriminalistischen Instituts an der Universität Berlin. Herausgegeben von Dr. **Franz von Liszt,** o. Professor der Rechte. Sonderverzeichnis kostenlos. Vierte Folge. I. Band.

Heft 1:

Dannenberg, Herbert, **Liberalismus und Strafrecht im 19. Jahrhundert unter Zugrundelegung der Lehren Karl Georg von Waechters.** Oktav. IV, 66 Seiten. 1925 . . . . RM. 3.—

Heft 2:

Tarnowski, Dr. Hans, **Die systematische Bedeutung der adäquaten Kausalitätstheorie für den Aufbau des Verbrechensbegriffs.** Oktav. X, 340 Seiten. 1927 . . . . RM. 18.—

Heindl, Robert, **System und Praxis der Daktyloskopie** und der sonstigen technischen Methoden der Kriminalpolizei. Dritte, neubearbeitete und vermehrte Auflage. 900 Abbildungen im Text und 21 Bildertafeln. 780 Seiten. Groß-Oktav. 1927 . . . . . RM. 36, geb. RM. 40.—

„Ein Werk, mit dem wohl für geraume Zeit die Literatur dieses Gebiets ihren krönenden Abschluß gefunden haben dürfte. — Es darf erwartet werden, daß jeder Richter, Rechtsanwalt und Verteidiger sich dieses vorzüglichen Werkes bedient." Deutsche Juristenzeitung

Kleine kriminalistische Bücherei.

Band 1:

Schneickert, Hans, Die strafrechtlichen Aufgaben der Polizei. Für den Polizeiunterricht und die Polizeipraxis. Taschenformat. 182 Seiten. 1921. RM. 2.—

Band 2:

Philipp, Lothar, Beobachtungs- und Ermittlungspraxis im Polizei- und Detektivdienst. Taschenformat. 180 Seiten. 1923 . . . RM. 2.—

„Alles in allem: ein Buch, für den Fachmann lesenswert, für den Anfänger ein guter Leitfaden, für den Laien interessant."
Zeitschrift für gerichtliche Schriftvergleichung.

Band 3:

Manteuffel, H. v., Falschspieler. Formen und Technik des Spielbetruges, nebst einem Anhange: Der Spielprofessor und sein angeblich sicheres System beim Spiele gegen eine öffentliche Roulettebank. Taschenformat 90 Seiten. 1923 . . . . RM. 2.—

Gerade heutzutage, wo die Spielleidenschaft so weite Kreise zieht, ist es von besonderem Reiz, diese klare, flüssige und lehrreiche Darstellung zu verfolgen.

Band 4:

Schneickert, Hans, Kriminalistische Spurensicherung. Sammlung dienstlicher Anweisungen und sachverständiger Ratschläge für den Dienstgebrauch und für Polizeischulen. Zweite, vermehrte und verbesserte Auflage. Taschenformat. 96 Seiten. Mit 2 Abbildungen. 1925. Geb. RM. 3.—

„Alle Einzelheiten werden hervorgehoben und als möglicherweise wichtige Beweismomente in einem vielarmigen System zusammengefaßt. In der Durchführung seiner Aufgabe hat der Verfasser tatsächlich alles berücksichtigt, was für das Beweisverfahren von Bedeutung ist und sein könnte." *Archiv für Kriminologie*

Band 5:

Rehfeld, P., Gerichtsärztliche Tatbestandsfeststellungen im Dienste der Polizei. Ein Leitfaden für Polizei- und Kriminalbeamte. Taschenformat. 133 Seiten. 1927 . . . . Geb. RM. 3.50

„Die Bearbeitung gibt eine geschlossene, einheitliche Behandlung des Stoffgebietes durch einen Arzt, wie sie anderweitig in der kriminalistischen Literatur nicht vorhanden ist." Deutsches Polizeiarchiv.

Strafprozeßordnung

Kohlrausch, Eduard, Strafprozeßordnung und Gerichtsverfassungsgesetz mit Nebengesetzen. Einundzwanzigste Auflage. Taschenformat. XI, 526 Seiten. 1927. (Guttentagsche Sammlung Deutscher Reichsgesetze Bd. 12.) . . . . Geb. RM. 7.50

„Das Buch ist nicht nur für den Praktiker, der sich rasch unterrichten will, sondern auch für den Studierenden, zumal wenn ihm die wirtschaftlichen Verhältnisse die Anschaffung umfangreicher Kommentare nicht ermöglichen, von größtem Wert."
Oberreichsanwalt Dr. Ebermayer in der „Juristischen Wochenschrift".

Feisenberger, Albert, Strafprozeßordnung und Gerichtsverfassungsgesetz. Handkommentar. Groß-Oktav. IX, 517 Seiten. 1926. Mit Nachtrag. 1927. (de Gruytersche Sammlung Deutscher Gesetze. Handkommentare.) . . . . Geb. RM. 17.—

„Der vorliegende Handkommentar ist eine glänzende Arbeit, die bald in der Hand jedes Strafrichters und Rechtsanwalts sein wird. Er hält die Mitte zwischen Textausgabe und den umfangreichen Kommentaren. Geradezu vorbildlich ist er für den Umfang der Heranziehung der Rechtsprechung. Alles Wesentliche ist berücksichtigt."
Danziger Juristische Monatsschrift.

Beling, E., **Deutsches Reichsstrafprozeßrecht** mit Einschluß des Strafgerichtsverfassungsrechts. Oktav. XIV, 568 Seiten. 1928. (Lehrbücher und Grundrisse der Rechtswissenschaft Bd. XVII.)
RM. 15, geb. RM. 16.50

Die Eigenart des vorliegenden Lehrbuches des Reichsstrafprozeßrechts ist, daß es dem Verständnis der Gesetzestexte vorarbeiten und zu ihnen hinführen will. Gerade das, was nicht im Gesetz steht, ist die Hauptsache; die Gesetzesparagraphen sind Ziel, nicht Ausgangspunkt. Insbesondere aber stellt der Verfasser die Regelungsinhalte des geltenden Rechts in die heutige rechtspolitische Gedankenwelt hinein und gibt ein auch äußerlich scharf hervortretendes System, das den Lernenden befähigt, die Fülle der Einzelheiten unter allgemeinen Ordnungsgesichtspunkten zusammenzusetzen.

Rosenfeldt, E. H., **Deutsches Strafprozeßrecht.** 2 Bände. 128 und 148 Seiten. 1926. (Sammlung Göschen Bd. 938/939.) Geb. je RM. 1.80

„Eine wissenschaftlich hochstehende, auf einem knappen Raum zusammengedrängte, klar und originell geschriebene Einführung in den deutschen Strafprozeß." Schweizer. Zeitschrift für Strafrecht.

Löwe, F., und **Rosenberg,** Werner, **Die Strafprozeßordnung für das Deutsche Reich** vom 22. März 1924 nebst dem Gerichtsverfassungsgesetz. Kommentar. Achtzehnte, neubearbeitete Auflage. Lexikon-Oktav. 1332 Seiten. 1929 . . . . RM. 44.—, in Halbleder geb. RM. 50.—

„Der Löwesche Kommentar hat sich in Wissenschaft und Rechtsprechung eine so hervorragende Stellung erworben, daß er zum unentbehrlichen Ratgeber für Theoretiker und Praktiker geworden ist. Der Kommentar steht nach wie vor an erster Stelle und ist ein Meisterwerk in der Kunst einer klaren, übersichtlichen und erschöpfenden Darstellung dieses außerordentlich spröden Stoffes."
Zeitschrift des deutschen Notarvereins.

Feisenberger, Albert, **Strafprozeßordnung und Gerichtsverfassungsgesetz,** in alter und neuer Fassung synoptisch gegenübergestellt. Mit ausführlichem Sachregister. Taschenformat. 265 Seiten. 1924. Mit Nachtrag. 1927. (Guttentagsche Sammlung Deutscher Reichsgesetze Bd. 158.) . . . . Geb. RM. 4.50

„Die Ausgabe ist für die Praxis auf längere Zeit unentbehrlich. Die synoptische Darstellung erleichtert die Arbeit und schützt vor Gedächtnisfehlern." Juristische Wochenschrift.

Aschrott, P. F., **Die Reform des Strafprozesses.** Kritische Besprechungen der von der Kommission für die Reform des Strafprozesses gemachten Vorschläge. Auf Veranlassung der Internationalen Kriminalistischen Vereinigung, Gruppe Deutsches Reich. Groß-Oktav. XII, 120 und 784 Seiten. 1906 . . . . RM. 12.—

Beiträge zur Reform des Strafprozesses. Herausgegeben von Dr. Franz **Adickes,** Dr. P. F. **Aschrott,** Dr. K. **von Lilienthal,** Dr. Fr. **von Liszt.** 2 Bände. Groß-Oktav. I. Bd. Heft 1—6. 1908. RM. 9.70. — II. Bd. Heft 1—5. 1909. RM. 15.10.

Frede, L. u. **Grünhut,** M., **Reform des Strafvollzuges.** Kritische Beiträge zu dem Amtlichen Entwurf eines Strafvollzugsgesetzes. Oktav. VII, 264 Seiten. 1927 . . . . RM. 10.—

Die in dem vorliegenden Buch zusammengefaßten Beiträge üben nicht nur eine Einzelkritik an den Bestimmungen des Entwurfs, sondern dienen zugleich unter dem Gesichtspunkt der gegenwärtigen gesetzgeberischen Aufgabe der wissenschaftlichen Grundlegung des ganzen Strafvollzugsproblems.

VI. Öffentliches Recht.

1. Staats- und Völkerrecht.

Fischbach, O. G., **Allgemeine Staatslehre.** Zweite Auflage. 136 Seiten. 1928. (Sammlung Göschen Bd. 358.) . . . . . Geb. RM. 1.80

„Das Buch darf einer breiten Öffentlichkeit als ausgezeichnete Einführung, den Fachgenossen aber, jung und alt, als Musterbeispiel wissenschaftlichen Bemühens um die denkbar beste Leistung anempfohlen werden, wie man ihm heute nicht allzu häufig mehr begegnet." Reichsverwaltungsblatt.

Fischbach, O. G., **Allgemeines Staatsrecht.**
1. Teil. 139 Seiten. 1923. (Sammlung Göschen, Bd. 415.) Geb. RM. 1.80
II. Teil. 151 Seiten. 1923. (Sammlung Göschen Bd. 416.) Geb. RM. 1.80

Diese Bearbeitung bringt nicht bloß einen leicht faßlichen gemeinverständlichen Überblick über alle Zweige des Staatsrechtes, sondern auch in den einzelnen Partien viele gründliche wissenschaftliche Erörterungen der einschlagenden Probleme und kritischen Beleuchtung der verschiedenen Rechtsansichten.

Stier-Somlo, Fritz, **Deutsches Reichs- und Landesstaatsrecht I.** Oktav. XVI, 726 Seiten. 1924. (Lehrbücher und Grundrisse der Rechtswissenschaft Bd. XVIII.) . . . . RM. 16.50, geb. RM. 18.—

„. . . Von den zurzeit vorhandenen größeren Lehrbüchern des Reichsstaatsrechts das geeignetste." Juristische Wochenschrift.

Stier-Somlo, Fritz, **Reichsstaatsrecht.** I. Grundbegriffe des Staatsrechts. Verfassungsgeschichte vom Ende des 18. Jahrhunderts bis zur Reichsverfassung vom 11. August 1919. 108 Seiten. 1927. (Sammlung Göschen Bd. 967.) . . . . Geb. RM. 1.80
II. Das geltende Reichsstaatsrecht. 114 Seiten. 1927. (Sammlung Göschen Bd. 968.) . . . . Geb. RM. 1.80

Stier-Somlo, Fritz, **Preußisches Staatsrecht.** Zweite Auflage. 136 Seiten. 1927. (Sammlung Göschen Bd. 298.) . . . . Geb. RM. 1.80

„Die drei schmalen Bändchen werden nicht allein als wünschenswertes Orientierungsmittel für den Laien und den angehenden Juristen zu begrüßen sein, sondern auch dem im praktischen Berufsleben stehenden Juristen Anregung und Belehrung bieten." Juristische Wochenschrift

Arndt, Adolf, **Die Verfassung des Deutschen Reiches.** Dritte Auflage. Taschenformat. 1927. (Guttentagsche Sammlung Deutscher Reichsgesetze Bd. 137.) . . . . RM. 8.—

„Für alle, die sich auf dem schwierigen Gebiet der Reichverfassung orientieren wollen, liegt hier ein vorzügliches Nachschlagewerk von gediegener Wissenschaftlichkeit vor." Staats- und Selbstverwaltung.

Stier-Somlo, Fritz, **Kommentar zur Verfassung des Freistaates Preußen.** Groß-Oktav. 319 Seiten. 1921 . . . . Geb. RM. 3.—

„Die Darstellung ist flüssig und knapp und ist als treffliche Orientierung über das neue Verfassungswerk, eine Orientierung, die ihre notwendige Ergänzung in dem vorzüglichen Kommentar Stier-Somlos findet, sehr zu empfehlen." Zeitschrift für öffentliches Recht

Arndt, Adolf, **Die Verfassung des Freistaats Preußen** vom 30. November 1920. Mit Einleitung, vollständigem Kommentar, Landeswahlgesetz und Sachregister. Taschenformat. 158 Seiten. 1921. (Guttentagsche Sammlung Preußischer Gesetze Bd. 1.)
Geb. RM. 2.—

„Die Einleitung ist eine vortreffliche staatsrechtliche Abhandlung, die unter Berücksichtigung und Verwertung der einschlägigen Literatur in die Entstehungsgeschichte und in die Bedeutung der Verfassungsurkunde einführt. Der Kommentar wird denjenigen, die sich mit den einzelnen Bestimmungen der Verfassung vertraut machen wollen, ein willkommener Ratgeber sein."
Zeitschrift für Polizei- und Verwaltungsbeamte.

Veröffentlichungen der Vereinigung deutscher Staatsrechtslehrer.
Heft 1: Der deutsche Föderalismus. Oktav. 1924 . . . RM. 5.—
Heft 2: Der Schutz des öffentlichen Rechts. Oktav. 1925. RM. 12.—
Heft 3: Die Gleichheit vor dem Gesetz. Der Einfluß des Steuerrechts auf die Begriffsbildung des öffentlichen Rechts. Oktav. 1927. RM. 7.—
Heft 4: Das Recht der freien Meinungsäußerung. — Der Begriff des Gesetzes in der Reichsverfassung. Oktav. 1928 . . . . . RM. 10.—
Heft 5. Wesen und Entwicklung der Staatsgerichtsbarkeit. — Überprüfung von Verwaltungsakten durch die ordentlichen Gerichte. Oktav. 1929 . . . . RM. 12.—
Heft 6: Bundesstaatliche und gliedstaatliche Rechtsordnung. Verwaltungsrecht der öffentlichen Anstalt. Berichte von Fritz Fleiner, Josef Lukas, Lutz Richter und Arnold Köttgen. Verhandlungen der Tagung der deutschen Staatsrechtslehrer zu Frankfurt a. M. am 25. und 26. April 1929. Mit einem Auszug aus der Aussprache. Oktav. IV, 166 Seiten. 1929 . . . . RM. 9.—

Sehling, Emil, **Kirchenrecht.** Zweite Auflage.
I. Teil. Einleitung. Quellen, Verfassung und Verwaltung der katholischen Kirche. Anhang: Die griechisch-orthodoxe Kirche. 119 Seiten. 1922. (Sammlung Göschen Bd. 377.) . . . . Geb. RM. 1.80

II. Teil: Das evangelische Kirchenrecht. Die Stellung des Staates zur Kirche und das Verhältnis der Religionsgesellschaften zueinander. 87 Seiten. 1927. (Sammlung Göschen Bd. 954.) . . . Geb. RM. 1.80

Edler v. Hoffmann, H., **Deutsches Kolonialrecht.** 150 Seiten. 1907. (Sammlung Göschen Bd. 318.) . . . . Geb. RM. 1.80

Reier, Otto, **Sozialisierungsgesetze.** Taschenformat. 214 Seiten. 1920. (Guttentagsche Sammlung Deutscher Reichsgesetze Bd. 141.)
Geb. RM. 2.20

„Das Werk stellt die erste zusammenfassende kommentarische Darstellung der Sozialisierungsgesetzgebung dar und ist für alle Interessenten unentbehrlich." *Zentralblatt der Reichsversicherung.*

Delius, H., **Die Beamtenhaftpflichtgesetze** des Reiches und der Länder. Vierte, vermehrte und vollkommen neubearbeitete Auflage. Taschenformat. 384 Seiten. 1929. (Guttentagsche Sammlung Deutscher Reichsgesetze Bd. 94.) . . . . Geb. RM. 10.—

Hohenstein, Adolf, und **Goldbaum**, Wenzel, **Reichsschädengesetze.** Textausgabe mit Anmerkungen. Oktav. 360 Seiten. 1922. (Guttentagsche Sammlung Deutscher Reichsgesetze Bd. 150.) . . . Geb. RM. 4.—

„Im ganzen ist das vorliegende Werk nicht nur ein wertvolles Hilfsmittel für den Fachmann, sondern ist besonders jedem Geschädigten zu empfehlen, der sich über seine Ansprüche orientieren will."
Auslandswarte

Wörterbuch des Völkerrechts und der Diplomatie. Begonnen von Professor Dr. Julius **Hatscheck** †. Fortgesetzt und herausgegeben von Dr. Karl **Strupp**, Professor an der Universität Frankfurt a. M., Associé de l'institut de droit international, membre de l'Academie Diplomatique Internationale. Lexikon-Oktav.

Band I: Aachen—Lynchfall. VI, 860 Seiten. 1924.
RM. 35.—, in Halbleder geb. RM. 40.—

Band II: Maas—Utschiali. 779 Seiten. 1925.
RM. 35.—, in Halbleder geb. RM. 40.—

Band III (Schluß): Vasallenstaaten—Zwangsverschickung. Ferner Anhang: Abessinien—Weltgerichtshof; Sachverzeichnis und Mitarbeiterregister. II, 1316 Seiten. 1929.
RM. 62.—, in Halbleder geb. RM. 67.—

„Der Vorsprung, den entsprechende Werke in französischem Sprachgewande bisher hatten, ist nunmehr in Deutschland eingeholt. Die Form der alphabetischen Zergliederung des Stoffes ermöglicht eine breitere Behandlung der Einzelfälle, die im internationalen Rechtsleben nicht selten von größerer Bedeutung als vorzeitig aufgestellte Abstraktionen sind.“ *Zeitschrift für Völkerrecht.*

Anzilotti, Lehrbuch des Völkerrechts. Übersetzt und herausgegeben vom Institut für ausländisches öffentliches Recht und Völkerrecht, Berlin. I. Band. Groß-Oktav. 444 Seiten. 1929. RM. 19.—, geb. RM. 20.—

Mit der Herausgabe der Übersetzung dieses Lehrbuches des berühmten Völkerrechtlers ist das Institut für ausländisches öffentliches Recht und Völkerrecht einem in Deutschland außerordentlich fühlbaren Bedürfnis entgegengekommen. Das Buch ist nicht schlechthin eine Übersetzung der italienischen Originalausgabe, sondern berücksichtigt auch die gesamte Rechtsprechung und Literatur der letzten Zeit und stellt somit das zurzeit modernste Lehrbuch des Völkerrechts überhaupt dar.

Niemeyer, Theodor, **Völkerrecht.** 168 Seiten. 1925. (Sammlung Göschen Bd. 865.) . . . . Geb. RM. 1.80

Dieses Bändchen gibt in gedrängter Form eine vollständige Übersicht über das Völkerrecht.

Beiträge zum ausländischen öffentlichen Recht und Völkerrecht. Herausgegeben im Auftrage des Instituts für ausländisches öffentliches Recht und Völkerrecht in Berlin in Gemeinschaft mit Friedrich Glum, Ludwig Kaas, Rudolf Smend, Heinrich Triepel von Viktor **Bruns.** Groß-Oktav.

Eine Sammlung einschlägiger wissenschaftlicher Abhandlungen, Materialsammlungen, Übersetzungen besonders wertvoller ausländischer Werke u. a.

Heft 1:
Staatsrecht und Politik. Rede beim Antritt des Rektorats der Friedrich-Wilhelms-Universität zu Berlin am 15. Oktober 1926. Von Heinrich **Triepel.** 40 Seiten. 1927 . . . . RM. 2.—

Heft 2:
Volksentscheid und Volksbegehren. Ein Beitrag zur Auslegung der Weimarer Verfassung und zur Lehre von der unmittelbaren Demokratie. Von Dr. Carl **Schmitt,** o. ö. Professor der Rechte an der Universität Bonn. 54 Seiten. 1927 . . . . RM. 2.60

Heft 3:
Der Aufbau des britischen Reiches. (Der Verhandlungsbericht der Reichskonferenz von 1926.) Eingeleitet und herausgegeben von Gerichtsassessor Dr. K. **Heck,** Referent am Institut für ausländisches öffentliches Recht und Völkerrecht. 152 Seiten. 1927 . . RM. 6.—

Heft 4:

Die Souveränität. Ein Beitrag zur Theorie des Staats- und Völkerrechts. Von Dr. H. **Heller,** Privatdozent und Referent am Institut für ausländisches öffentliches Recht und Völkerrecht. 177 Seiten. 1927 RM. 8.50

Heft 5:

Die Missionsfreiheit nach den Bestimmungen des geltenden Völkerrechts. Von Dr. Theodor **Grentrup,** S. V. D. 112 Seiten. 1928. RM. 5.50

Heft 6:

Das Minoritätenproblem und seine Literatur. Kritische Einführung in die Quellen und die Literatur der europäischen Nationalitätenfrage der Nachkriegszeit, unter besonderer Berücksichtigung des völkerrechtlichen Minderheitenschutzes.

Allgemeiner Teil. Von Jakob **Robinson,** Rechtsanwalt in Kaunas (Litauen). 265 Seiten. 1928 . . . . RM. 9.—

Heft 7:

Der Reichssparkommissar. Von Dr. Karl **Bilfinger,** o. ö. Professor der Rechte an der Universität Halle. 68 Seiten. 1928 . . . RM. 3.60

Heft 8:

Die völkerrechtliche Stellung der fremden Truppen im Saargebiet. Von Dr. jur. J. M. **Bumiller,** Referent am Institut für ausländisches öffentliches Recht und Völkerrecht, Berlin. 156 Seiten. 1928. RM. 9.—

Heft 9:

Das Recht des Ausnahmezustands im Auslande (Frankreich, Belgien, Niederlande, Italien, England, Irland). Bearbeitet im Institut für ausländisches öffentliches Recht und Völkerrecht. 296 Seiten. 1928. RM. 14.—

Heft 10:

Die Beziehungen zwischen dem Parlament und den Gerichten in England. Eine rechtsvergleichende Studie. Von Heinrich B. **Gerland.** 137 Seiten 1928 . . . . RM. 8.—

Heft 11:

Zu den Problemen des fascistischen Verfassungsrechts. Akademische Antrittsvorlesung. Von Dr. Gerhard **Leibholz,** Privatdozent an der Universität Berlin, Referent am Institut für ausländisches öffentliches Recht und Völkerrecht. 112 Seiten. 1928 . . . . RM. 5.—

Heft 12:

Der deutsche und der französische Reichswirtschaftsrat. Ein Beitrag zu dem Problem der Repräsentation der Wirtschaft im Staat. Von Dr. Friedrich **Glum,** Privatdozent an der Universität Berlin, Wissenschaftliches Mitglied des Instituts für ausländisches öffentliches Recht und Völkerrecht. 188 Seiten. 1929 . . . . RM. 9.—

Heft 13:

Das Wesen der Repräsentation unter besonderer Berücksichtigung des Repräsentativsystems. Ein Beitrag zur allgemeinen Staats- und Verfassungslehre. Von Dr. Gerhard **Leibholz,** Privatdozent an der Universität Berlin, Referent am Institut für ausländisches öffentliches Recht und Völkerrecht. Groß-Oktav. 214 Seiten. 1929 . . . . . RM. 14.—

Zeitschrift für ausländisches öffentliches Recht und Völkerrecht. Im Auftrage des Instituts für ausländisches öffentliches Recht und Völkerrecht herausgegeben von Dr. Viktor **Bruns**, Professor an der Universität Berlin, Leiter des Instituts.

Band I, Teil 1: Abhandlungen. 43 Bogen . . . . RM. 43.—

Band I, Teil 2: Urkunden. 5 1/2 Bogen . . . . . RM. 54.—

Der neuen Zeitschrift für ausländisches öffentliches Recht und Völkerrecht ist es als Aufgabe gesetzt, die wichtigsten, die Wissenschaft und die Praxis beschäftigenden Probleme des Völkerrechts und des außerstaatlichen öffentlichen Rechts zu behandeln. Sie wird zu all diesen Fragen eingehend Stellung nehmen und über alle wichtigen Ergebnisse der Gesetzgebung und der Rechtsprechung auf diesem Gebiete im In- und Ausland eingehend berichten. Der I. Jahrgang der Zeitschrift wird in zwei Bänden herausgegeben; künftig erfolgt das Erscheinen vierteljährlich.

Kraus, H., **Internationale Schiedssprechung.** Eine Sammlung der für das Deutsche Reich verbindlichen Verträge und Vertragsbestimmungen, die sich auf internationale Gerichtsbarkeit, Schiedsgerichtsbarkeit, sowie Vergleichsverfahren beziehen, nebst den dazugehörigen deutschen Regierungsdenkschriften. Taschenformat. XXXVI, 348 Seiten. 1929. (Guttentagsche Sammlung Deutscher Reichsgesetze Bd. 174. . . . . Geb. RM. 10.—

„Die vorliegende Dokumentensammlung füllt eine Lücke aus, da es bisher schwer war, alle schiedsrichterlichen Verpflichtungen des Deutschen Reiches auf einmal einzusehen.“ Friedenswarte.

Strupp, Karl, **Das Werk von Locarno.** Eine völkerrechtlich-politische Studie. Oktav. 180 Seiten. 1926 . . . . RM. 10.—

„Die lückenlose Mitteilung aller für das Verständnis und die Auslegung wichtiger Urkunden macht das aktuelle Buch zu einem außerordentlich wertvollen Mittel der Erkenntnis des Inhalts und der Tragweite dieser grundlegenden Staatsverträge.“ D. A. Z.

Deutschland unter dem Dawes-Plan. Entstehung, Rechtsgrundlagen, wirtschaftliche Wirkungen der Reparationslasten. Von Professor Max **Sering**, Universität Berlin. Oktav. VIII, 237 Seiten. 1928. RM. 10.—

„Nicht nur dem Juristen und Volkswirtschaftler, sondern auch dem Laien verständlich, gibt das Werk einem jeden wertvollen Einblick in Deutschlands wirtschaftspolitische Abhängigkeit, die sich bis in die kleinsten Betriebe hineinzieht, die jedes einzelne Glied des deutschen Volkes betrifft.“ Prakt. Rundschau.

2. Verwaltungsrecht.

Reichsrecht

Blume, E., und **Weirauch**, W., **Die Eisenbahn-Verkehrsordnung** vom 16. Mai 1928 mit Allgemeinen Ausführungsbestimmungen sowie dem Internationalen Übereinkommen über den Eisenbahnfrachtverkehr vom 30. Mai 1925 und dem Internationalen Übereinkommen über den Eisenbahn-Personen- und Gepäckverkehr vom 12. Juni 1925. Textausgabe mit Anmerkungen. Vierte Auflage. Taschenformat. X, 482 Seiten. 1928. (Guttentagsche Sammlung Deutscher Reichsgesetze Bd. 91.)
Geb. RM. 9.—

„Ein treffliches Hilfsbuch für alle, die sich mit dem Eisenbahnverkehrsrecht theoretisch und praktisch zu beschäftigen haben. Der Kommentar wird besonders auch den Gerichten und den Anwälten

gute Dienste leisten, da die Ausführungsbestimmungen zur Eisenbahnverkehrsordnung, die vollständig abgedruckt werden, sonst nur in den Tarifen veröffentlicht werden, die in den Kreisen der Juristen weniger bekannt sind. Allen, die es angeht, kann daher die Anschaffung der neuen Auflage dringend empfohlen werden."

Juristische Wochenschrift.

Fischer, D., und **Staedler,** E., **Die deutsche Post- und Telegraphengesetzgebung.** Teil I: Postrecht (mit Ausschluß des internationalen Rechts). Siebente Auflage. 47*, 586 Seiten. 1929. (Guttentagsche Sammlung Deutscher Reichsgesetze Bd. 7.) . . . . Geb. RM. 15.—

Mit der vorliegenden Neuauflage dieser lange Zeit vergriffen gewesenen Ausgabe wird dem Wunsche zahlreicher Interessenkreise entsprochen: Die neue Bearbeitung ist gegenüber der letzten Auflage wesentlich vermehrt und in allen Teilen neugestaltet. Sie enthält die Quellen des Postrechts, wobei die Postordnung in ihrer letzten Fassung (vom Januar 1929) erscheint.

Dem Ganzen wurde erstmalig eine Systematik des geltenden Postrechts vorangestellt; die Gesetzestexte wurden sorgfältig erläutert, Rechtsprechung und die einschlägige Literatur bis auf die letzte Zeit berücksichtigt.

Sebba, Julius, **Seewasserstraßenordnung.** (Polizeiverordnung zur Regelung des Verkehrs auf den deutschen Seewasserstraßen vom 31. März 1927.) Taschenformat. 493 Seiten. 1928. (Guttentagsche Sammlung Deutscher Reichsgesetze Bd. 171.) . . . . Geb. RM. 8.50

„Es bedarf hierbei wohl nicht der besonderen Hervorhebung, daß die Kommentierungsmethode des rühmlichst bekannten Neu-Herausgebers von Schaps-Seerecht auch in dem vorliegenden Werke eine knappe und doch gründliche geworden ist."

Verkehrsrechtliche Praxis.

Busse, Rudolf, **Luftrecht einschließlich Luftverkehrsgesetz und Pariser Luftverkehrsabkommen.** Taschenformat. XVIII, 448 Seiten. 1928. (Guttentagsche Sammlung Deutscher Reichsgesetze Bd. 170.)

Geb. RM. 10.—

Das vorliegende Buch sucht in einem nationalen und internationalen Teil einen klaren Überblick über das gesamte Luftrecht zu geben; der neueste Stand der Rechtsprechung ist hierbei berücksichtigt. Den erläuterten Gesetzesabkommenstexten ist eine systematische Einführung in das gesamte Luftrecht mit seinen vielseitigen Rechtsdisziplinen vorausgeschickt.

Zeitschrift für das gesamte Luftrecht (ZLR.). Herausgegeben von Dr. jur. Otto **Schreiber,** o. Professor an der Universität Königsberg i. Pr., Geh. Regierungsrat, Leiter des Instituts für Luftrecht. Erscheint in Bänden zu je vier Heften.

Band I 1926/28 . . . . RM. 50.—, geb. RM. 55.—

Band II, Heft 1 . . . . RM. 10.—

„Organisation und Inhalt der Zeitschrift machen einen vorzüglichen Eindruck. Im Interesse ihres hohen sachlichen Zieles sind ihr weite Verbreitung und bester Erfolg zu wünschen."

Weltwirtschaftliches Archiv.

Volkmann, Kurt, **Die Straßenverkehrsordnungen** nebst den einschlägigen Nebenbestimmungen. Taschenformat. 312 Seiten. 1929. (Guttentagsche Sammlung Deutscher Reichsgesetze Bd. 175.) . . . Geb. RM. 7.—

„Das übersichtliche Werkchen, das uns eine schnelle Information über auftauchende Rechtsfragen auf diesem besonderen Verkehrgebiete verschafft, kann Polizeibeamten, Gerichten, Anwälten, Fuhrwerksbesitzern, Kraftfahrern und Radfahrern zur Anschaffung empfohlen werden."

Verkehrsrechtl. Rundschau.

Kirchner, Rudolf, **Gesetz über den Verkehr mit Kraftfahrzeugen** vom 3. Mai 1909. Vierte, völlig neubearbeitete Auflage. (Guttentagsche Sammlung Deutscher Reichsgesetze Bd. 92.) . . In Vorbereitung.

„Der Verfasser hat sich mit der nicht unschwierigen Materie auf das beste vertraut gemacht und seine Kenntnisse mit großer Gewandtheit in logischen, klaren und ausführlichen Erläuterungen zum Gesetze verwertet." Zeitschrift für Polizei- und Verwaltungsbeamte.

Aumer, Georg, **Der Kraftfahrzeugverkehr.** Richtlinien für Polizeibeamte und Kraftfahrer. Mit 79 Abbildungen und Figuren. Zweite Auflage. Taschenformat. 208 Seiten. 1928 . . . . Geb. RM. 4.50

„Ein kleines, aber nicht nur für jeden Polizeibeamten, sondern für jeden bei einem Kraftfahrzeugunfall — sei es nur als Zeugen — Beteiligten interessantes Kapitel über Hinweise auf Feststellungen bei Unglücksfällen und eine Übersicht über den Kraftfahrzeugbestand schließen die interessante Schrift, die — wenn sie sich auch ihrem Zweck entsprechend von juristischen Erörterungen fernhält — doch auch dem Juristen eine Fülle rechtstatsächlichen Materials, das gerade auf diesem Gebiete besonders wichtig ist, bietet." Juristische Wochenschrift.

Holzapfel, W., **Die Siedlungsgesetzgebung** im Reich und in Preußen. 347 Seiten. 1920. (Guttentagsche Sammlung Deutscher Reichsgesetze Bd. 140.) . . . . Geb. RM. 3.—

„Die zur Ausführung jener Gesetze bestimmten Behörden und auch die literarische Forschung wird dem Verfasser für seine mühevolle Arbeit Anerkennung zollen." Archiv für öffentliches Recht.

Behrend, Ernst, und **Stranz-Hurwitz,** Helene, **Sammlung von Wohlfahrtsgesetzen** des Deutschen Reichs und Preußens nebst den allgemeinen Wohlfahrtsgesetzen von Sachsen, Thüringen, Hamburg, Mecklenburg-Schwerin und -Strelitz, Oldenburg, Lippe und Lübeck.

Teil I: Taschenformat. 560 Seiten. 1923 . . . . . Geb. RM. 5.—

Teil II: Nebst Ausführungsgesetzen sämtlicher Länder zum Reichsjugendwohlfahrtsgesetz. Taschenformat. XVI, 551 Seiten. 1925. (Guttentagsche Sammlung Deutscher Reichsgesetze Bd. 152 und 152a.) Geb. RM. 9.—

Teil I und II zus. RM. 12.—

„Die kurzen, alles Wesentliche zusammenfassenden Einleitungen zu den einzelnen Gesetzen sind mit außerordentlicher Sachkunde und Klarheit geschrieben; sie genügen zusammen mit den Literaturangaben völlig für den Praktiker, um die Gesetzestexte richtig handhaben zu können. Das Werk ist für alle in der Wohlfahrtspflege Arbeitenden unentbehrlich und sehr praktisch." Nachrichtendienst des Deutschen Vereins für öffentliche Fürsorge.

Wegner, Arthur, **Jugendrecht.** Ein Lehrbuch zur Einführung. Oktav. IX, 219 Seiten. 1929 . . . . RM. 6.—, geb. RM. 7.50

„Ein gleichartiges und gleichwertiges Werk über das Jugendrecht gibt es noch nicht." Breslauer Zeitung.

Drewes, Paul, und **Sandré,** Emil, **Das Reichsgesetz für Jugendwohlfahrt** vom 9. Juli 1922 und **Jugendgerichtsgesetz** vom 16. Februar 1923 nebst Nebengesetzen. Zweite Auflage. Taschenformat. XVI, 496 Seiten. 1928. (Guttentagsche Sammlung Deutscher Reichsgesetze Bd. 154.) Geb. RM. 11.—

„Eine sehr handliche Gesetzesausgabe. Sie bietet in ausführlichen geschichtlichen und rechtlichen Vorbemerkungen und Einleitungen wertvolles Material zur Einführung in den Willen und Geist beider Gesetze und gibt in knappen, aber ausreichenden Erläuterungsbemerkungen zu den einzelnen Bestimmungen dem Praktiker die erforderlichen Unterlagen zur richtigen Anwendung. Das Werk dürfte sich in der Praxis beliebt machen." Blätter für öffentliche Fürsorge

Sandré, Emil **Verordnung über die Fürsorgepflicht.** Vom 14. Februar 1924. Mit Einschluß der für die Durchführung dieser Verordnung in Frage kommenden reichs- und landesgesetzlichen Bestimmungen. Taschenformat. 342 Seiten. 1925. (Guttentagsche Sammlung Deutscher Reichsgesetze Bd. 160.) . . . . Geb. RM. 6.—

„Die Zusammenstellung der bis in die jüngste Zeit ergangenen gesetzlichen Bestimmungen, die in Beziehung zur Fürsorgepflichtverordnung stehen, gibt der Sandréschen Arbeit ihre besondere Bedeutung. Die Anmerkungen sind zahlreich und zeichnen sich durch einen feinen, klaren Stil aus. Das Buch ist übersichtlich geordnet und leicht zu handhaben.“ Schleswig-Holsteinsche Wohlfahrtsblätter.

Szczesny, Viktor, **Das Lichtspielgesetz** vom 12. Mai 1920 mit der Ausführungsverordnung Einleitung, Gebührenordnung und Sachregister. Taschenformat. 106 Seiten. 1920. (Guttentagsche Sammlung Deutscher Reichsgesetze Bd. 147.) . . . . Geb. RM. 1.50

„Das neue Lichtspielgesetz hat hier eine ausführliche Kommentierung gefunden. Das Buch kann bei der gründlichen Behandlung des Stoffes als ein geeignetes Hilfsmittel für die Praxis bezeichnet werden.“ Preußische Gemeinde-Zeitung.

Wündisch, Ernst, **Das Gesetz über Schußwaffen und Munition** vom 12. April 1928 (RGBl. I S. 143) nebst der Ausführungsverordnung der Reichsregierung vom 13. Juli 1928 (RGBl. I S. 198) und dem Preußischen Erlaß zur Durchführung des Gesetzes vom 7. September 1928 (MBliV. S. 925). Taschenformat. 139 Seiten. 1928. (Guttentagsche Sammlung Deutscher Reichsgesetze Bd. 173.) . . . . Geb. RM. 5.—

Durch das neue Gesetz über Schußwaffen und Munition vom 12. April 1928 sind auf diesem für die Öffentlichkeit so wichtigen Gebiet neue Rechtsverhältnisse geschaffen worden, für die die Praxis exakte Erläuterungen wünscht. Eine solche Erläuterung stellt das vorliegende Buch dar, das, von einem auf diesem Gebiet besonders erfahrenen Sachkenner bearbeitet, eine absolut zuverlässige Darstellung der neuen Bestimmungen enthält. Außer dem Gesetzestext sind die für die Praxis wichtigen Ausführungsbestimmungen des Reiches und Preußens abgedruckt. Auf Übersichtlichkeit, Leichtverständlichkeit und Vollständigkeit der Erläuterungen, die die Hauptvorzüge der Guttentagschen Sammlung sind, wurde auch bei diesem Gesetze Wert gelegt.

Fraustädter, W., und **Kreutzberger,** M., **Das deutsche Ausländerrecht.** Die Bestimmungen des Reichsrechts und preußischen Landesrechts. Textausgabe mit Erläuterungen und Sachregister. Taschenformat. 396 Seiten. 1927. (Guttentagsche Sammlung Deutscher Reichsgesetze Bd. 166.) Geb. RM. 9.—

„Eine höchst begrüßenswerte Veranstaltung, aus dem Bedürfnis der Praxis hervorgegangen und mit vollendetem Sachverständnis unternommen. Sowohl die Vollständigkeit der mannigfach verstreuten gesetzlichen Bestimmungen als deren Anordnung, Registrierung und Erläuterung durch Ausführungsbestimmungen, Gerichtsentscheidungen, Verwaltungspraxis ist vortrefflich.“ Niemeyers Zeitschrift für internationales Recht.

Voß, Werner, **Die reichs- und landesrechtlichen Bestimmungen auf dem Gebiete des Gesundheitswesens.** Zusammengestellt und mit Anmerkungen versehen. Taschenformat. 608 Seiten. 1929. (Guttentagsche Sammlung Deutscher Reichsgesetze Bd. 172.) . . . . . . Geb. RM. 11.—

„Der Band enthält eine Sammlung der Gesetze, Verordnungen und Bestimmungen auf dem Gebiete des Gesundheitswesens, wie sie in dieser Vollständigkeit sonst nicht besteht. Dadurch erst ist ein zuverlässiger und rascher Überblick über die einschlägigen weit verstreuten Bestimmungen gewährleistet.“ Württ. Zeitschr. f. Rechtspflege.

Hippel, W. von, **Reichsviehseuchengesetz** vom 26. Juni 1909 nebst Ausführungsvorschriften und dem preußischen Ausführungsgesetz. Zweite Auflage. Taschenformat. 486 Seiten. 1913. (Guttentagsche Sammlung Deutscher Reichsgesetze Bd. 103.) . . . . Geb. RM. 4.—

Boxberger, L. von, **Vogelschutzgesetz** vom 30. Mai 1908 nebst den das Flugwild betreffenden Bestimmungen der Preußischen Jagdordnung. Taschenformat. 57 Seiten. 1909. (Guttentagsche Sammlung Deutscher Reichsgesetze Bd. 89.) . . . . Geb. RM. 1.—

Landesrecht

Bitter, von, **Handwörterbuch der Preußischen Verwaltung.** Dritte, vollständig umgearbeitete Auflage. Unter Mitwirkung zahlreicher hoher Reichs- und preußischer Staatsbeamten herausgegeben von Dr. Bill Drews, Staatsminister a. D., Präsident des Pr. Oberverwaltungsgerichts, und Dr. Franz Hoffmann, Wirklicher Geheimer Oberregierungsrat, Berlin. Lexikon-Oktav. 1928.
RM. 120.—, in Halbleder geb. RM. 132.—
Erster Band, 1. Halbband: Abbaugerechtigkeiten—Fleisch- und Viehagenten. 552 Seiten.
2. Halbband: Fleischvergiftung—Kyffhäuserbund. Seite 553 bis 1134 und IX Seiten.
Zweiter Band: Lackfabriken—Zwischenkredit. VII, 1220 Seiten.
(Im Verlage der Firmen: Walter de Gruyter & Co., Berlin; Carl Heymanns Verlag, Berlin; Roßberg'sche Verlagsbuchhandlung, Leipzig.)
Das zentrale Werk der Praxis des Verwaltungsrechts.

Reichelt, H., **Verwaltungsgesetzbuch für Preußen.** Systematische Zusammenstellung der wichtigsten Verwaltungsgesetze und Verordnungen für Praxis und Unterrichtszwecke. Lexikon-Oktav. VII, 1302 Seiten. 1914 . . . . Geb. RM. 7.60

„Das Buch ist sehr wertvoll, dem Praktiker unentbehrlich und leistet demjenigen, der sich auf eine Prüfung vorbereitet, vorzügliche Dienste. Allen Verwaltungsbehörden wird das Buch warm empfohlen."
Preußische Verwaltungs- und Finanz-Zeitung

Friedrichs, K., **Die Gesetzgebung über die allgemeine Landesverwaltung und Zuständigkeit der Verwaltungs- und Verwaltungsgerichtsbehörden.** Dritte, durchgesehene Auflage. Taschenformat. XXIII, 295 Seiten. 1927. (Guttentagsche Sammlung Preußischer Gesetze Bd. 42.)
Geb. RM. 5.—

„Der Wert dieser Arbeit liegt darin, daß er eine erschöpfende und klare Übersicht über das tatsächlich geltende Verwaltungsrecht bringt Das Werk ist ein vorzügliches und nie versagendes Hilfsmittel"
Gesetz und Recht

Fischbach, Das Reichbeamtengesetz vom 31. März 1873 in der Fassung der Bekanntmachung vom 18. Mai 1907 mit allen Abänderungen und Ergänzungen. Taschenformat. 311 Seiten. 1930. (Guttentagsche Sammlung Deutscher Reichsgesetze Bd. 82.) . . . . . . Geb. RM. 6.—

Die vorliegende Erläuterung des Beamtengesetzes durch den bekannten Staatsrechtlehrer kommt einem besonderen Bedürfnis der Praxis entgegen, die s. Zt. eine den neuesten Fortschritten der Wissenschaft und Rechtsprechung entsprechende Handausgabe sehr entbehrt. Bemerkenswert ist, daß auch verwandte Gesetze und Verordnungen der einheitlichen Erläuterung unterzogen wurden, so daß dieses Buch für die Praxis ein der Sache wie der Erläuterungsart wichtiges Hilfsmittel darstellt.

Pfafferoth, Carl, **Preußische Beamtengesetzgebung.** Fünfte Auflage. XIV, 280 Seiten. 1916. (Guttentagsche Sammlung Preußischer Gesetze Bd. 2.) . . . . Geb. RM. 2.40

Holzapfel, W., Umlegungsordnung. Taschenformat. 144 Seiten. 1921. (Guttentagsche Sammlung Preußischer Gesetze Bd. 60.) . . RM. 1.80

„Holzapfel, der hervorragende Kenner der Auseinandersetzungsgesetze, erläutert die Vorschriften der Umlegungsordnung in seiner scharfsinnigen Art in durchaus erschöpfender Weise und gibt in diesen Erläuterungen ein außerordentlich anschauliches Bild von der Umlegung der Grundstücke. Das Buch ist auch für Laien leicht und gut verständlich und kann jedem, der für die Umlegung Interesse hat, zur Benutzung angelegentlich empfohlen werden."

Preußisches Verwaltungsblatt.

Holzapfel W., Gesetz über Landeskulturbehörden. Taschenformat. 176 Seiten. 1919. (Guttentagsche Sammlung Preußischer Gesetze Bd. 57.) Geb. RM. 2.—

„Der Titel gibt den Inhalt des Werkchens vollständig an, hinzuzufügen ist aber, daß die Erläuterung, die umfangreich und eingehend ist und der praktischen Handhabung des Gesetzes Schritt für Schritt folgt, aus der Feder eines Mannes herrührt, der durch seine sachliche Qualifikation als gründlicher Kenner der Materie für eine zuverlässige Führung die größte Gewähr bietet. Dankenswert ist die Gründlichkeit der im bescheidenen Rahmen geleisteten Arbeit."

Verwaltungs-Archiv.

Meyer, O., Gesetz, betr. die Anlegung und Veränderung von Straßen und Plätzen in Städten und ländlichen Ortschaften. Taschenformat. 211 Seiten. 1913. (Guttentagsche Sammlung Preußischer Gesetze Bd. 50.) RM. 3.—

Strauß-Torney, Hugo von und **Saß,** Carl, früher **Friedrichs,** R., **Gesetz, betr. Anlegung und Veränderung von Straßen und Plätzen** in Städten und ländlichen Ortschaften. (Straßen- und Baufluchtengesetz.) Kommentar. Sechste Auflage. Groß-Oktav. 211 Seiten. 1920. RM. 8.—, geb. RM. 9.50

„Das Werk zeigt eine Reichhaltigkeit und Vollständigkeit, die sonst wenigen Kommentaren eigen ist, und übertrifft hierin noch weit die früheren Auflagen. Besonders erwähnenswert ist die geschickte Anordnung der Erläuterungen und das praktische Inhaltsverzeichnis."

Wochenschrift des Architektenvereins zu Berlin.

Heine, H. Die preußischen Baupolizeigesetze nebst den sonstigen einschlägigen Reichs- und Landesgesetzen. Taschenformat. 404. Seiten. 1928. (Guttentagsche Sammlung Preußischer Gesetze Bd. 64.) Geb. RM. 8.—

Diesem Band ist die Aufgabe gestellt, die in erster Linie in Betracht kommenden Gesetze und sonstigen Vorschriften und die im Zusammenhang hiermit entstehenden Rechtsfragen in übersichtlicher Weise zusammenzufassen und zu erörtern. Die Rechtsprechung des Oberverwaltungsgerichts und anderer Gerichte ist hierbei berücksichtigt worden.

Goldschmidt, O., Gesetze gegen die Verunstaltung landschaftlich hervorragender Gegenden mit Ausführungsanweisungen. Taschenformat. 152 Seiten. 1912. (Guttentagsche Sammlung Preußischer Gesetze Bd. 49.) Geb. RM. 2.40

„Der Kommentar bietet eine sachgemäße, sorgfältige und erschöpfende Erläuterung der einzelnen gesetzlichen Bestimmungen. Er wird als ein durch Vollständigkeit und Zuverlässigkeit ausgezeichnetes Hilfsmittel jedem Freunde des Heimatschutzes ein willkommener Ratgeber sein." *Jahrbuch des Verwaltungsrechts.*

Wulff, G., und **Herold**, F., **Wassergesetz** vom 7. April 1913. Mit Einleitung, Erläuterungen und Sachregister. Zweite, umgearbeite Auflage von G. Wulff. Taschenformat. XVI, 665 Seiten. 1928. (Guttentagsche Sammlung Preußischer Gesetze Bd. 52.) . . Geb. RM. 12.—

„Gründlichkeit und trefflichere Kürze bilden einen besonderen Vorzug des Werkes." Ministerialblatt f. d. preuß. innere Verwaltung.

Lohmann, W., **Gesetz, betr. die Feuerbestattung.** Taschenformat. 79 Seiten. 1912. (Guttentagsche Sammlung Preußischer Gesetze Bd. 47.) Geb. RM. 1.50

„Der Verfasser, der als Mitglied der Kommission des Abgeordnetenhauses an dem Zustandekommen des Gesetzes hervorragend beteiligt war, konnte als zuständiger Bearbeiter des Gesetzes in erster Linie gelten. Der kleine Kommentar ist besonderer Aufmerksamkeit sicher."
Jahrbuch des Verwaltungsrechts.

Holtgreven, A., und **Wolff**, Th., **Das Wildschadengesetz** vom 11. Juli 1891. Kommentar. Vierte, vermehrte und verbesserte Auflage. Oktav. VIII, 216 Seiten. 1902 . . . . RM. 4.—

„Dieses Werkchen will einerseits die juristisch zweifelhaften Punkte des Wildschadengesetzes wissenschaftlich erörtern und klarstellen und andererseits allen denjenigen, welche bei der Handhabung dieses Gesetzes in irgendeiner Weise, sei es als Private, Beamte, Grundbesitzer oder als Jagdberechtigte, beteiligt sind, ein praktischer Berater sein."
Allgemeine Forst- und Jagdzeitung.

Born, A., **Das preußische Fischereigesetz** vom 11. Mai 1916 in der geltenden Fassung. Taschenformat. 428 Seiten. 1928. (Guttentagsche Sammlung Preußischer Gesetze Nr. 62.) . . . . Geb. RM. 7.50

Die Ausgabe bietet eine bis jetzt fehlende neue Darstellung des Fischereigesetzes, in der vor allem die neue Rechtsprechung eingehend verwertet ist. Außer dem Fischereigesetz, das eine ausführliche Erläuterung gefunden hat, sind die wichtigen Ausführungsverordnungen und im Anhang die einschlägigen Bestimmungen anderer für die Anwendung des Fischereigesetzes in Frage kommenden Gesetze berücksichtigt.

Born, A., **Die preußischen Jagdgesetze** in ihrer geltenden Fassung. Mit Erläuterungen versehen. Taschenformat. 433 Seiten. 1928. (Guttentagsche Sammlung Preußischer Gesetze Nr. 63.) . . . Geb. RM. 8.—

„Das Buch kann zur Belehrung und Handgebrauch den Gerichten, Landratsämtern, Gemeinden und Forstbehörden sowie allen jagdlich interessierten Personen warm empfohlen werden."
Leipziger Ztsch. f. dtsch. Recht.

Kunze, F., **Das Jagdscheingesetz.** Zweite Auflage. Taschenformat. 157 Seiten. 1899. (Guttentagsche Sammlung Preußischer Gesetze Bd. 19.) . . . . Geb. RM. 2.—

„Die eingehenden Anmerkungen und die im Titel hervorgehobenen Beigaben machen den kleinen Kommentar zu einem vortrefflichen, in der Praxis schwer entbehrlichen Hilfsmittel zur Auslegung des Gesetzes." Zeitschrift für die gesamte Strafrechtswissenschaft.

Caro, H., **Gesetz, betr. Austritt aus der Landeskirche**, vom 14. Mai 1873. Taschenformat. 190 Seiten. 1911. (Guttentagsche Sammlung Preußischer Gesetze Bd. 46.) . . . . Geb. RM. 2.40

„Ein sehr praktisches Buch, das in den Anmerkungen zum Wortlaut des Gesetzes eine reiche Fülle von Material bietet für alle möglichen Fragen, die mit Aus- und Übertritt zusammenhängen. Das genau gearbeitete Inhaltsverzeichnis ermöglicht bei gelegentlicher Benutzung ein leichtes Auffinden des Nötigen."
Deutsch-Protestantische Bücherschau.

Kollenscher, M., **Rechtsverhältnisse der Juden in Preußen.** Taschenformat. VIII, 199 Seiten. 1910. (Guttentagsche Sammlung Preußischer Gesetze Bd. 45.) . . . . RM. 2,40

„Eine zusammenfassende, erschöpfende Darstellung der in den verschiedensten Quellen zerstreuten zahlreichen Judengesetze und Verordnungen. Jede Synagogengemeinde und jeder, der sich mit jüdischen Angelegenheiten beschäftigt, müßte dieses Buch besitzen.“
Jüdische Rundschau.

3. Steuerrecht

Nieberl, A., **Reichsabgabenordnung** vom 13. Dezember 1919 nebst Einführungsverordnung vom 18. Dezember 1919 und Übergangsverordnung vom 11. Oktober 1921. Textausgabe mit Anmerkungen und ausführlichem Sachregister. Zweite, neubearbeitete Auflage. Taschenformat. 1927. (Guttentagsche Sammlung Deutscher Reichsgesetze Bd. 143.) . . . . Geb. RM. 12.—

„Die Darstellung ist leicht verständlich und klar. Das Sachregister ist gründlich bearbeitet. Jedenfalls wird das Buch, das einen mit der praktischen Handhabung der RAbgO. vertrauten Verfasser erkennen läßt, nicht nur den Steuerbeamten, sondern auch dem rechtsuchenden Publikum und seinen Beratern ein willkommener guter Führer auf diesem Gebiet sein.“ Juristische Wochenschrift.

Michaelis, Richard, **Die Dritte Steuernotverordnung** vom 14. Februar 1924. Mit besonders ausführlicher Berücksichtigung der Vorschriften über die Aufwertung und die öffentlichen Anleihen. Taschenformat. VIII, 388 Seiten. 1924. (Guttentagsche Sammlung Deutscher Reichsgesetze Bd. 157.) . . . . Geb. RM. 7.—

„Ganz besonders zu rühmen ist der Kommentar von Michaelis, der dank seiner eingehenden und gründlichen Bearbeitungsweise erheblichen Einfluß auf die Praxis gewonnen hat.“ Juristische Wochenschrift.

Hollaender, Adolf, **Einkommensteuergesetz und Körperschaftsteuergesetz** nebst den zugehörigen Aus- und Durchführungsbestimmungen, Verordnungen und Erlassen. Taschenformat. XXXIX, 697 Seiten. 1926. Mit Nachtrag. 1928. (Guttentagsche Sammlung Deutscher Reichsgesetze Bd. 151.) . . . . Geb. RM. 24.—

„Das auf die Bedürfnisse der Praxis abgestellte und ihnen gerecht werdende Buch wird jedem gute Dienste leisten, der sich handelnd oder leitend auf dem äußerst unsicheren, ohne Hilfsmittel überhaupt nicht begehbaren Boden der heutigen Einkommensteuer zurechtfinden muß.“ Juristische Rundschau.

Pick, Reichsbewertungsgesetz. Textausgabe mit Anmerkungen. In Bearbeitung.

Wrzeszinski, Richard, und **Simon**, H. Veit, **Vermögenssteuergesetz und Reichsbewertungsgesetz.** Kommentar . . . . In Bearbeitung.

Schachian, Herbert, **Erbschaftsteuergesetz**, Fassung vom 22. August 1925, mit Anmerkungen. Vierte Auflage. Oktav. 65 Seiten. 1926. RM. 2.50

„Eine vollständige Darstellung des Erbschaftssteuerrechts und der zugrunde liegenden bürgerlich-rechtlichen Vorschriften des Erbrechts. Als wissenschaftliche und praktische Leistung steht der klar und scharf geschriebene Kommentar in vorderster Reihe unter seinen Rivalen; er ist als Wegweiser besonders zu empfehlen.“
Juristische Wochenschrift.

Hoffmann, U., **Die preußischen Erbschaftsteuergesetze.** Taschenformat. 561 Seiten. 1905. (Guttentagsche Sammlung Preußischer Gesetze Bd. 20.) . . . . RM. 3.—

Lindemann, Otto, **Umsatzsteuergesetz** (neueste Fassung) mit Ausführungsbestimmungen. Vierte, vermehrte und verbesserte Auflage. Taschenformat. 518 Seiten. 1926. (Guttentagsche Sammlung Deutscher Reichsgesetze Bd. 132.) . . . . Geb. RM. 10.—

„Es handelt sich um einen ausführlichen, gediegenen und klar abgefaßten Kommentar, der den weiteren Vorzug besitzt, auf dem laufenden zu sein. Das Werk kann allen Interessenten nur warm empfohlen werden." Industrie- und Handelszeitung.

Meyer, E. H., **Gesetzgebung über Steuer- und Kapitalflucht.** Zweite Auflage. Taschenformat. 129 Seiten. 1921. (Guttentagsche Sammlung Deutscher Reichsgesetze Bd. 145.) . . . . Geb. RM. 1.60

„Das Büchlein enthält den Text der einschlagenden vier Gesetze samt den vier Verordnungen gegen die Kapitalabwanderung bzw. Kapitalflucht, eine kurze Übersicht über den Inhalt der Gesetze und sehr knapp gehaltene Anmerkungen. Sein Wert liegt in der handlichen Zusammenfassung der einschlagenden Vorschriften." Juristische Wochenschrift.

Lindemann, Otto, **Grunderwerbsteuergesetz** (neueste Fassung) mit den Ausführungsbestimmungen. Zweite, völlig umgearbeitete Auflage. Taschenformat. 186 Seiten. 1926. Mit Nachtrag 1927. (Guttentagsche Sammlung Deutscher Reichsgesetze Bd. 139.) . . . . Geb. RM. 4.—

„Das Buch wird manchem in den mannigfachen Streitfragen des in der Praxis sehr einschneidenden Gesetzes ein willkommener Ratgeber sein. Die Erläuterungen zeichnen sich durch Klarheit und Gemeinverständlichkeit im besten Sinne aus." Württembergische Industrie.

Hagelberg, E., und **Krämer,** L., **Grunderwerbsteuergesetz** vom 12. September 1919 (RGBl. S. 1617) in der Fassung des Gesetzes vom 11. März 1927 (RGBl. I S. 72) nebst Einleitung, Sachregister und Ausführungsbestimmungen und der einschlägigen Vorschriften des Finanzausgleichs-Steuermilderungsgesetzes und Steuerstrafrechts. Für die Praxis erläutert. Zweite, völlig umgearbeitete und erweiterte Auflage. 1928. Groß-Oktav. 355 Seiten . . . . Geb. RM. 15.—

„Die verhältnismäßige Kürze ihrer Erläuterungen bei großer Vollständigkeit ist zu rühmen. Das Buch ist nicht nur für den Juristen, sondern auch für den gebildeten Laien, namentlich Grundstücksmakler und Hausbesitzer, von großem, praktischen Wert." Zeitschrift d. Deutsch. Notarvereins.

Hagelberg, E., und **Krämer,** L., **Wertzuwachssteuerrecht.** Kommentar. Groß-Oktav. 256 Seiten. 1929 . . . . . RM. 12.—, geb. RM. 13.50

Die Verfasser kommentieren die neue Wertzuwachssteuerordnung für Berlin und die preußische Mustersteuerordnung. Ihr Buch ist ein Leitfaden für die Steuerpflichtigen und ihre Rechtsberater und die mit der Wertzuwachssteuer befaßten Behörden. Es stellt die rechtliche und wirtschaftliche Bedeutung der Bestimmungen klar: Die Rechtsprechung des Preußischen Oberverwaltungsgerichts wurde erschöpfend berücksichtigt. Auch Spezialfragen wie die Aufwertung und das Schwarzkaufwesen wurden behandelt.

Hoepker, Heinrich, **Die Industriebelastungsgesetze** vom 30. August 1924 nebst den Durchführungsbestimmungen zum Gesetz über die Industriebelastung. Taschenformat. XV, 200 Seiten. 1925. Mit Nachträgen. (Guttentagsche Sammlung Deutscher Reichsgesetze Bd. 159.) Geb. RM. 4.—

„Die Anmerkungen sind erschöpfend und führen den Leser mit Geschick in die schwierige und neue Materie ein. Rechtsanwälte sowie Kaufleute, für welche die Industriebelastung in Frage kommt, werden das mit einem guten Sachregister ausgestattete Werk mit gleichem Nutzen gebrauchen!" . . . . . . Industrie- und Handels-Zeitung.

Eiffler, Kurt, **Staatliche Verwaltungsgebühren.** Gesetz über staatliche Verwaltungsgebühren vom 29. September 1923 nebst Gebührenordnungen und Ausführungsbestimmungen. Taschenformat. 192 Seiten. Mit Nachtrag. 1925. (Guttentagsche Sammlung Preußischer Gesetze Bd. 61.) Geb. RM. 6.—

„Das Buch ist für alle preußischen staatlichen und kommunalen Behörden unentbehrlich." Deutsches Beamtenarchiv.

Loeck, P., und **Eiffler,** K., **Preußisches Stempelsteuergesetz** mit den gesamten Ausführungsbestimmungen. Unter besonderer Berücksichtigung der Entscheidungen der Verwaltungsbehörden und der Gerichte herausgegeben. Zehnte, neubearbeitete Auflage. Taschenformat. 476 Seiten. 1928. (Guttentagsche Sammlung Preußischer Gesetze Bd. 18.) Geb. RM. 13.—

„Die zahlreichen Auflagen zeugen für die Güte und praktische Brauchbarkeit des Buches, das durch den von Eiffler hinzugefügten Anhang auf den gegenwärtigen Rechtsstand gebracht ist." Finanz-Ministerialblatt.

Lebbin, Georg, **Nahrungsmittelgesetze** mit Erläuterungen. Zweite, stark vermehrte Auflage in zwei Bänden.
Zweiter Band: **Getränkegesetze und Getränkesteuergesetze** (Wein, Bier, Branntwein, Mineralwasser). Unter Mitarbeit von Rechtsanwalt Dr. Kniebe. Taschenformat. XII, 400 Seiten. 1926. (Guttentagsche Sammlung Deutscher Reichsgesetze Bd. 54b.) . . . . . . Geb. RM. 10.—

„Die wichtigsten Gesetze sind eingehend kommentiert und so vollständig ergänzt, daß die Sammlung als unentbehrliches Hilfsmittel, wie es in dieser Art bislang noch fehlte, für den Sachbearbeiter bei Behörden und Verbänden sowohl als auch für den Kaufmann der Branche zu begrüßen ist." Württembergische Wirtschafts-Zeitschrift.

Wündisch, Friedrich, **Das Tabaksteuergesetz** vom 12. September 1919 nebst den Ausführungsbestimmungen vom 26. Februar 1920. Taschenformat. 286 Seiten. 1920. Mit Nachtrag 1925. (Guttentagsche Sammlung Deutscher Reichsgesetze Bd. 146.) . . . . Geb. RM. 4.—

„Endlich ein Kommentar zum Tabaksteuergesetz! Die Ausgabe kommt den Wünschen der Praxis nach einer erschöpfenden Darstellung des neuen Gesetzes in umfassender Weise entgegen. Das Buch bildet eine ausgezeichnete Informationsquelle für alle Fragen, die in der Praxis vorkommen." Deutsche Tabak-Zeitung.

VII. Entscheidungs-Sammlungen und Zeitschriften.

Entscheidungen des Reichsarbeitsgerichts. Herausgegeben von den Mitgliedern des Reichsarbeitsgerichts. Oktav.
Band I. 1928. Band II. 1928/29. Band III. 1929. Band IV. 1929/30. Je RM. 6.50, geb. RM. 8.—

Entscheidungen des Reichsgerichts. Herausgegeben von den Mitgliedern des Gerichtshofes u. d. Reichsanwaltschaft. Oktav. (2 Sammlungen.)

1. **Entscheidungen in Zivilsachen.** (Werden in Heften im Umfange von etwa 5 bis 6 Bogen sowie in vollständigen Bänden, geheftet und gebunden, ausgegeben. Jährlich 4 Bände.) 1.—126. Band. Je RM. 6.50, geb. RM. 8.—

2. **Entscheidungen in Strafsachen.** (Werden in Heften im Umfange von 5 bis 6 Bogen sowie in vollständigen Bänden, geheftet und gebunden, ausgegeben. Jährlich 1 Band.) 1.—63. Band. Je RM. 6.50, geb. RM. 8.—

Zeitschrift für die gesamte Strafrechtswissenschaft. Gegründet von Fr. von **Liszt** und **A. Dochow**. Unter ständiger Mitarbeiterschaft hervorragender Fachmänner herausgegeben von Prof. Dr. K. **von Lilienthal**, Prof. Dr. Ed. **Kohlrausch** und Prof. Dr. W. **Gleispach**. Der Jahrgang besteht aus 8—9 Heften. Quart.

Bd. 1—43. 1881—1922. Je RM. 15.—. Bd. 44. 1922. RM. 25.—. Bd. 45. 1924. RM. 21.—. Bd. 46—49. 1925—1929. Je RM. 30.—. Bd. 50. 1929/30. RM. 36.—.

Juristische Rundschau. Herausgegeben von Otto **Lindemann**, Ministerialdirektor, Geh. Oberjustizrat, Berlin, Dr. Friedrich **Flad**, Senatspräsident beim Reichsgericht, Leipzig, Fritz **Hartung**, Ministerialrat im preußischen Justizministerium, Berlin, und

Höchstrichterliche Rechtsprechung. Herausgegeben von Eugen **Friedrichs**, Oberlandesgerichtsrat, Naumburg a. d. S., Dr. Albert **Feisenberger**, Reichsanwalt, Leipzig, Benno **Mugdan**, Kammergerichtsrat i. R., Geh. Justizrat, Berlin. — Erscheint am 1. und 15. jeden Monats.
6. Jahrgang. 1930. Vierteljährlich RM. 7.50, Einzelheft RM. 1.50
Beilage „Höchstrichterliche Rechtsprechung" einzeln vierteljährlich 5.—

Judicium. Vierteljahresschrift für die gesamte Zivilrechtspflege. Unter ständiger Mitarbeit von J. Goldschmidt (Berlin), H. Lehmann (Köln), R. Pollak (Wien), L. Rosenberg (Gießen), H. Walsmann (Rostock) herausgegeben von W. **Kisch** (München), H. **Lucas** (Berlin), A. **Mendelssohn-Bartholdy** (Hamburg), M. **Pagenstecher** (Hamburg), J. D. **Sauerländer** (München), H. **Sperl** (Wien), E. **Volkmar** (Berlin). Vierteljährlich erscheint 1 Heft. Der Jahrgang beginnt am 15. November. 2. Jahrgang 1929/30. (Friederichsen, de Gruyter & Co. m. b. H., Hamburg 36.) . . . . RM. 24.—

Zeitschrift für ausländisches und internationales Privatrecht. Herausgegeben in Gemeinschaft mit Ernst **Heymann**, Heinrich **Titze**, Martin **Wolff**, ordentliche Professoren an der Universität Berlin, wissenschaftliche Berater des Instituts, Max **Pagenstecher**, o. Professor an der Universität Hamburg, Franz **Schlegelberger**, Ministerialdirektor im Reichsjustizministerium, Honorarprofessor an der Universität Berlin, von Ernst **Rabel**, o. Professor an der Universität Berlin, Direktor des Instituts. Jährlich 6 Hefte im Umfang von etwa 65 Bogen.
Preis des dritten Jahrganges RM. 50.—

Zeitschrift für Bergrecht. Bis zu seinem Tode herausgegeben von dem Wirkl. Geh. Rat, Berghauptmann a. D. Dr. jur. H. Brassert. Redigiert und herausgegeben von den rechtskundigen Ministerialräten der Bergabteilung des Preußischen Ministeriums für Handel und Gewerbe. Jährlich ein Band von mehreren Heften. Die Hefte erscheinen in zwangsloser Folge. 1928/29. RM. 20.—, Jahrgang 70, Heft 1/2. 1929. RM. 10.—

Zeitschrift für das gesamte Luftrecht (ZLR.). Herausgegeben von weiland Dr. jur. Otto **Schreiber**. Erscheint in Bänden zu je vier Heften.

Band I. 1926/28 . . . . RM. 50.—, geb. RM. 55.—

Band II, Heft 1 . . . . RM. 10.—

Bank-Archiv. Zeitschrift für Bank- und Börsenwesen. Unter Mitwirkung von hervorragenden Fachmännern herausgegeben von Geh. Justizrat Prof. Dr. **Rießer**, Berlin. Schriftleitung: Rechtsanwalt Otto **Bernstein**, geschäftsführendes Mitglied des Centralverbandes des Deutschen Bank- und Bankiersgewerbes. Quart. Jährlich 24 Nummern. XXIX. Jahrgang. 1929/30 . . . . Pro Halbjahr RM. 12.—

Kolibri 360 GmbH
Ferdinand-Jühlke-Straße 7
99095 Erfurt, Deutschland
produktsicherheit@kolibri360.de